筑波大の数学
15ヵ年

河合塾講師 杉原 聡 編著

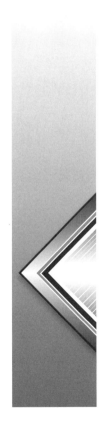

JN104052

教学社

はしがき

　本書は「難関校過去問シリーズ」のひとつとして刊行された，筑波大学の過去問集であり，入試問題の傾向を知り，その対策を練るための参考書です。この「難関校過去問シリーズ」は問題が分野ごとに分類され，問題の難易度も明示されているので，みなさんの学習状況に応じて演習できるようになっているのが特長です。「大学入試シリーズ」（赤本）は時間を計り実戦的な演習に利用し，この「難関校過去問シリーズ」は15年間に出題された問題を分野，レベルの両面から絞り込んで実際に問題を解いていく中で，解答する際の考え方を身につけていく参考書として利用するというように，2冊を上手に使い分けるとよいでしょう。

　本書の解説では，自分で解答できなくても本書だけで解決できるように，できる限り懇切丁寧なわかりやすい解答を心がけましたし，別解や参考事項もできる限り載せました。基本的な事項であってもあえて説明した部分もあります。〔解法〕には基本的には解答用紙に記述するべき内容を載せてありますが，場合によってはよりよく理解してもらおうと考えて記述を加えてあるところもあるので，実際の入試では本書の解答ほどは詳しく書かなくてもよい場合もあります。みなさんは〔解法〕を参考にして，数学的に正確なわかりやすい記述で詳しく自分の考え方を採点者に伝えるという姿勢で解答を作成することを心がけてください。

　入試問題レベルの問題を解くことができるようになるためには，まず解答するのに必要な考え方をしっかりと身につけることです。わけもわからず丸暗記するのではなく，自分の手を実際に動かしながら問題を解いていき，理論を着実に身につけていきましょう。これは，よい問題が載っていて解答編が詳しい，標準レベルの問題集を徹底的に演習することで身につきます。次の段階では，本書を効果的に活用して，それまでの学習でマスターした考え方のどれをどのように使えばよいのかを見抜いて，答案を作成する練習を繰り返しましょう。

　本書を手にした今，数学が得意，不得意は関係ありません。堅実に努力すれば必ず夢は叶うと信じて，本書を効果的に利用し，筑波大学合格を勝ち取られるよう心より祈っています。

河合塾数学科講師　　杉原　聡

本書の構成と活用法

問題編

　過去15年間の筑波大学の入試問題を学習しやすいように主なテーマで分類して収録しています（ただし，2014～2009年度の大問〔５〕は「行列」の問題で，現行の学習指導要領に含まれていないため，本書では省略しています）。複数の分野にまたがった問題の場合は，主たるテーマと考えられる分野に分類しています。さらに使い勝手がよくなるように，難易度をＡレベルからＣレベルまでの３段階に分けました。あくまで目安ですが，各レベルの問題数と難易度は次のようになります。

　　Ａレベル：24問。解答の方針が立てやすく，計算量も多くない問題。
　　Ｂレベル：47問。筑波大学の標準レベルの問題。
　　Ｃレベル：13問。解答の方針が立てにくい問題。記述しにくい，計算が面倒な問題。

　まずは問題編の問題をテーマやレベルを参考にして自力で解いてみましょう。

解答編

◇**ポイント**　問題を解答するための方針や基本的な考え方を丁寧に解説してあります。自力で解答できそうなときには，最初は〔ポイント〕を見ずに解答を始めてみるとよいです。しかし，解法が思いつかなかったり，解答の途中で行き詰まったりしたときには，ぜひ目を通してみてください。ヒントになる考え方が載っています。

◇**解法**　問題編の全問題の解答例を次の点に重点を置いて作成しました。

　1．可能な限りわかりやすく丁寧な解説に努めました。そのために，計算の途中の経緯や式変形などにも行を割いているので冗長に感じる部分があるかもしれません。単純な計算などは適宜省略するなどして，自分なりにアレンジしてみるのもよいでしょう。

　2．理解の助けとなる参考図はできるだけ掲載しました。

　3．解答するに値する解法が複数ある場合には，別解として載せるようにしました。自分で正解が得られても，これらの解法をよく研究して，そこに用いられている考え方・技法・計算の手法などに目を通してさらなるレベルアップを図りましょう。

　なお，解答上の様々な注意点や発展的内容，問題の背景など参考になる事項を〔注〕，〔参考〕として載せてあります。

（編集部注）本書に掲載されている入試問題の解答・解説は，出題校が公表したものではありません。

目 次

問題編

§1 関　数

番号	内　　　　容	年度	レベル
1	三角関数を含む方程式	2021〔2〕	A
2	三角関数を含む不等式	2020〔2〕	B
3	対数関数を含む不等式の証明	2019〔2〕	B
4	円に外接する三角形の面積の最小値	2015〔2〕	A
5	三角関数を含む等式・方程式の証明	2013〔1〕	A
6	対数を含む方程式	2012〔1〕	A
7	3倍角の公式，解の1つが三角関数で与えられた3次方程式の他の解	2009〔1〕	A

　「数学Ⅱ」の三角関数，指数・対数関数の項目で扱われ学習する内容である。

　大学入試レベルの問題なので，方程式が与えられてそれを解くだけという問題はなく，最終的に方程式を解く問題でもそれ自体のレベルが高めに設定されており，そこに至る誘導などが巧みになされていることが多い。ただし，最終的な結論に至るまでに組み合わされている手法1つ1つについては典型的なものが多く，概ねレベルはやさしめに落ち着く。

　1（2021年度〔2〕）で三角関数の合成を用いて$t=\sin\theta+\cos\theta$のとりうる値の範囲が問われていたり，7（2009年度〔1〕）では，$\cos$の3倍角の公式を証明させてから，それをもとにして3次方程式の解を求めさせるように誘導されていたりする。無理なく問題に取り組むことができるように，基本的な事項が小問で独立して問われるなど，配慮されていることが多い。

1

2021 年度 〔2〕　　　　　　　　　　　　　　　　　　　Level A

$t = \sin\theta + \cos\theta$ とし，θ は $-\dfrac{\pi}{2} < \theta < \dfrac{\pi}{2}$ の範囲を動くものとする。

(1)　t のとりうる値の範囲を求めよ。

(2)　$\sin^3\theta + \cos^3\theta$ と $\cos 4\theta$ を，それぞれ t を用いて表せ。

(3)　$\sin^3\theta + \cos^3\theta = \cos 4\theta$ であるとき，t の値をすべて求めよ。

2

2020 年度 〔2〕　　　　　　　　　　　　　　　　　　　Level B

xy 平面において，円 $x^2 + y^2 = 1$ の $x \geqq 0$ かつ $y \geqq 0$ を満たす部分を C_1 とする。また，直線 $y = x$ の $x \leqq 0$ を満たす部分を C_2 とする。C_1 上の点 A，C_2 上の点 B および点 P$(-1,\ 0)$ について，$\angle \mathrm{APB} = \dfrac{\pi}{2}$ であるとする。点 A の座標を $(\cos\theta,\ \sin\theta)$ とする。ただし $0 \leqq \theta \leqq \dfrac{\pi}{2}$ とする。

(1)　点 B の x 座標を θ を用いて表せ。

(2)　線分 AB の中点の x 座標が 0 以上であるような θ の範囲を求めよ。

3

2019 年度 〔2〕　　　　　　　　　　　　　　　　　　　　Level　B

以下の問いに答えよ。

(1) a, b, c, x, y, z, M は正の実数とする。$\dfrac{x}{a}$, $\dfrac{y}{b}$, $\dfrac{z}{c}$ がすべて M 以下のとき,

$$\frac{x+y+z}{a+b+c} \leqq M$$

であることを示せ。

(2) $\log_2 5$ と $\log_3 5$ の大小を比較せよ。

(3) n が正の整数のとき,

$$1 < \frac{1+\log_2 5+(\log_2 5)^n}{1+\log_3 5+(\log_3 5)^n} < 2^n$$

であることを示せ。

4

2015 年度 〔2〕　　　　　　　　　　　　　　　　　　　　Level　A

半径 1 の円を内接円とする三角形 ABC が, 辺 AB と辺 AC の長さが等しい二等辺三角形であるとする。辺 BC, CA, AB と内接円の接点をそれぞれ P, Q, R とする。また, $\alpha = \angle\mathrm{CAB}$, $\beta = \angle\mathrm{ABC}$ とし, 三角形 ABC の面積を S とする。

(1) 線分 AQ の長さを α を用いて表し, 線分 QC の長さを β を用いて表せ。

(2) $t = \tan\dfrac{\beta}{2}$ とおく。このとき, S を t を用いて表せ。

(3) 不等式 $S \geqq 3\sqrt{3}$ が成り立つことを示せ。さらに, 等号が成立するのは, 三角形 ABC が正三角形のときに限ることを示せ。

5

2013 年度　〔1〕 Level A

$f(x)$, $g(t)$ を
$$f(x) = x^3 - x^2 - 2x + 1$$
$$g(t) = \cos 3t - \cos 2t + \cos t$$
とおく。

(1)　$2g(t) - 1 = f(2\cos t)$ が成り立つことを示せ。

(2)　$\theta = \dfrac{\pi}{7}$ のとき，$2g(\theta)\cos\theta = 1 + \cos\theta - 2g(\theta)$ が成り立つことを示せ。

(3)　$2\cos\dfrac{\pi}{7}$ は 3 次方程式 $f(x) = 0$ の解であることを示せ。

6

2012 年度　〔1〕 Level A

x の方程式 $|\log_{10}x| = px + q$ （p, q は実数）が 3 つの相異なる正の解をもち，次の 2 つの条件を満たすとする。

(I)　3 つの解の比は，1 : 2 : 3 である。

(II)　3 つの解のうち最小のものは，$\dfrac{1}{2}$ より大きく，1 より小さい。

このとき，$A = \log_{10}2$，$B = \log_{10}3$ とおき，p と q を A と B を用いて表せ。

7 2009 年度 〔1〕 Level A

以下の問いに答えよ。

(1) 等式 $\cos 3\theta = 4\cos^3 \theta - 3\cos \theta$ を示せ。

(2) $2\cos 80°$ は 3 次方程式 $x^3 - 3x + 1 = 0$ の解であることを示せ。

(3) $x^3 - 3x + 1 = (x - 2\cos 80°)(x - 2\cos \alpha)(x - 2\cos \beta)$ となる角度 α, β を求めよ。ただし $0° < \alpha < \beta < 180°$ とする。

§2 図形と方程式

番号	内　　　　容	年度	レベル
8	2円と共通な接線	2021〔1〕	A
9	円の接線	2020〔1〕	A
10	2つの放物線の交点を結ぶ線分の垂直二等分線と原点の距離	2017〔1〕	A
11	領域に属する点の座標についての最大値・最小値	2015〔1〕	A
12	線分の垂直二等分線の通過する範囲	2011〔1〕	B

　図形と方程式の分野の問題であり，典型問題とは言わないまでも，解法の過程で既知の考え方をなぞれば済む部分を含んでいる問題もあり，結果としてレベルはやさしめの問題が多い。

　放物線と直線の関係は，それぞれの方程式からyを消去してxの2次方程式を作り，その方程式がどのような解をもつか，つまり判別式の符号で調べる。それに対して，2円の関係も同様に2つの方程式からyを消去してxの2次方程式に注目しても解答はできるが，中心間の距離とそれぞれの円の半径との関係で読み取ると応用が利いてよりよい。更なる高みを目指すのであれば，正解が得られればよいという姿勢は捨てて，より巧みに解くにはどうすればよいかという姿勢をもち続けよう。

　また，解き方を知らないから諦めるのではなく，実験をして状況を判断する粘りの姿勢も大切である。

8 2021 年度 〔1〕 Level A

xy 平面において 2 つの円
$$C_1 : x^2 - 2x + y^2 + 4y - 11 = 0$$
$$C_2 : x^2 - 8x + y^2 - 4y + k = 0$$
が外接するとし，その接点を P とする。以下の問いに答えよ。

(1) k の値を求めよ。

(2) P の座標を求めよ。

(3) 円 C_1 と円 C_2 の共通接線のうち点 P を通らないものは 2 本ある。これら 2 直線の交点 Q の座標を求めよ。

9 2020 年度 〔1〕 Level A

xy 平面上の 3 点 A$(0,\ 1)$，B$(-1,\ 0)$，C$(1,\ 0)$ を頂点とする△ABC の内接円を T とする。点 D$(0,\ -1)$ を通り，傾きが正である直線を $l : y = ax - 1$ とする。

(1) 円 T の半径を r とする。r を求めよ。

(2) 直線 l と円 $x^2 + y^2 = 1$ の交点のうち，D と異なる点を E とする。点 E の座標を a を用いて表せ。

(3) 直線 l が円 T に接するとする。このとき，(2)で求めた点 E を通り，x 軸と平行な直線が，円 T に接することを示せ。

10 2017 年度 〔1〕 Level A

a を正の実数とする。2 つの関数

$$y = \frac{1}{3}ax^2 - 2a^2x + \frac{7}{3}a^3, \quad y = -\frac{2}{3}ax^2 + 2a^2x - \frac{2}{3}a^3$$

のグラフは，2 点 A，B で交わる。但し，A の x 座標は B の x 座標より小さいとする。また，2 点 A，B を結ぶ線分の垂直二等分線を l とする。

(1) 2 点 A，B の座標を a を用いて表せ。

(2) 直線 l の方程式を a を用いて表せ。

(3) 原点と直線 l の距離 d を a を用いて表せ。また，$a>0$ の範囲で d を最大にする a の値を求めよ。

11 2015 年度 〔1〕 Level A

以下の問いに答えよ。

(1) 座標平面において，次の連立不等式の表す領域を図示せよ。

$$\begin{cases} x^2 + y \leqq 1 \\ x - y \leqq 1 \end{cases}$$

(2) 2 つの放物線 $y = x^2 - 2x + k$ と $y = -x^2 + 1$ が共有点をもつような実数 k の値の範囲を求めよ。

(3) x，y が(1)の連立不等式を満たすとき，$y - x^2 + 2x$ の最大値および最小値と，それらを与える x，y の値を求めよ。

12 2011年度〔1〕　　　　　　　　　　　　Level B

O を原点とする xy 平面において，直線 $y=1$ の $|x| \geqq 1$ を満たす部分を C とする。

(1)　C 上に点 A $(t, 1)$ をとるとき，線分 OA の垂直二等分線の方程式を求めよ。

(2)　点 A が C 全体を動くとき，線分 OA の垂直二等分線が通過する範囲を求め，それを図示せよ。

§3 数 列

番号	内　　　　　容	年度	レベル
13	さいころの目についての確率の漸化式	2022〔2〕	A
14	数列で定められる三角形の面積の和	2020〔3〕	B
15	領域に属する格子点の個数	2018〔3〕	B
16	数列の項の一の位の数	2017〔3〕	A
17	2次方程式の解で作られる数列	2015〔3〕	B
18	外接する2つの円の半径に関する数列	2014〔4〕	C
19	3つの数列の漸化式	2013〔4〕	B
20	数列の漸化式，部分分数分解を用いる数列の和	2011〔4〕	B
21	$\sqrt{2}$ が無理数であることの証明，連立漸化式から求める数列の一般項	2009〔4〕	B

　数列では，一度は解答した経験があるような標準レベルの問題が中心に出題されている。

　平面図形やベクトルなど他の分野との融合問題であるような体の問題も見受けられるが，基本的な学習の姿勢としては，他の分野との融合という視点は意識せずに，純粋な数列の問題を解ききれるように，数列の問題で使われる手法をマスターすることを心がける方がよいだろう。

　15（2018年度〔3〕）はベクトルとの融合問題であり，ベクトルで条件を満たす領域を求めたあとに格子点の個数を求める際に数列の考え方を利用する。

　また，数列と場合の数・確率の融合問題，つまり確率漸化式と呼ばれるような問題を好んで出題する大学も多いが，筑波大学では過去にあまり出題されていない。ただし，2022年度には出題されているので注目しておきたい。

13　2022 年度〔2〕　Level A

　整数 a_1, a_2, a_3, … を，さいころをくり返し投げることにより，以下のように定めていく。まず，$a_1=1$ とする。そして，正の整数 n に対し，a_{n+1} の値を，n 回目に出たさいころの目に応じて，次の規則で定める。

（規則）　n 回目に出た目が 1，2，3，4 なら $a_{n+1}=a_n$ とし，5，6 なら $a_{n+1}=-a_n$ とする。

たとえば，さいころを 3 回投げ，その出た目が順に 5，3，6 であったとすると，$a_1=1$, $a_2=-1$, $a_3=-1$, $a_4=1$ となる。

　$a_n=1$ となる確率を p_n とする。ただし，$p_1=1$ とし，さいころのどの目も，出る確率は $\dfrac{1}{6}$ であるとする。

(1)　p_2, p_3 を求めよ。

(2)　p_{n+1} を p_n を用いて表せ。

(3)　$p_n \leqq 0.5000005$ を満たす最小の正の整数 n を求めよ。
　　　ただし，$0.47 < \log_{10} 3 < 0.48$ であることを用いてよい。

14 2020年度〔3〕 Level B

O を原点とする xy 平面上に 2 直線

$$l : y = \sqrt{3}x, \quad m : y = -\frac{1}{\sqrt{3}}x$$

がある。正の整数 n に対して，l 上に点 $P_n(n, \sqrt{3}n)$ をとり，m 上に点 $Q_n\left(x_n, -\frac{1}{\sqrt{3}}x_n\right)$ をとる。ただし，x_n $(n=1, 2, 3, \cdots)$ は次の条件(I)，(II)を満たすとする。

(I)　$x_1 = 1$ である。

(II)　$n \geq 2$ のとき，x_n は，Q_{n-1} を通り l と平行な直線と，x 軸との交点の x 座標である。

また，正の整数 n に対して，$\triangle OP_nQ_n$ の面積を a_n とする。

(1)　x_n を n を用いて表せ。

(2)　a_n を n を用いて表せ。

(3)　正の整数 n に対して，$S_n = \sum_{k=1}^{n} a_k$ と定める。S_n を n を用いて表せ。

15　2018 年度〔3〕　Level B

正三角形 OAB に対し，直線 OA 上の点 P_1, P_2, P_3, … および直線 OB 上の点 Q_1, Q_2, Q_3, … を，次の(I)，(II)，(III)を満たすようにとる。

(I)　$P_1 = A$ である。

(II)　線分 P_1Q_1, P_2Q_2, P_3Q_3, … はすべて直線 OA に垂直である。

(III)　線分 Q_1P_2, Q_2P_3, Q_3P_4, … はすべて直線 OB に垂直である。

$\overrightarrow{OA} = \vec{a}$, $\overrightarrow{OB} = \vec{b}$ とおく。点 O を基準とする位置ベクトルが，整数 k, l によって $k\vec{a} + l\vec{b}$ と表される点全体の集合を S とする。n を自然数とするとき，以下の問いに答えよ。

(1)　$\overrightarrow{OP_n}$ と $\overrightarrow{OQ_n}$ を $\vec{a}$, $\vec{b}$ を用いて表せ。

(2)　$\overrightarrow{OR} = x\vec{a} + y\vec{b}$ で定まる点 R が線分 Q_nP_{n+1} 上にあるとき，x を y を用いて表せ。また，線分 Q_nP_{n+1} 上にある S の点の個数を求めよ。

(3)　三角形 $OP_{n+1}Q_n$ の周または内部にある S の点の個数を求めよ。

16　2017 年度〔3〕　Level A

数列 $\{a_n\}$ が
$$a_1 = 1, \quad a_2 = 3,$$
$$a_{n+2} = 3a_{n+1}^2 - 6a_{n+1}a_n + 3a_n^2 + a_{n+1} \quad (n = 1, 2, \cdots)$$
を満たすとする。また，$b_n = a_{n+1} - a_n$ $(n = 1, 2, \cdots)$ とおく。以下の問いに答えよ。

(1)　$b_n \geq 0$ $(n = 1, 2, \cdots)$ を示せ。

(2)　b_n $(n = 1, 2, \cdots)$ の一の位の数が 2 であることを数学的帰納法を用いて証明せよ。

(3)　a_{2017} の一の位の数を求めよ。

17 2015 年度 〔3〕 Level B

p と q は正の整数とする。2 次方程式 $x^2 - 2px - q = 0$ の 2 つの実数解を α, β とする。ただし $\alpha > \beta$ とする。数列 $\{a_n\}$ を

$$a_n = \frac{1}{2}(\alpha^{n-1} + \beta^{n-1}) \quad (n = 1, 2, 3, \cdots)$$

によって定める。ただし $\alpha^0 = 1$, $\beta^0 = 1$ と定める。

(1) すべての自然数 n に対して，$a_{n+2} = 2pa_{n+1} + qa_n$ であることを示せ。

(2) すべての自然数 n に対して，a_n は整数であることを示せ。

(3) 自然数 n に対し，$\dfrac{\alpha^{n-1}}{2}$ 以下の最大の整数を b_n とする。p と q が $q < 2p+1$ を満たすとき，b_n を a_n を用いて表せ。

18 2014 年度〔4〕 Level C

　平面上の直線 l に同じ側で接する 2 つの円 C_1，C_2 があり，C_1 と C_2 も互いに外接している。l，C_1，C_2 で囲まれた領域内に，これら 3 つと互いに接する円 C_3 を作る。同様に l，C_n，C_{n+1} $(n=1,\ 2,\ 3,\ \cdots)$ で囲まれた領域内にあり，これら 3 つと互いに接する円を C_{n+2} とする。円 C_n の半径を r_n とし，$x_n=\dfrac{1}{\sqrt{r_n}}$ とおく。このとき，以下の問いに答えよ。ただし，$r_1=16$，$r_2=9$ とする。

(1)　l が C_1，C_2，C_3 と接する点を，それぞれ A_1，A_2，A_3 とおく。線分 A_1A_2，A_1A_3，A_2A_3 の長さおよび r_3 の値を求めよ。

(2)　ある定数 a，b に対して $x_{n+2}=ax_{n+1}+bx_n$ $(n=1,\ 2,\ 3,\ \cdots)$ となることを示せ。a，b の値も求めよ。

(3)　(2)で求めた a，b に対して，2 次方程式 $t^2=at+b$ の解を α，β $(\alpha>\beta)$ とする。$x_1=c\alpha^2+d\beta^2$ を満たす有理数 c，d の値を求めよ。ただし，$\sqrt{5}$ が無理数であることは証明なしで用いてよい。

(4)　(3)の c，d，α，β に対して，
　　　$x_n=c\alpha^{n+1}+d\beta^{n+1}$ $(n=1,\ 2,\ 3,\ \cdots)$
　　となることを示し，数列 $\{r_n\}$ の一般項を α，β を用いて表せ。

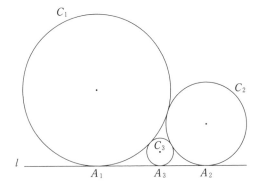

19 2013 年度 〔4〕 Level B

3つの数列 $\{a_n\}$, $\{b_n\}$, $\{c_n\}$ が

$$a_{n+1} = -b_n - c_n \quad (n=1,\ 2,\ 3,\ \cdots)$$
$$b_{n+1} = -c_n - a_n \quad (n=1,\ 2,\ 3,\ \cdots)$$
$$c_{n+1} = -a_n - b_n \quad (n=1,\ 2,\ 3,\ \cdots)$$

および $a_1 = a$, $b_1 = b$, $c_1 = c$ を満たすとする。ただし, a, b, c は定数とする。

(1) $p_n = a_n + b_n + c_n \quad (n=1,\ 2,\ 3,\ \cdots)$

で与えられる数列 $\{p_n\}$ の初項から第 n 項までの和 S_n を求めよ。

(2) 数列 $\{a_n\}$, $\{b_n\}$, $\{c_n\}$ の一般項を求めよ。

(3) $q_n = (-1)^n\{(a_n)^2 + (b_n)^2 + (c_n)^2\} \quad (n=1,\ 2,\ 3,\ \cdots)$

で与えられる数列 $\{q_n\}$ の初項から第 $2n$ 項までの和を T_n とする。$a+b+c$ が奇数であれば, すべての自然数 n に対して T_n が正の奇数であることを数学的帰納法を用いて示せ。

20

2011 年度 〔4〕

Level B

数列 $\{a_n\}$ を,

$a_1 = 1$

$(n+3) a_{n+1} - na_n = \dfrac{1}{n+1} - \dfrac{1}{n+2}$　$(n=1,\ 2,\ 3,\ \cdots)$

によって定める。

(1)　$b_n = n(n+1)(n+2) a_n$　$(n=1,\ 2,\ 3,\ \cdots)$ によって定まる数列 $\{b_n\}$ の一般項を求めよ。

(2)　等式

$p(n+1)(n+2) + qn(n+2) + rn(n+1) = b_n$　$(n=1,\ 2,\ 3,\ \cdots)$

が成り立つように,定数 p, q, r の値を定めよ。

(3)　$\displaystyle\sum_{k=1}^{n} a_k$ を n の式で表せ。

21

2009 年度 〔4〕

Level B

自然数の数列 $\{a_n\}$, $\{b_n\}$ は

$(5+\sqrt{2})^n = a_n + b_n\sqrt{2}$　$(n=1,\ 2,\ 3,\ \cdots)$

を満たすものとする。

(1)　$\sqrt{2}$ は無理数であることを示せ。

(2)　a_{n+1}, b_{n+1} を a_n, b_n を用いて表せ。

(3)　すべての自然数 n に対して $a_{n+1} + pb_{n+1} = q(a_n + pb_n)$ が成り立つような定数 p, q を 2 組求めよ。

(4)　a_n, b_n を n を用いて表せ。

§4 ベクトル

番号	内　　　　　容	年度	レベル
22	内積の値の最大値	2023〔3〕	B
23	平行四辺形に関わるベクトル	2022〔3〕	A
24	点が三角形の内部または周にあるための条件	2021〔3〕	B
25	四面体におけるベクトルの利用	2019〔3〕	B
26	四面体の2つの面の三角形が合同であることの証明	2016〔3〕	B
27	空間ベクトルの内積とその応用	2012〔4〕	A
28	三角形の面積の和の最小値	2010〔4〕	B

§4

ベクトル

　平面および空間ベクトルの問題である。すべての問題がベクトルの典型的な解法で対応できるので，基本事項を丁寧に押さえて学習を積み重ねていくとよい。

　ベクトルの問題はアプローチの仕方がいろいろ考えられる場合が多く，どのように解くかで解答に手間取ってしまうことも考えられる。要領よく解答するためにはどのような方針をもとにするべきかと振り返ることが大切であり，そのためには，ただ正解が得られたからよしとせず，いろいろな解法を比較してみるのもよいだろう。

　これ以外にも他の分野との融合問題としてベクトルが入っている問題も他のセクションに載せてあるので確認しておくとよい。例えば，15（2018年度〔3〕）は数列との融合問題である。

22

2023 年度 〔3〕　　　　　　　　　　　　　　　**Level B**

座標空間内の原点 O を中心とする半径 r の球面 S 上に 4 つの頂点がある四面体 ABCD が,

$$\overrightarrow{OA} + \overrightarrow{OB} + \overrightarrow{OC} + \overrightarrow{OD} = \vec{0}$$

を満たしているとする。また三角形 ABC の重心を G とする。

(1) $\overrightarrow{OG}$ を $\overrightarrow{OD}$ を用いて表せ。

(2) $\overrightarrow{OA}\cdot\overrightarrow{OB} + \overrightarrow{OB}\cdot\overrightarrow{OC} + \overrightarrow{OC}\cdot\overrightarrow{OA}$ を r を用いて表せ。

(3) 点 P が球面 S 上を動くとき,$\overrightarrow{PA}\cdot\overrightarrow{PB} + \overrightarrow{PB}\cdot\overrightarrow{PC} + \overrightarrow{PC}\cdot\overrightarrow{PA}$ の最大値を r を用いて表せ。さらに,最大値をとるときの点 P に対して,$|\overrightarrow{PG}|$ を r を用いて表せ。

23

2022 年度 〔3〕　　　　　　　　　　　　　　　**Level A**

$0 < t < 1$ とする。平行四辺形 ABCD について,線分 AB, BC, CD, DA を $t : 1-t$ に内分する点をそれぞれ A_1, B_1, C_1, D_1 とする。さらに,点 A_2, B_2, C_2, D_2 および A_3, B_3, C_3, D_3 を次の条件を満たすように定める。

(条件)　$k = 1$, 2 について,点 A_{k+1}, B_{k+1}, C_{k+1}, D_{k+1} は,それぞれ線分 A_kB_k, B_kC_k, C_kD_k, D_kA_k を $t : 1-t$ に内分する。

$\overrightarrow{AB} = \vec{a}$, $\overrightarrow{AD} = \vec{b}$ とするとき,以下の問いに答えよ。

(1) $\overrightarrow{A_1B_1} = p\vec{a} + q\vec{b}$,$\overrightarrow{A_1D_1} = x\vec{a} + y\vec{b}$ を満たす実数 p, q, x, y を t を用いて表せ。

(2) 四角形 $A_1B_1C_1D_1$ は平行四辺形であることを示せ。

(3) $\overrightarrow{AD}$ と $\overrightarrow{A_3B_3}$ が平行となるような t の値を求めよ。

24 2021 年度 〔3〕 Level B

O を原点とする座標空間において，3 点 A $(-2, 0, 0)$，B $(0, 1, 0)$，C $(0, 0, 1)$ を通る平面を α とする。2 点 P $(0, 5, 5)$，Q $(1, 1, 1)$ をとる。点 P を通り $\overrightarrow{OQ}$ に平行な直線を l とする。直線 l 上の点 R から平面 α に下ろした垂線と α の交点を S とする。$\overrightarrow{OR} = \overrightarrow{OP} + k\overrightarrow{OQ}$（ただし k は実数）とおくとき，以下の問いに答えよ。

(1) k を用いて，$\overrightarrow{AS}$ を成分で表せ。

(2) 点 S が △ABC の内部または周にあるような k の値の範囲を求めよ。

25 2019 年度 〔3〕 Level B

四面体 OABC について，OA = OB = OC および ∠AOB = ∠BOC = ∠COA が成り立つとする。$0 < s < 1$，$0 < t < 1$ を満たす実数 s, t に対し，辺 OA を $s : 1-s$ に内分する点を D とし，辺 OB を $t : 1-t$ に内分する点を E とする。$\overrightarrow{AF} = \overrightarrow{BG} = \overrightarrow{OC}$ となる点 F，G をとり，線分 EF と線分 DG が 1 点で交わるとし，その交点を P とする。$\overrightarrow{OA} = \vec{a}$，$\overrightarrow{OB} = \vec{b}$，$\overrightarrow{OC} = \vec{c}$，∠AOB = θ とするとき，以下の問いに答えよ。

(1) $t = s$ であることを示し，$\overrightarrow{OP}$ を s, $\vec{a}$, $\vec{b}$, $\vec{c}$ を用いて表せ。

(2) $\overrightarrow{EF} \perp \overrightarrow{DG}$ であるとき，$\cos\theta$ を s を用いて表せ。

(3) $\overrightarrow{EF} \perp \overrightarrow{DG}$ かつ $\sqrt{3}$ OP = OA であるとき，s の値を求めよ。

26　2016年度　〔3〕　Level　B

四面体 OABC において，$\overrightarrow{\text{OA}}=\vec{a}$, $\overrightarrow{\text{OB}}=\vec{b}$, $\overrightarrow{\text{OC}}=\vec{c}$ とおく。このとき等式
$$\vec{a}\cdot\vec{b}=\vec{b}\cdot\vec{c}=\vec{c}\cdot\vec{a}=1$$
が成り立つとする。t は実数の定数で，$0<t<1$ を満たすとする。線分 OA を $t:1-t$ に内分する点を P とし，線分 BC を $t:1-t$ に内分する点を Q とする。また，線分 PQ の中点を M とする。

(1)　$\overrightarrow{\text{OM}}$ を $\vec{a}$, $\vec{b}$, $\vec{c}$ と t を用いて表せ。

(2)　線分 OM と線分 BM の長さが等しいとき，線分 OB の長さを求めよ。

(3)　4 点 O，A，B，C が点 M を中心とする同一球面上にあるとする。このとき，△OAB と △OCB は合同であることを示せ。

27　2012年度　〔4〕　Level　A

四面体 OABC において，次が満たされているとする。
$$\overrightarrow{\text{OA}}\cdot\overrightarrow{\text{OB}}=\overrightarrow{\text{OB}}\cdot\overrightarrow{\text{OC}}=\overrightarrow{\text{OC}}\cdot\overrightarrow{\text{OA}}$$
点 A，B，C を通る平面を α とする。点 O を通り平面 α と直交する直線と，平面 α との交点を H とする。

(1)　$\overrightarrow{\text{OA}}$ と $\overrightarrow{\text{BC}}$ は垂直であることを示せ。

(2)　点 H は △ABC の垂心であること，すなわち $\overrightarrow{\text{AH}}\perp\overrightarrow{\text{BC}}$，$\overrightarrow{\text{BH}}\perp\overrightarrow{\text{CA}}$，$\overrightarrow{\text{CH}}\perp\overrightarrow{\text{AB}}$ を示せ。

(3)　$|\overrightarrow{\text{OA}}|=|\overrightarrow{\text{OB}}|=|\overrightarrow{\text{OC}}|=2$，$\overrightarrow{\text{OA}}\cdot\overrightarrow{\text{OB}}=\overrightarrow{\text{OB}}\cdot\overrightarrow{\text{OC}}=\overrightarrow{\text{OC}}\cdot\overrightarrow{\text{OA}}=1$ とする。このとき，△ABC の各辺の長さおよび線分 OH の長さを求めよ。

28 2010 年度 〔4〕 Level B

点 O を原点とする座標平面上に，2 点 A $(1,\ 0)$，B $(\cos\theta,\ \sin\theta)$ $(90°<\theta<180°)$ をとり，以下の条件をみたす 2 点 C，D を考える。

$$\overrightarrow{OA}\cdot\overrightarrow{OC}=1,\quad \overrightarrow{OA}\cdot\overrightarrow{OD}=0,\quad \overrightarrow{OB}\cdot\overrightarrow{OC}=0,\quad \overrightarrow{OB}\cdot\overrightarrow{OD}=1$$

また，△OAB の面積を S_1，△OCD の面積を S_2 とおく。

(1) ベクトル $\overrightarrow{OC}$，$\overrightarrow{OD}$ の成分を求めよ。

(2) $S_2=2S_1$ が成り立つとき，θ と S_1 の値を求めよ。

(3) $S=4S_1+3S_2$ を最小にする θ と，そのときの S の値を求めよ。

§5 微・積分法

番号	内　　　　　容		年度	レベル
29	三角形の面積の最大値	Ⅱ	2023〔1〕	B
30	曲線で囲まれた図形の面積	Ⅱ	2023〔2〕	B
31	円と放物線の共通接線	Ⅱ	2022〔1〕	A
32	2本の接線に関わる角度の正接の値	Ⅱ	2019〔1〕	B
33	直線と放物線で囲まれた図形の面積	Ⅱ	2018〔1〕	A
34	放物線と2本の接線で囲まれた図形の面積の最小値	Ⅱ	2018〔2〕	A
35	条件を満たす関数の決定	Ⅱ	2017〔2〕	C
36	2つの放物線に関わる図形の面積の最大値	Ⅱ	2016〔1〕	B
37	2つの円の共通接線	Ⅱ	2016〔2〕	B
38	3次関数のグラフに3本の接線が引ける条件とそれに関わる図示	Ⅱ	2014〔1〕	B
39	係数に文字定数を含む3次関数の最小値	Ⅱ	2010〔1〕	A
40	図形をx軸のまわりに1回転させてできる回転体の体積についての証明		2023〔4〕	C
41	曲線で囲まれた図形の面積に関わる極限		2023〔5〕	C
42	曲線で囲まれた図形の面積		2022〔4〕	B
43	曲線に関わる2点間の距離の最大値		2022〔5〕	C
44	曲線で囲まれた図形の面積		2021〔4〕	B
45	2つの図形の面積の和と商に関わる極限		2021〔5〕	B
46	媒介変数表示の図形をy軸のまわりに1回転させてできる回転体の体積		2020〔4〕	B
47	数列の漸化式から求める一般項とそれに関わる無限級数		2020〔5〕	A
48	図形をx軸のまわりに1回転させてできる回転体の体積		2019〔4〕	A
49	数列に関する証明と無限級数		2019〔5〕	C
50	図形をx軸のまわりに1回転させてできる回転体の体積		2018〔4〕	B
51	不等式の証明とはさみうちの原理による数列の極限		2018〔5〕	C
52	関数の増減，曲線とx軸で囲まれた図形の面積		2017〔4〕	B
53	領域に属する格子点の個数に関わる極限		2017〔5〕	B
54	図形をx軸のまわりに1回転させてできる回転体の体積		2016〔4〕	B
55	3項間の漸化式より得られる数列の極限		2016〔5〕	B
56	不等式の証明とはさみうちの原理による極限		2015〔4〕	B

57	曲線で囲まれる図形の面積	2015〔5〕	A
58	2つの図形の面積の比較	2014〔2〕	B
59	曲線上の点における接線と y 軸との交点に関わる極限	2014〔3〕	C
60	媒介変数表示の図形の面積の極限	2013〔2〕	C
61	回転させる図形と軸が同一平面にない立体の体積	2013〔3〕	C
62	曲線の接線と x 軸，y 軸で囲まれた図形の面積の極限	2012〔2〕	A
63	図形を x 軸のまわりに1回転させてできる回転体の体積	2012〔3〕	B
64	定積分で表された関数の最大値とそれに関わる極限値	2011〔2〕	B
65	図形を x 軸のまわりに1回転させてできる回転体の体積	2011〔3〕	C
66	3つの三角関数のグラフで囲まれた図形の面積	2010〔2〕	B
67	定積分を含む不等式の証明，微分法による不等式の証明	2010〔3〕	B
68	回転させる図形と軸が同一平面にない立体の体積	2009〔2〕	B
69	定積分で表された関数の決定	2009〔3〕	B

微・積分法の問題41題を「数学Ⅱ」と「数学Ⅲ」の分野に分けてまとめてある（「数学Ⅱ」の問題には❷を付した）。レベルはそれぞれの分野ごとに設定している。

「数学Ⅱ」では接線や面積に関するもの，「数学Ⅲ」では極限に関するもの，面積・体積に関するものを中心に級数・数列，また，微・積分法に絡めた関数自体の性質について問われる問題が出題されている。体積の問題は回転体に関するもので，回転させる図形と同一平面に軸がある場合が基本である。同一平面に軸がない場合，断面は同心円で挟まれた図形になるので回転軸から一番遠くにある点と一番近くにある点がどのように回転するかに注目することになる。

このように典型的な解法で解答できる問題がほとんどなので，基本を押さえた上で問題固有の条件に対応して解答していきたい。

小問で区切られて最終的な結論に誘導されているので，小問で問われている一見関係なさそうな定積分の計算が，実は最後に体積を求める際に利用できるというようにつながっていることも多いので，そのようなことも意識しながら解答していくとよい。

29　2023年度〔1〕Ⅱ　　　　　　　　　　　Level　B

曲線 $C : y = x - x^3$ 上の点 $A(1, 0)$ における接線を l とし，C と l の共有点のうち A とは異なる点を B とする。また，$-2 < t < 1$ とし，C 上の点 $P(t, t - t^3)$ をとる。さらに，三角形 ABP の面積を $S(t)$ とする。

(1)　点 B の座標を求めよ。

(2)　$S(t)$ を求めよ。

(3)　t が $-2 < t < 1$ の範囲を動くとき，$S(t)$ の最大値を求めよ。

30　2023年度〔2〕Ⅱ　　　　　　　　　　　Level　B

α, β を実数とし，$\alpha > 1$ とする。曲線 $C_1 : y = |x^2 - 1|$ と曲線 $C_2 : y = -(x - \alpha)^2 + \beta$ が，点 (α, β) と点 (p, q) の2点で交わるとする。また，C_1 と C_2 で囲まれた図形の面積を S_1 とし，x 軸，直線 $x = \alpha$，および C_1 の $x \geq 1$ を満たす部分で囲まれた図形の面積を S_2 とする。

(1)　p を α を用いて表し，$0 < p < 1$ であることを示せ。

(2)　S_1 を α を用いて表せ。

(3)　$S_1 > S_2$ であることを示せ。

31

2022 年度 〔1〕 Ⅱ

Level A

t, p を実数とし，$t>0$ とする。xy 平面において，原点Oを中心とし点 A$(1, t)$ を通る円を C_1 とする。また，点Aにおける C_1 の接線を l とする。直線 $x=p$ を軸とする2次関数のグラフ C_2 は，x 軸に接し，点Aにおいて直線 l とも接するとする。

⑴ 直線 l の方程式を t を用いて表せ。

⑵ p を t を用いて表せ。

⑶ C_2 と x 軸の接点をMとし，C_2 と y 軸の交点をNとする。t が正の実数全体を動くとき，三角形 OMN の面積の最小値を求めよ。

32

2019 年度 〔1〕 Ⅱ

Level B

$k>0$，$0<\theta<\dfrac{\pi}{4}$ とする。放物線 $C : y=x^2-kx$ と直線 $l : y=(\tan\theta)x$ の交点のうち，原点Oと異なるものをPとする。放物線 C の点Oにおける接線を l_1 とし，点Pにおける接線を l_2 とする。直線 l_1 の傾きが $-\dfrac{1}{3}$ で，直線 l_2 の傾きが $\tan 2\theta$ であるとき，以下の問いに答えよ。

⑴ k を求めよ。

⑵ $\tan\theta$ を求めよ。

⑶ 直線 l_1 と l_2 の交点をQとする。$\angle PQO=\alpha$（ただし $0\leqq\alpha\leqq\pi$）とするとき，$\tan\alpha$ を求めよ。

33 2018 年度 〔1〕 Ⅱ　　　　　　　　　　　　　Level A

$0<\theta<\dfrac{\pi}{2}$ とする。放物線 $y=x^2$ 上に 3 点 O $(0,\ 0)$，A $(\tan\theta,\ \tan^2\theta)$，

B $(-\tan\theta,\ \tan^2\theta)$ をとる。三角形 OAB の内心の y 座標を p とし，外心の y 座標を q とする。また，正の実数 a に対して，直線 $y=a$ と放物線 $y=x^2$ で囲まれた図形の面積を $S(a)$ で表す。

⑴　p，q を $\cos\theta$ を用いて表せ。

⑵　$\dfrac{S(p)}{S(q)}$ が整数であるような $\cos\theta$ の値をすべて求めよ。

34 2018 年度 〔2〕 Ⅱ　　　　　　　　　　　　　Level A

放物線 $C：y=x^2+ax+b$ が 2 直線 $l_1：y=px$ $(p>0)$，$l_2：y=qx$ $(q<0)$ と接している。また，C と l_1，l_2 で囲まれた図形の面積を S とする。

⑴　a，b を p，q を用いてそれぞれ表せ。

⑵　S を p，q を用いて表せ。

⑶　l_1，l_2 が直交するように p，q が動くとき，S の最小値を求めよ。

35 2017 年度 〔2〕 Ⅱ Level C

a, b, c を実数とし, β, m をそれぞれ $0<\beta<1$, $m>0$ を満たす実数とする。また, 関数 $f(x)=x^3+ax^2+bx+c$ は $x=\beta$, $-\beta$ で極値をとり, $f(-1)=f(\beta)=-m$, $f(1)=f(-\beta)=m$ を満たすとする。

⑴ a, b, c, および β, m の値を求めよ。

⑵ 関数 $g(x)=x^3+px^2+qx+r$ は, $-1\leqq x\leqq 1$ に対して $f(-1)\leqq g(x)\leqq f(1)$ を満たすとする。$h(x)=f(x)-g(x)$ とおくとき, $h(-1)$, $h(-\beta)$, $h(\beta)$, $h(1)$ それぞれと 0 との大きさを比較することにより, $h(x)$ を求めよ。

36 2016 年度 〔1〕 Ⅱ Level B

k を実数とする。xy 平面の曲線 $C_1:y=x^2$ と $C_2:y=-x^2+2kx+1-k^2$ が異なる共有点 P, Q を持つとする。ただし点 P, Q の x 座標は正であるとする。また, 原点を O とする。

⑴ k のとりうる値の範囲を求めよ。

⑵ k が⑴の範囲を動くとき, △OPQ の重心 G の軌跡を求めよ。

⑶ △OPQ の面積を S とするとき, S^2 を k を用いて表せ。

⑷ k が⑴の範囲を動くとする。△OPQ の面積が最大となるような k の値と, そのときの重心 G の座標を求めよ。

37

2016 年度 〔2〕 **Ⅱ**   **Level B**

xy 平面の直線 $y = (\tan 2\theta)\,x$ を l とする。ただし $0 < \theta < \dfrac{\pi}{4}$ とする。図で示すように，円 C_1，C_2 を以下の(ⅰ)〜(ⅳ)で定める。

 (ⅰ) 円 C_1 は直線 l および x 軸の正の部分と接する。

 (ⅱ) 円 C_1 の中心は第 1 象限にあり，原点 O から中心までの距離 d_1 は $\sin 2\theta$ である。

 (ⅲ) 円 C_2 は直線 l，x 軸の正の部分，および円 C_1 と接する。

 (ⅳ) 円 C_2 の中心は第 1 象限にあり，原点 O から中心までの距離 d_2 は $d_1 > d_2$ を満たす。

 円 C_1 と円 C_2 の共通接線のうち，x 軸，直線 l と異なる直線を m とし，直線 m と直線 l，x 軸との交点をそれぞれ P，Q とする。

(1) 円 C_1，C_2 の半径を $\sin\theta$，$\cos\theta$ を用いて表せ。

(2) θ が $0 < \theta < \dfrac{\pi}{4}$ の範囲を動くとき，線分 PQ の長さの最大値を求めよ。

(3) (2)の最大値を与える θ について直線 m の方程式を求めよ。

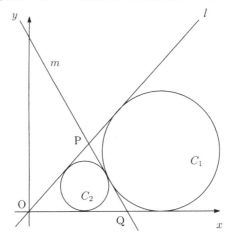

38

2014 年度 〔1〕 Ⅱ   Level B

$f(x) = x^3 - x$ とする。$y = f(x)$ のグラフに点 P (a, b) から引いた接線は 3 本ある
とする。3 つの接点 A $(\alpha, f(\alpha))$, B $(\beta, f(\beta))$, C $(\gamma, f(\gamma))$ を頂点とする三角形
の重心を G とする。

⑴ $\alpha + \beta + \gamma$, $\alpha\beta + \beta\gamma + \gamma\alpha$ および $\alpha\beta\gamma$ を a, b を用いて表せ。

⑵ 点 G の座標を a, b を用いて表せ。

⑶ 点 G の x 座標が正で，y 座標が負となるような点 P の範囲を図示せよ。

39

2010 年度 〔1〕 Ⅱ   Level A

$f(x) = \dfrac{1}{3}x^3 - \dfrac{1}{2}ax^2$ とおく。ただし $a > 0$ とする。

⑴ $f(-1) \leqq f(3)$ となる a の範囲を求めよ。

⑵ $f(x)$ の極小値が $f(-1)$ 以下となる a の範囲を求めよ。

⑶ $-1 \leqq x \leqq 3$ における $f(x)$ の最小値を a を用いて表せ。

40

2023 年度 〔4〕   Level C

a, b を実数とし，$f(x) = x + a\sin x$, $g(x) = b\cos x$ とする。

(1) 定積分 $\displaystyle\int_{-\pi}^{\pi} f(x)\,g(x)\,dx$ を求めよ。

(2) 不等式

$$\int_{-\pi}^{\pi} \{f(x) + g(x)\}^2 dx \geq \int_{-\pi}^{\pi} \{f(x)\}^2 dx$$

が成り立つことを示せ。

(3) 曲線 $y = |f(x) + g(x)|$，2 直線 $x = -\pi$, $x = \pi$，および x 軸で囲まれた図形を x 軸の周りに 1 回転させてできる回転体の体積を V とする。このとき不等式

$$V \geq \frac{2}{3}\pi^2(\pi^2 - 6)$$

が成り立つことを示せ。さらに，等号が成立するときの a, b を求めよ。

41

2023 年度 〔5〕   Level C

$f(x) = x^{-2}e^x$ $(x > 0)$ とし，曲線 $y = f(x)$ を C とする。また h を正の実数とする。さらに，正の実数 t に対して，曲線 C，2 直線 $x = t$, $x = t + h$，および x 軸で囲まれた図形の面積を $g(t)$ とする。

(1) $g'(t)$ を求めよ。

(2) $g(t)$ を最小にする t がただ 1 つ存在することを示し，その t を h を用いて表せ。

(3) (2)で得られた t を $t(h)$ とする。このとき極限値 $\displaystyle\lim_{h \to +0} t(h)$ を求めよ。

42 2022年度〔4〕 Level B

0<a<4 とする。曲線

$$C_1 : y = 4\cos^2 x \quad \left(-\frac{\pi}{2} < x < \frac{\pi}{2}\right)$$

$$C_2 : y = a - \tan^2 x \quad \left(-\frac{\pi}{2} < x < \frac{\pi}{2}\right)$$

は，ちょうど2つの共有点をもつとする。

(1) a の値を求めよ。

(2) C_1 と C_2 で囲まれた部分の面積を求めよ。

43 2022年度〔5〕 Level C

曲線 $C : y = (x+1)e^{-x} \ (x > -1)$ 上の点Pにおける法線と x 軸との交点をQとする。点Pの x 座標を t とし，点Qと点 $R(t, 0)$ との距離を $d(t)$ とする。

(1) $d(t)$ を t を用いて表せ。

(2) $x \geq 0$ のとき $e^x \geq 1 + x + \dfrac{x^2}{2}$ であることを示せ。

(3) 点Pが曲線 C 上を動くとき，$d(t)$ の最大値を求めよ。

44

2021 年度 〔4〕　　　　　　　　　　　　　　　　　**Level　B**

p, q を定数とし，$0<p<1$ とする。

曲線 $C_1 : y = px^{\frac{1}{p}}$　$(x>0)$　と

曲線 $C_2 : y = \log x + q$　$(x>0)$

が，ある 1 点 $(a,\ b)$ において同じ直線に接するとする。曲線 C_1，直線 $x=a$，直線 $x=e^{-q}$ および x 軸で囲まれた図形の面積を S_1 とする。また，曲線 C_2，直線 $x=a$ および x 軸で囲まれた図形の面積を S_2 とする。

(1)　q を p を用いて表せ。

(2)　S_1, S_2 を p を用いて表せ。

(3)　$\dfrac{S_2}{S_1} \geqq \dfrac{3}{4}$ であることを示せ。ただし，$2.5<e<3$ を用いてよい。

45

2021 年度 〔5〕　　　　　　　　　　　　　　　　　**Level　B**

O を原点とする xy 平面において，点 A $(-1,\ 0)$ と点 B$(2,\ 0)$ をとる。円 $x^2+y^2=1$ の，$x\geqq0$ かつ $y\geqq0$ を満たす部分を C とし，また点 B を通り y 軸に平行な直線を l とする。2 以上の整数 n に対し，曲線 C 上に点 P，Q を

$$\angle \mathrm{POB} = \frac{\pi}{n}, \quad \angle \mathrm{QOB} = \frac{\pi}{2n}$$

を満たすようにとる。直線 AP と直線 l の交点を V とし，直線 AQ と直線 l の交点を W とする。線分 AP，線分 AQ および曲線 C で囲まれた図形の面積を $S(n)$ とする。また線分 PV，線分 QW，曲線 C および線分 VW で囲まれた図形の面積を $T(n)$ とする。

(1)　$\displaystyle \lim_{n\to\infty} n\{S(n)+T(n)\}$ を求めよ。

(2)　$\displaystyle \lim_{n\to\infty} \frac{T(n)}{S(n)}$ を求めよ。

46 2020 年度 〔4〕 Level B

関数 $f(\theta)$, $g(\theta)$ を

$$f(\theta) = \sin\theta - \frac{\sqrt{2}}{2}, \quad g(\theta) = \sin 2\theta$$

と定める。xy 平面上の曲線 C が，媒介変数 θ を用いて

$$x = f(\theta), \quad y = g(\theta) \quad \left(0 \leqq \theta \leqq \frac{\pi}{4}\right)$$

で表されている。

(1) 次の定積分 I_1, I_2, I_3 の値を求めよ。

$$I_1 = \int_0^{\frac{\pi}{4}} \cos 2\theta\, d\theta, \quad I_2 = \int_0^{\frac{\pi}{4}} \sin\theta \cos 2\theta\, d\theta, \quad I_3 = \int_0^{\frac{\pi}{4}} \sin^2\theta \cos 2\theta\, d\theta$$

(2) $\dfrac{dy}{dx}$ を θ の関数として表し，曲線 C の概形を xy 平面上に描け。

(3) 曲線 C，x 軸および y 軸で囲まれた図形を，y 軸のまわりに 1 回転してできる立体の体積を求めよ。

47 2020 年度 〔5〕 Level A

数列 $\{a_n\}$ が

$$a_1 = \frac{c}{1+c}, \quad a_{n+1} = \frac{1}{2-a_n} \quad (n = 1,\ 2,\ 3,\ \cdots)$$

を満たすとする。ただし，c は正の実数である。

(1) a_2, a_3 を求めよ。

(2) 数列 $\{a_n\}$ の一般項 a_n を求めよ。

(3) $\displaystyle\sum_{n=1}^{\infty} \left(\frac{a_{n+1}}{a_n} - 1\right)$ を求めよ。

48 2019 年度 〔4〕 Level A

$0 \leq x \leq \pi$ の範囲において，関数 $f(x)$，$g(x)$ を
$$f(x) = 1 + \sin x, \quad g(x) = -1 - \cos x$$
と定める。

(1) $0 \leq x \leq \pi$ の範囲において，$|f(x)| = |g(x)|$ を満たす x を求めよ。

(2) 曲線 $y = f(x)$，曲線 $y = g(x)$，直線 $x = 0$ および直線 $x = \pi$ で囲まれる部分を，x 軸のまわりに 1 回転してできる立体の体積を求めよ。

49 2019 年度 〔5〕 Level C

数列 $\{a_n\}$ を $a_n = \dfrac{1}{2^n}$ $(n = 1, 2, 3, \cdots)$ で定める。以下の問いに答えよ。

(1) $t > 0$ のとき，$1 \leq \dfrac{e^t - 1}{t} \leq e^t$ であることを示せ。

(2) 数列 $\{x_n\}$, $\{y_n\}$, $\{z_n\}$ を
$$\begin{cases} x_n = \log(e^{a_n} + 1) \\ y_n = \log(e^{a_n} - 1) \\ z_n = y_n + \displaystyle\sum_{k=1}^{n} x_k \end{cases} \quad (n = 1, 2, 3, \cdots)$$
で定める。z_n は n によらない定数であることを示せ。

(3) $\displaystyle\sum_{k=1}^{\infty} \log\left(\dfrac{e^{a_k} + 1}{2}\right)$ を求めよ。

50

2018 年度 〔4〕 　　　　　　　　　　　　　　　　Level B

2つの曲線

$$C_1 : y = \frac{1}{\sqrt{2}\,\sin x} \qquad (0 < x < \pi)$$

$$C_2 : y = \sqrt{2}\,(\sin x - \cos x) \qquad (0 < x < \pi)$$

について以下の問いに答えよ。

(1) 曲線 C_1 と曲線 C_2 の共有点の x 座標を求めよ。

(2) 曲線 C_1 と曲線 C_2 とで囲まれた図形を x 軸のまわりに1回転させてできる回転体の体積 V が π^2 であることを示せ。

51

2018 年度 〔5〕 　　　　　　　　　　　　　　　　Level C

$f(x) = \displaystyle\int_0^x \frac{4\pi}{t^2 + \pi^2}\,dt$ とし，$c \geqq \pi$ とする。数列 $\{a_n\}$ を $a_1 = c$，

$a_{n+1} = f(a_n)$ $(n = 1, 2, \cdots)$ で定める。

(1) $f(\pi)$ を求めよ。また，$x \geqq \pi$ のとき，$0 < f'(x) \leqq \dfrac{2}{\pi}$ が成り立つことを示せ。

(2) すべての自然数 n に対して，$a_n \geqq \pi$ が成り立つことを示せ。

(3) すべての自然数 n に対して，$|a_{n+1} - \pi| \leqq \dfrac{2}{\pi}|a_n - \pi|$ が成り立つことを示せ。また，$\displaystyle\lim_{n \to \infty} a_n$ を求めよ。

52

2017年度〔4〕　　　　　　　　　　　　　　　　　　　Level　B

関数

$$f(x) = 2x^2 - 9x + 14 - \frac{9}{x} + \frac{2}{x^2} \quad (x > 0)$$

について以下の問いに答えよ。

⑴　方程式 $f(x) = 0$ の解をすべて求めよ。

⑵　関数 $f(x)$ のすべての極値を求めよ。

⑶　曲線 $y = f(x)$ と x 軸とで囲まれた部分の面積を求めよ。

53

2017年度〔5〕　　　　　　　　　　　　　　　　　　　Level　B

xy 平面において，x 座標と y 座標がともに整数である点を格子点という。また，実数 a に対して，a 以下の最大の整数を $[a]$ で表す。記号 $[\ ]$ をガウス記号という。以下の問いでは N を自然数とする。

⑴　n を $0 \leq n \leq N$ を満たす整数とする。点 $(n, 0)$ と点 $\left(n, N\sin\left(\dfrac{\pi n}{2N}\right)\right)$ を結ぶ線分上にある格子点の個数をガウス記号を用いて表せ。

⑵　直線 $y = x$ と，x 軸，および直線 $x = N$ で囲まれた領域（境界を含む）にある格子点の個数を $A(N)$ とおく。このとき $A(N)$ を求めよ。

⑶　曲線 $y = N\sin\left(\dfrac{\pi x}{2N}\right)$ $(0 \leq x \leq N)$ と，x 軸，および直線 $x = N$ で囲まれた領域（境界を含む）にある格子点の個数を $B(N)$ とおく。⑵の $A(N)$ に対して $\displaystyle\lim_{N \to \infty} \dfrac{B(N)}{A(N)}$ を求めよ。

54 2016 年度〔4〕 Level B

関数 $f(x) = 2\sqrt{x}\,e^{-x}$ $(x \geqq 0)$ について次の問いに答えよ。

(1) $f'(a) = 0$, $f''(b) = 0$ を満たす a, b を求め, $y = f(x)$ のグラフの概形を描け。ただし, $\displaystyle\lim_{x \to \infty} \sqrt{x}\,e^{-x} = 0$ であることは証明なしで用いてよい。

(2) $k \geqq 0$ のとき $V(k) = \displaystyle\int_0^k x e^{-2x} dx$ を k を用いて表せ。

(3) (1)で求めた a, b に対して曲線 $y = f(x)$ と x 軸および 2 直線 $x = a$, $x = b$ で囲まれた図形を x 軸のまわりに 1 回転してできる回転体の体積を求めよ。

55

△PQR において ∠RPQ$=\theta$, ∠PQR$=\dfrac{\pi}{2}$ とする。点 P_n $(n=1, 2, 3, \cdots)$ を次で
定める。

$$P_1=P, \quad P_2=Q, \quad P_nP_{n+2}=P_nP_{n+1}$$

ただし，点 P_{n+2} は線分 P_nR 上にあるものとする。実数 θ_n $(n=1, 2, 3, \cdots)$ を

$$\theta_n=\angle P_{n+1}P_nP_{n+2} \quad (0<\theta_n<\pi)$$

で定める。

(1)　θ_2, θ_3 を θ を用いて表せ。

(2)　$\theta_{n+1}+\dfrac{\theta_n}{2}$ $(n=1, 2, 3, \cdots)$ は n によらない定数であることを示せ。

(3)　$\displaystyle\lim_{n\to\infty}\theta_n$ を求めよ。

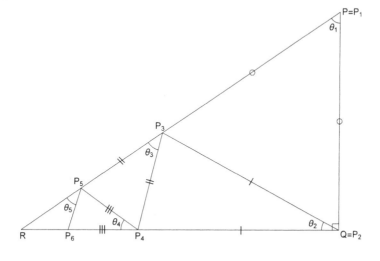

56

2015 年度 〔4〕 Level B

$f(x) = \log(e^x + e^{-x})$ とおく。曲線 $y = f(x)$ の点 $(t,\ f(t))$ における接線を l とする。直線 l と y 軸の交点の y 座標を $b(t)$ とおく。

(1) 次の等式を示せ。

$$b(t) = \frac{2te^{-t}}{e^t + e^{-t}} + \log(1 + e^{-2t})$$

(2) $x \geqq 0$ のとき，$\log(1+x) \leqq x$ であることを示せ。

(3) $t \geqq 0$ のとき

$$b(t) \leqq \frac{2}{e^t + e^{-t}} + e^{-2t}$$

であることを示せ。

(4) $b(0) = \displaystyle\lim_{x \to \infty} \int_0^x \frac{4t}{(e^t + e^{-t})^2} dt$ であることを示せ。

57

2015 年度 〔5〕　　　　　　　　　　　　　　　　　　　　**Level　A**

$f(x)$, $g(x)$, $h(x)$ を

$$f(x) = \frac{1}{2}(\cos x - \sin x)$$

$$g(x) = \frac{1}{\sqrt{2}}\sin\left(x + \frac{\pi}{4}\right)$$

$$h(x) = \sin x$$

とおく。3つの曲線 $y=f(x)$, $y=g(x)$, $y=h(x)$ の $0 \leqq x \leqq \frac{\pi}{2}$ を満たす部分を,それぞれ C_1, C_2, C_3 とする。

(1)　C_2 と C_3 の交点の座標を求めよ。

(2)　C_1 と C_3 の交点の x 座標を α とする。$\sin\alpha$, $\cos\alpha$ の値を求めよ。

(3)　C_1, C_2, C_3 によって囲まれる図形の面積を求めよ。

58

2014 年度 〔2〕　　　　　　　　　　　　　　　　　　　　**Level　B**

xy 平面上の曲線 $C : y = x\sin x + \cos x - 1$ $(0 < x < \pi)$ に対して,以下の問いに答えよ。ただし $3 < \pi < \frac{16}{5}$ であることは証明なしで用いてよい。

(1)　曲線 C と x 軸の交点はただ1つであることを示せ。

(2)　曲線 C と x 軸の交点を $A(\alpha, 0)$ とする。$\alpha > \frac{2}{3}\pi$ であることを示せ。

(3)　曲線 C, y 軸および直線 $y = \frac{\pi}{2} - 1$ で囲まれる部分の面積を S とする。また,xy 平面の原点O,点Aおよび曲線 C 上の点 $B\left(\frac{\pi}{2}, \frac{\pi}{2} - 1\right)$ を頂点とする三角形OABの面積を T とする。$S < T$ であることを示せ。

59 2014 年度 〔3〕 Level C

関数 $f(x) = e^{-\frac{x^2}{2}}$ を $x>0$ で考える。$y=f(x)$ のグラフの点 $(a, f(a))$ における接線を l_a とし，l_a と y 軸との交点を $(0, Y(a))$ とする。以下の問いに答えよ。ただし，実数 k に対して $\lim_{t \to \infty} t^k e^{-t} = 0$ であることは証明なしで用いてよい。

(1) $Y(a)$ がとりうる値の範囲を求めよ。

(2) $0<a<b$ である a, b に対して，l_a と l_b が x 軸上で交わるとき，a のとりうる値の範囲を求め，b を a で表せ。

(3) (2)の a, b に対して，$Z(a) = Y(a) - Y(b)$ とおく。$\lim_{a \to +0} Z(a)$ および $\lim_{a \to +0} \dfrac{Z'(a)}{a}$ を求めよ。

60 2013 年度 〔2〕 Level C

n は自然数とする。

(1) $1 \leqq k \leqq n$ を満たす自然数 k に対して

$$\int_{\frac{k-1}{2n}\pi}^{\frac{k}{2n}\pi} \sin 2nt \cos t\, dt = (-1)^{k+1} \frac{2n}{4n^2-1} \left(\cos \frac{k}{2n}\pi + \cos \frac{k-1}{2n}\pi \right)$$

が成り立つことを示せ。

(2) 媒介変数 t によって

$$x = \sin t, \quad y = \sin 2nt \quad (0 \leqq t \leqq \pi)$$

と表される曲線 C_n で囲まれた部分の面積 S_n を求めよ。ただし必要なら

$$\sum_{k=1}^{n-1} \cos \frac{k}{2n}\pi = \frac{1}{2} \left(\frac{1}{\tan \frac{\pi}{4n}} - 1 \right) \quad (n \geqq 2)$$

を用いてよい。

(3) 極限値 $\lim_{n \to \infty} S_n$ を求めよ。

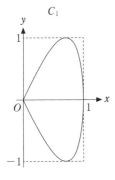
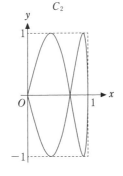
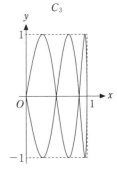

61

xyz 空間において，点 A $(1, 0, 0)$，B $(0, 1, 0)$，C $(0, 0, 1)$ を通る平面上にあり，正三角形 ABC に内接する円板を D とする。円板 D の中心を P，円板 D と辺 AB の接点を Q とする。

(1) 点 P と点 Q の座標を求めよ。

(2) 円板 D が平面 $z = t$ と共有点をもつ t の範囲を求めよ。

(3) 円板 D と平面 $z = t$ の共通部分が線分であるとき，その線分の長さを t を用いて表せ。

(4) 円板 D を z 軸のまわりに回転してできる立体の体積を求めよ。

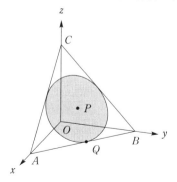

62 2012 年度 〔2〕　　　　　　　　　　Level A

曲線 $C : y = \dfrac{1}{x+2}$ $(x > -2)$ を考える。曲線 C 上の点 $P_1\left(0, \dfrac{1}{2}\right)$ における接線を l_1 とし，l_1 と x 軸との交点を Q_1，点 Q_1 を通り x 軸と垂直な直線と曲線 C との交点を P_2 とおく。以下同様に，自然数 n $(n \geqq 2)$ に対して，点 P_n における接線を l_n とし，l_n と x 軸との交点を Q_n，点 Q_n を通り x 軸と垂直な直線と曲線 C との交点を P_{n+1} とおく。

(1)　l_1 の方程式を求めよ。

(2)　P_n の x 座標を x_n $(n \geqq 1)$ とする。x_{n+1} を x_n を用いて表し，x_n を n を用いて表せ。

(3)　l_n，x 軸，y 軸で囲まれる三角形の面積 S_n を求め，$\displaystyle\lim_{n \to \infty} S_n$ を求めよ。

63 2012 年度 〔3〕　　　　　　　　　　Level B

曲線 $C : y = \log x$ $(x > 0)$ を考える。自然数 n に対して，曲線 C 上に点 $P(e^n, n)$，$Q(e^{2n}, 2n)$ をとり，x 軸上に点 $A(e^n, 0)$，$B(e^{2n}, 0)$ をとる。四角形 APQB を x 軸のまわりに 1 回転させてできる立体の体積を $V(n)$ とする。また，線分 PQ と曲線 C で囲まれる部分を x 軸のまわりに 1 回転させてできる立体の体積を $S(n)$ とする。

(1)　$V(n)$ を n の式で表せ。

(2)　$\displaystyle\lim_{n \to \infty} \dfrac{S(n)}{V(n)}$ を求めよ。

64 2011 年度 〔2〕 Level B

自然数 n に対し，関数
$$F_n(x) = \int_x^{2x} e^{-t^n} dt \quad (x \geqq 0)$$
を考える。

(1) 関数 $F_n(x)$ $(x \geqq 0)$ はただ一つの点で最大値をとることを示し，$F_n(x)$ が最大となるような x の値 a_n を求めよ。

(2) (1)で求めた a_n に対し，極限値 $\displaystyle\lim_{n \to \infty} \log a_n$ を求めよ。

65 2011 年度 〔3〕 Level C

α を $0 < \alpha < \dfrac{\pi}{2}$ を満たす定数とする。円 $C : x^2 + (y + \sin\alpha)^2 = 1$ および，その中心を通る直線 $l : y = (\tan\alpha)x - \sin\alpha$ を考える。このとき，以下の問いに答えよ。

(1) 直線 l と円 C の2つの交点の座標を α を用いて表せ。

(2) 等式
$$2\int_{\cos\alpha}^1 \sqrt{1-x^2}\, dx + \int_{-\cos\alpha}^{\cos\alpha} \sqrt{1-x^2}\, dx = \frac{\pi}{2}$$
が成り立つことを示せ。

(3) 連立不等式
$$\begin{cases} y \leqq (\tan\alpha)x - \sin\alpha \\ x^2 + (y + \sin\alpha)^2 \leqq 1 \end{cases}$$
の表す xy 平面上の図形を D とする。図形 D を x 軸のまわりに1回転させてできる立体の体積を求めよ。

66　2010 年度〔2〕　　　　　　　　　　　　　　　Level　B

3つの曲線

$$C_1 : y = \sin x \quad \left(0 \leq x < \frac{\pi}{2}\right)$$

$$C_2 : y = \cos x \quad \left(0 \leq x < \frac{\pi}{2}\right)$$

$$C_3 : y = \tan x \quad \left(0 \leq x < \frac{\pi}{2}\right)$$

について以下の問いに答えよ。

(1) C_1 と C_2 の交点，C_2 と C_3 の交点，C_3 と C_1 の交点のそれぞれについて y 座標を求めよ。

(2) C_1，C_2，C_3 によって囲まれる図形の面積を求めよ。

67　2010 年度〔3〕　　　　　　　　　　　　　　　Level　B

n を自然数とし，1 から n までの自然数の積を $n!$ で表す。このとき以下の問いに答えよ。

(1) 単調に増加する連続関数 $f(x)$ に対して，不等式 $\displaystyle\int_{k-1}^{k} f(x)\,dx \leq f(k)$ を示せ。

(2) 不等式 $\displaystyle\int_{1}^{n} \log x\,dx \leq \log n!$ を示し，不等式 $n^n e^{1-n} \leq n!$ を導け。

(3) $x \geq 0$ に対して，不等式 $x^n e^{1-x} \leq n!$ を示せ。

68

2009 年度 〔2〕   Level B

xyz 空間内において，yz 平面上で放物線 $z=y^2$ と直線 $z=4$ で囲まれる平面図形を D とする。点 $(1, 1, 0)$ を通り z 軸に平行な直線を l とし，l のまわりに D を 1 回転させてできる立体を E とする。

(1) D と平面 $z=t$ との交わりを D_t とする。ただし $0 \leqq t \leqq 4$ とする。点 P が D_t 上を動くとき，点 P と点 $(1, 1, t)$ との距離の最大値，最小値を求めよ。

(2) 平面 $z=t$ による E の切り口の面積 $S(t)$ $(0 \leqq t \leqq 4)$ を求めよ。

(3) E の体積 V を求めよ。

69

2009 年度 〔3〕   Level B

$f(x)$ を整式で表される関数とし，$g(x) = \displaystyle\int_0^x e^t f(t)\,dt$ とおく。任意の実数 x について

$$x(f(x)-1) = 2\int_0^x e^{-t} g(t)\,dt$$

が成り立つとする。

(1) $xf''(x) + (x+2)f'(x) - f(x) = 1$ が成り立つことを示せ。

(2) $f(x)$ は定数または 1 次式であることを示せ。

(3) $f(x)$ および $g(x)$ を求めよ。

§6 式と曲線

番号	内　　容	年度	レベル
70	楕円と双曲線の焦点が一致するときの交点の軌跡	2014〔6〕	B
71	楕円の接線で囲まれた図形の面積の最大値	2013〔6〕	B
72	双曲線と関わる直線に関する証明	2012〔6〕	B
73	楕円の周上の点から2焦点までの距離の3乗の和の最大値・最小値	2011〔6〕	B
74	楕円の焦点から接線に下ろした2つの垂線の長さの積	2010〔6〕	B
75	双曲線上の点と x 軸上の点の距離の最小値	2009〔6〕	B

　放物線，楕円，双曲線の問題であるが，近年は出題されていない。

　この分野は他の分野と比較して基本的な事項をきちんと押さえていれば解答できる分野である。まずは各図形に対して，定義，標準形，焦点，図形上の点と2つの焦点との関係，長軸の長さ，短軸の長さ，漸近線の方程式，接線の方程式などを自分の手を動かして確かめて覚えてしまうとよい。覚えることと考えることのメリハリをつけて問題に挑戦していくイメージを持とう。

　いずれの問題も，放物線，楕円，双曲線の限られた3つの図形の性質について問われているに過ぎず，自分が理解できている事項と結びつけることができれば，それらをつなげる作業の過程で解答が作れる標準レベルの問題である。正攻法で立ち向かえば必ず解答できる。

70 2014年度 〔6〕 Level B

xy 平面上に楕円

$$C_1 : \frac{x^2}{a^2} + \frac{y^2}{9} = 1 \quad (a > \sqrt{13})$$

および双曲線

$$C_2 : \frac{x^2}{4} - \frac{y^2}{b^2} = 1 \quad (b > 0)$$

があり，C_1 と C_2 は同一の焦点をもつとする。また C_1 と C_2 の交点 $P\left(2\sqrt{1 + \frac{t^2}{b^2}},\ t\right)$ $(t > 0)$ における C_1, C_2 の接線をそれぞれ l_1, l_2 とする。

(1) a と b の間に成り立つ関係式を求め，点 P の座標を a を用いて表せ。

(2) l_1 と l_2 が直交することを示せ。

(3) a が $a > \sqrt{13}$ を満たしながら動くときの点 P の軌跡を図示せよ。

§6

式と曲線

71 2013年度 〔6〕 Level B

楕円 $C : \frac{x^2}{16} + \frac{y^2}{9} = 1$ の，直線 $y = mx$ と平行な 2 接線を l_1, l_1' とし，l_1, l_1' に直交する C の 2 接線を l_2, l_2' とする。

(1) l_1, l_1' の方程式を m を用いて表せ。

(2) l_1 と l_1' の距離 d_1 および l_2 と l_2' の距離 d_2 をそれぞれ m を用いて表せ。
　　ただし，平行な 2 直線 l, l' の距離とは，l 上の 1 点と直線 l' の距離である。

(3) $(d_1)^2 + (d_2)^2$ は m によらず一定であることを示せ。

(4) l_1, l_1', l_2, l_2' で囲まれる長方形の面積 S を d_1 を用いて表せ。
　　さらに m が変化するとき，S の最大値を求めよ。

72 2012 年度 〔6〕 Level B

2つの双曲線 $C: x^2 - y^2 = 1$, $H: x^2 - y^2 = -1$ を考える。双曲線 H 上の点 $P(s, t)$ に対して，方程式 $sx - ty = 1$ で定まる直線を l とする。

(1) 直線 l は点 P を通らないことを示せ。

(2) 直線 l と双曲線 C は異なる 2 点 Q，R で交わることを示し，△PQR の重心 G の座標を s, t を用いて表せ。

(3) (2)における 3 点 G，Q，R に対して，△GQR の面積は点 $P(s, t)$ の位置によらず一定であることを示せ。

73 2011 年度 〔6〕 Level B

d を正の定数とする。2 点 $A(-d, 0)$，$B(d, 0)$ からの距離の和が $4d$ である点 P の軌跡として定まる楕円 E を考える。点 A，点 B，原点 O から楕円 E 上の点 P までの距離をそれぞれ AP，BP，OP と書く。このとき，以下の問いに答えよ。

(1) 楕円 E の長軸と短軸の長さを求めよ。

(2) $AP^2 + BP^2$ および $AP \cdot BP$ を，OP と d を用いて表せ。

(3) 点 P が楕円 E 全体を動くとき，$AP^3 + BP^3$ の最大値と最小値を d を用いて表せ。

74 2010 年度 〔6〕 Level B

直線 $l : mx + ny = 1$ が，楕円 $C : \dfrac{x^2}{a^2} + \dfrac{y^2}{b^2} = 1 \ (a > b > 0)$ に接しながら動くとする。

(1) 点 (m, n) の軌跡は楕円になることを示せ。

(2) C の焦点 $F_1(-\sqrt{a^2 - b^2}, \ 0)$ と l との距離を d_1 とし，もう１つの焦点 $F_2(\sqrt{a^2 - b^2}, \ 0)$ と l との距離を d_2 とする。このとき $d_1 d_2 = b^2$ を示せ。

75 2009 年度 〔6〕 Level B

点 $P(x, y)$ が双曲線 $\dfrac{x^2}{2} - y^2 = 1$ 上を動くとき，点 $P(x, y)$ と点 $A(a, 0)$ との距離の最小値を $f(a)$ とする。

(1) $f(a)$ を a で表せ。

(2) $f(a)$ を a の関数とみなすとき，ab 平面上に曲線 $b = f(a)$ の概形をかけ。

§7 複素数平面

番号	内　　容	年度	レベル
76	複素数平面における点の軌跡	2023〔6〕	B
77	複素数平面における点の軌跡	2022〔6〕	C
78	複素数平面における点の軌跡	2021〔6〕	B
79	複素数平面における点の軌跡	2020〔6〕	A
80	複素数平面における条件を満たす点の個数	2019〔6〕	A
81	複素数平面と xy 平面における点の軌跡	2018〔6〕	A
82	複素数平面における点の回転移動	2017〔6〕	B
83	複素数平面における点の軌跡	2016〔6〕	B
84	複素数平面における点の軌跡	2015〔6〕	C

　複素数平面の問題の多くは，点の軌跡の問題として出題されており，証明問題・図示問題などの小問で構成されている。この分野は年度によってレベルに幅があるので，手をつけやすい Level A の問題から順に解き進めてみると，無理なく取り組むことができるだろう。

　複素数平面の問題は，複素数 z を $z=x+yi$（x, y は実数）と表すかどうかが大きな分岐点となる。このようにおくと複素数平面の問題を解いているかのようで実際は xy 平面の問題に置き換わっているのでハードルは低くなり，複素数の扱いに不慣れな場合には有力な手段であるが，計算は面倒になる傾向にある。できれば，複素数 z をそのままの形で扱えるに越したことはない。そのような解答処理のバランス感覚も重要になってくる。

76

2023 年度〔6〕
Level B

i を虚数単位とする。複素数平面に関する以下の問いに答えよ。

(1)　等式 $|z+2|=2|z-1|$ を満たす点 z の全体が表す図形は円であることを示し，その円の中心と半径を求めよ。

(2)　等式
$$\{|z+2|-2|z-1|\}|z+6i|=3\{|z+2|-2|z-1|\}|z-2i|$$
を満たす点 z の全体が表す図形を S とする。このとき S を複素数平面上に図示せよ。

(3)　点 z が(2)における図形 S 上を動くとき，$w=\dfrac{1}{z}$ で定義される点 w が描く図形を複素数平面上に図示せよ。

77

2022 年度〔6〕
Level C

i は虚数単位とする。次の条件(I)，(II)をどちらも満たす複素数 z 全体の集合を S とする。

(I)　z の虚部は正である。
(II)　複素数平面上の点 $A(1)$，$B(1-iz)$，$C(z^2)$ は一直線上にある。

このとき，以下の問いに答えよ。

(1)　1 でない複素数 α について，α の虚部が正であることは，$\dfrac{1}{\alpha-1}$ の虚部が負であるための必要十分条件であることを示せ。

(2)　集合 S を複素数平面上に図示せよ。

(3)　$w=\dfrac{1}{z-1}$ とする。z が S を動くとき，$\left|w+\dfrac{i}{\sqrt{2}}\right|$ の最小値を求めよ。

78 2021 年度〔6〕 Level B

i は虚数単位とする。複素数平面において，複素数 z の表す点 P を P(z) または点 z と書く。$\omega = -\dfrac{1}{2} + \dfrac{\sqrt{3}}{2} i$ とおき，3 点 A(1)，B(ω)，C(ω^2) を頂点とする △ABC を考える。

(1)　△ABC は正三角形であることを示せ。

(2)　点 z が辺 AC 上を動くとき，点 $-z$ が描く図形を複素数平面上に図示せよ。

(3)　点 z が辺 AB 上を動くとき，点 z^2 が描く図形を E_1 とする。また，点 z が辺 AC 上を動くとき，点 z^2 が描く図形を E_2 とする。E_1 と E_2 の共有点をすべて求めよ。

79 2020 年度〔6〕 Level A

i は虚数単位とする。複素数 z に対して，その共役複素数を $\bar{z}$ で表す。複素数平面上で，次の等式を満たす点 z の全体が表す図形を C とする。
$$z\bar{z} + (1+3i)z + (1-3i)\bar{z} + 9 = 0$$
以下の問いに答えよ。

(1)　図形 C を複素数平面上に描け。

(2)　複素数 w に対して，$\alpha = w + \bar{w} - 1$，$\beta = w + \bar{w} + 1$ とする。w，α，β が表す複素数平面上の点をそれぞれ P，A，B とする。点 P は C 上を動くとする。△PAB の面積が最大となる複素数 w，およびそのときの △PAB の外接円の中心と半径を求めよ。

80

2019 年度 〔6〕 Level A

$|z|^2 + 3 = 2(z + \overline{z})$ を満たす複素数 z 全体の集合を A とする。ただし $\overline{z}$ は z の共役複素数である。

⑴ 集合 A を複素数平面上に図示せよ。

⑵ A の要素 z の偏角を θ とする。ただし $-\pi < \theta \leq \pi$ とする。z が A を動くとき，θ のとりうる値の範囲を求めよ。

⑶ z^{60} が正の実数となる A の要素 z の個数を求めよ。

81

2018 年度 〔6〕 Level A

複素数 α に対して，複素数平面上の 3 点 $O(0)$，$A(\alpha)$，$B(\alpha^2)$ を考える。次の条件(Ⅰ)，(Ⅱ)，(Ⅲ)をすべて満たす複素数 α 全体の集合を S とする。

- (Ⅰ) α は実数でも純虚数でもない。
- (Ⅱ) $|\alpha| > 1$ である。
- (Ⅲ) 三角形 OAB は直角三角形である。

このとき，以下の問いに答えよ。

⑴ α が S に属するとき，$\angle OAB = \dfrac{\pi}{2}$ であることを示せ。

⑵ 集合 S を複素数平面に図示せよ。

⑶ x，y を $\alpha^2 = x + yi$ を満たす実数とする。α が S を動くとき，xy 平面上の点 (x, y) の軌跡を求め，図示せよ。

82

2017 年度 〔6〕   Level B

$0<a<\dfrac{\pi}{2}$ とする。複素数平面上において，原点を中心とする半径 1 の円の上に異なる 5 点 $P_1(w_1)$，$P_2(w_2)$，$P_3(w_3)$，$P_4(w_4)$，$P_5(w_5)$ が反時計まわりに並んでおり，次の 2 つの条件(I), (II)を満たすとする。

(I) $(\cos^2 a)(w_2-w_1)^2+(\sin^2 a)(w_5-w_1)^2=0$ が成り立つ。

(II) $\dfrac{w_3}{w_2}$ と $-\dfrac{w_4}{w_2}$ は方程式 $z^2-\sqrt{3}z+1=0$ の解である。

また，五角形 $P_1P_2P_3P_4P_5$ の面積を S とする。以下の問いに答えよ。

(1) 五角形 $P_1P_2P_3P_4P_5$ の頂点 P_1 における内角 $\angle P_5P_1P_2$ を求めよ。

(2) S を a を用いて表せ。

(3) $R=|w_1+w_2+w_3+w_4+w_5|$ とする。このとき，R^2+2S は a の値によらないことを示せ。

83

2016 年度 〔6〕   Level B

複素数平面上を動く点 z を考える。次の問いに答えよ。

(1) 等式 $|z-1|=|z+1|$ を満たす点 z の全体は虚軸であることを示せ。

(2) 点 z が原点を除いた虚軸上を動くとき，$w=\dfrac{z+1}{z}$ が描く図形は直線から 1 点を除いたものとなる。この図形を描け。

(3) a を正の実数とする。点 z が虚軸上を動くとき，$w=\dfrac{z+1}{z-a}$ が描く図形は円から 1 点を除いたものとなる。この円の中心と半径を求めよ。

84 2015 年度 〔6〕 Level C

α を実数でない複素数とし，β を正の実数とする。以下の問いに答えよ。ただし，複素数 w に対してその共役複素数を $\overline{w}$ で表す。

(1) 複素数平面上で，関係式 $\alpha\overline{z}+\overline{\alpha}z=|z|^2$ を満たす複素数 z の描く図形を C とする。このとき，C は原点を通る円であることを示せ。

(2) 複素数平面上で，$(z-\alpha)(\beta-\overline{\alpha})$ が純虚数となる複素数 z の描く図形を L とする。L は(1)で定めた C と 2 つの共有点をもつことを示せ。また，その 2 点を P，Q とするとき，線分 PQ の長さを α と $\overline{\alpha}$ を用いて表せ。

(3) β の表す複素数平面上の点を R とする。(2)で定めた点 P，Q と点 R を頂点とする三角形が正三角形であるとき，β を α と $\overline{\alpha}$ を用いて表せ。

解答編

§1 関 数

1 2021 年度 〔2〕 Level A

$t = \sin\theta + \cos\theta$ とし，θ は $-\dfrac{\pi}{2} < \theta < \dfrac{\pi}{2}$ の範囲を動くものとする。

(1) t のとりうる値の範囲を求めよ。

(2) $\sin^3\theta + \cos^3\theta$ と $\cos 4\theta$ を，それぞれ t を用いて表せ。

(3) $\sin^3\theta + \cos^3\theta = \cos 4\theta$ であるとき，t の値をすべて求めよ。

ポイント (1) $t = \sin\theta + \cos\theta$ $\left(-\dfrac{\pi}{2} < \theta < \dfrac{\pi}{2}\right)$ とおいて，三角関数の合成で変形し，t のとりうる値の範囲を求める問題であり，ここで求めた結果は，(3)での解の吟味に用いられる。

(2) (3)の方程式を解く準備の役目を果たす問題である。余弦の2倍角の公式を用いて変形する。〔参考〕のようにもでき，$\sin^3\theta + \cos^3\theta$ の変形の仕方で計算は変わってくるが，どのような変形に持ち込んでも大差ない。

(3) (1)・(2)の結果を利用して，三角関数を含む方程式を解く。特に(1)で求めた t のとりうる値の範囲に適合するかどうかをチェックすることを忘れないこと。〔参考〕のように $\sqrt{}$ を整数で挟み込んで計算をスタートすれば，$\sqrt{}$ の値の大まかな値を知らない場合でも，精度よく値の範囲を求めることができる。

解 法

(1)　$t = \sin\theta + \cos\theta$

$\quad = \sqrt{2}\left\{(\sin\theta)\dfrac{1}{\sqrt{2}} + (\cos\theta)\dfrac{1}{\sqrt{2}}\right\}$

$\quad = \sqrt{2}\left(\sin\theta\cos\dfrac{\pi}{4} + \cos\theta\sin\dfrac{\pi}{4}\right)$

$\quad = \sqrt{2}\sin\left(\theta + \dfrac{\pi}{4}\right)$

$-\dfrac{\pi}{2} < \theta < \dfrac{\pi}{2}$ なので，$-\dfrac{\pi}{4} < \theta + \dfrac{\pi}{4} < \dfrac{3}{4}\pi$ であるから

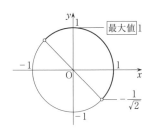

$$-\frac{1}{\sqrt{2}} < \sin\left(\theta + \frac{\pi}{4}\right) \leqq 1$$

$$-1 < \sqrt{2}\sin\left(\theta + \frac{\pi}{4}\right) \leqq \sqrt{2}$$

$$-1 < t \leqq \sqrt{2} \quad \cdots\cdots(答)$$

(2)　$\sin^3\theta + \cos^3\theta = (\sin^2\theta + \cos^2\theta)(\sin\theta + \cos\theta) - \sin\theta\cos\theta(\sin\theta + \cos\theta)$

$$= (\sin\theta + \cos\theta) - \sin\theta\cos\theta(\sin\theta + \cos\theta)$$

ここで，$t = \sin\theta + \cos\theta$ の両辺を 2 乗して

$$t^2 = \sin^2\theta + 2\sin\theta\cos\theta + \cos^2\theta = 1 + 2\sin\theta\cos\theta$$

$$\sin\theta\cos\theta = \frac{1}{2}(t^2 - 1)$$

であるから

$$\sin^3\theta + \cos^3\theta = t - \frac{1}{2}(t^2 - 1) \cdot t = -\frac{1}{2}t^3 + \frac{3}{2}t \quad \cdots\cdots(答)$$

$$\cos 4\theta = 1 - 2\sin^2 2\theta$$

$$= 1 - 2(2\sin\theta\cos\theta)^2 = 1 - 8(\sin\theta\cos\theta)^2$$

$$= 1 - 8\left\{\frac{1}{2}(t^2 - 1)\right\}^2 = -2t^4 + 4t^2 - 1 \quad \cdots\cdots(答)$$

> **参考**　$\sin\theta\cos\theta = \frac{1}{2}(t^2 - 1)$ としてから
>
> $$(\sin\theta + \cos\theta)^3 = \sin^3\theta + 3\sin^2\theta\cos\theta + 3\sin\theta\cos^2\theta + \cos^3\theta$$
>
> $$\sin^3\theta + \cos^3\theta = (\sin\theta + \cos\theta)^3 - 3\sin\theta\cos\theta(\sin\theta + \cos\theta)$$
>
> $$= t^3 - 3 \cdot \frac{1}{2}(t^2 - 1) \cdot t$$
>
> と代入してもよいし，いろいろな変形が考えられる。
> 〔解法〕では $\sin^2\theta + \cos^2\theta = 1$ が使えるように変形した。

(3)　$\sin^3\theta + \cos^3\theta = \cos 4\theta$ は(2)より次のように変形できる。

$$-\frac{1}{2}t^3 + \frac{3}{2}t = -2t^4 + 4t^2 - 1 \qquad 4t^4 - t^3 - 8t^2 + 3t + 2 = 0$$

$$(t - 1)^2(4t^2 + 7t + 2) = 0$$

$t - 1 = 0$　または　$4t^2 + 7t + 2 = 0$ より

$$t = 1, \ \frac{-7 \pm \sqrt{17}}{8}$$

このうち，(1)での t のとりうる値の範囲 $-1 < t \leqq \sqrt{2}$ を満たすものは

$$t = 1, \ \frac{-7 + \sqrt{17}}{8} \quad \cdots\cdots(答)$$

参考 $\sqrt{16}<\sqrt{17}<\sqrt{25}$ $\qquad$ $4<\sqrt{17}<5$ $\qquad$ $-3<-7+\sqrt{17}<-2$

$$-\frac{3}{8}<\frac{-7+\sqrt{17}}{8}<-\frac{1}{4}$$

となり，$t=\dfrac{-7+\sqrt{17}}{8}$ は $-1<t\leqq\sqrt{2}$ を満たすことがわかる。

本問では評価に余裕があるので，ここまでしなくても条件に合致するかどうかはわかるが，微妙な判断を強いられる場合もあるので知っておこう。

また，$2\sqrt{17}$ などの場合には

$$\sqrt{16}<\sqrt{17}<\sqrt{25} \qquad 4<\sqrt{17}<5 \qquad 8<2\sqrt{17}<10$$

とはしないこと。最初は幅が1だったものが，2倍することで幅が2に広がってしまう。この場合には，$2\sqrt{17}=\sqrt{68}$ としてから

$$\sqrt{64}<\sqrt{68}<\sqrt{81} \qquad 8<\sqrt{68}<9$$

とすること。

2 2020年度〔2〕 Level B

xy 平面において，円 $x^2+y^2=1$ の $x≧0$ かつ $y≧0$ を満たす部分を C_1 とする。また，直線 $y=x$ の $x≦0$ を満たす部分を C_2 とする。C_1 上の点 A，C_2 上の点 B および点 P$(-1,\ 0)$ について，$∠APB=\dfrac{\pi}{2}$ であるとする。点 A の座標を $(\cos\theta,\ \sin\theta)$ とする。ただし $0≦\theta≦\dfrac{\pi}{2}$ とする。

(1) 点 B の x 座標を θ を用いて表せ。

(2) 線分 AB の中点の x 座標が 0 以上であるような θ の範囲を求めよ。

> **ポイント** (1)〔解法2〕のように，直線 PA と PB の傾きに注目してそれぞれの傾きの積が−1 になることから求めてもよいが，場合分けが必要になるので〔解法1〕のようにベクトルの内積で処理した方が簡単である。
> (2) 線分 AB の中点の x 座標を表すことができれば，分母と分子をよく見て，分子において $\sin\theta(\cos\theta-\sin\theta)≧0$ が成り立つ θ の値の範囲を求めればよいことがわかる。角 θ は $0≦\theta≦\dfrac{\pi}{2}$ の範囲で考えるので，θ のとりうる値の範囲を求めることは容易である。
> 　ベクトルの問題であるということが前面に出てこなくてもワンポイントでベクトルを用いると要領よく解答することができる場合がある。本問のように垂直である条件を立式する場合，点の座標を求める場合などにそのようなポイントが潜んでいる。

解 法 1

(1) 点 B の座標は $(t,\ t)$ $(t≦0)$ と表せて

$$\begin{cases} \overrightarrow{\mathrm{PA}}=(\cos\theta+1,\ \sin\theta) \\ \overrightarrow{\mathrm{PB}}=(t+1,\ t) \end{cases}$$

$∠APB=\dfrac{\pi}{2}$ であるから

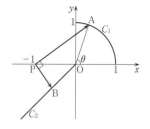

$$\overrightarrow{\mathrm{PA}}\cdot\overrightarrow{\mathrm{PB}}=0$$
$$(t+1)(\cos\theta+1)+t\sin\theta=0$$
$$(\sin\theta+\cos\theta+1)t=-\cos\theta-1$$

ここで，$0≦\theta≦\dfrac{\pi}{2}$ であるから，$\sin\theta+\cos\theta+1>0$ であり，両辺を 0 ではない $\sin\theta+\cos\theta+1$ で割ると

$$t = -\frac{\cos\theta + 1}{\sin\theta + \cos\theta + 1}$$

これは負の値なので，t としての条件を満たす。

したがって，点Bの x 座標は

$$-\frac{\cos\theta + 1}{\sin\theta + \cos\theta + 1} \quad \cdots\cdots(\text{答})$$

(2)　線分 AB の中点の x 座標は

$$\frac{1}{2}\left\{\cos\theta + \left(-\frac{\cos\theta + 1}{\sin\theta + \cos\theta + 1}\right)\right\}$$

$$= \frac{\sin\theta\cos\theta + \cos^2\theta + \cos\theta - (\cos\theta + 1)}{2(\sin\theta + \cos\theta + 1)}$$

$$= \frac{\sin\theta\cos\theta + \cos^2\theta - 1}{2(\sin\theta + \cos\theta + 1)}$$

$$= \frac{\sin\theta\cos\theta - \sin^2\theta}{2(\sin\theta + \cos\theta + 1)}$$

$$= \frac{\sin\theta(\cos\theta - \sin\theta)}{2(\sin\theta + \cos\theta + 1)}$$

分母が正の値であることから，x 座標が 0 以上になるための条件は，分子が 0 以上の値になることであり，それは

$$\sin\theta(\cos\theta - \sin\theta) \geqq 0$$

$$(\sin\theta - 0)(\sin\theta - \cos\theta) \leqq 0 \quad \cdots\cdots①$$

(ア)　$\cos\theta = 0$ つまり $\theta = \dfrac{\pi}{2}$ のとき $1 \leqq 0$ となり成り立たない。

(イ)　$0 \leqq \theta < \dfrac{\pi}{2}$ のとき $\cos\theta > 0$ であり，このとき，$\sin\theta$ のとりうる値の範囲は，①より

$$0 \leqq \sin\theta \leqq \cos\theta$$

よって，これが成り立つ θ のとりうる値の範囲は

$$0 \leqq \theta \leqq \dfrac{\pi}{4}$$

(ア)，(イ)より求める θ の値の範囲は

$$0 \leqq \theta \leqq \dfrac{\pi}{4} \quad \cdots\cdots(\text{答})$$

参考　x の2次不等式 $(x-a)(x-b) \leqq 0$ の解は

$a = b$ のとき　$(x-a)^2 \leqq 0$ を満たす x，よって　$x = a$

$a < b$ のとき　$a \leqq x \leqq b$ を満たす x

$b < a$ のとき　$b \leqq x \leqq a$ を満たす x

解 法 2

⑴ 点Bの座標は (t, t) $(t \le 0)$ と表した後,直線PAとPBの傾きに注目して求めることもできる。

$\theta = 0$ のときは直線PBが y 軸に平行になり,傾きが定義できないので,別扱いにして場合分けする。

$\theta = 0$ のとき,直線PAの方程式は $y = 0$ であり,$\angle APB = \dfrac{\pi}{2}$ より,直線PBの方程式は $x = -1$ であるから,点Bの x 座標は $t = -1$ である。

$0 < \theta \le \dfrac{\pi}{2}$ のとき,直線PAの傾きは $\dfrac{\sin\theta}{\cos\theta + 1}$,直線PBの傾きは $\dfrac{t}{t+1}$ である。

$\angle APB = \dfrac{\pi}{2}$ であるから,2直線の傾きの積について

$$\frac{\sin\theta}{\cos\theta + 1} \cdot \frac{t}{t+1} = -1$$

より

$$(t+1)(\cos\theta + 1) = -t\sin\theta$$

これは $\theta = 0$ かつ $t = -1$ であるときにも成り立つ。

$$(\sin\theta + \cos\theta + 1)t = -\cos\theta - 1$$

ここで,$0 \le \theta \le \dfrac{\pi}{2}$ であるから,$\sin\theta + \cos\theta + 1 > 0$ であり,両辺を 0 ではない $\sin\theta + \cos\theta + 1$ で割ると

$$t = -\frac{\cos\theta + 1}{\sin\theta + \cos\theta + 1}$$

これは負の値なので,t としての条件を満たす。

したがって,点Bの x 座標は

$$-\frac{\cos\theta + 1}{\sin\theta + \cos\theta + 1} \quad \cdots\cdots(答)$$

3

以下の問いに答えよ。

(1) a, b, c, x, y, z, M は正の実数とする。$\dfrac{x}{a}$, $\dfrac{y}{b}$, $\dfrac{z}{c}$ がすべて M 以下のとき，

$$\frac{x+y+z}{a+b+c} \leq M$$

であることを示せ。

(2) $\log_2 5$ と $\log_3 5$ の大小を比較せよ。

(3) n が正の整数のとき，

$$1 < \frac{1 + \log_2 5 + (\log_2 5)^n}{1 + \log_3 5 + (\log_3 5)^n} < 2^n$$

であることを示せ。

ポイント (1)・(2)の誘導を上手に利用すること。特に(1)で証明した不等式は(3)を証明する際の根幹に関わる不等式である。(2)も(3)の証明で利用することになる。

(3) 与式を2つの不等式に分けて証明しよう。左の不等式では分子が分母よりも大きくなることを示せばよい。ここで(2)が利用できる。右の不等式では，(1)の不等式と構造が同じなので，対応をつけてみることで方針を立てることができる。x, y, z, a, b, c にそれぞれ何が対応するのかを読み取って，(1)を利用しよう。(1)では，$\dfrac{x}{a} \leq M$，$\dfrac{y}{b} \leq M$，$\dfrac{z}{c} \leq M$ である仮定が，(3)では，$\dfrac{1}{1} < 2^n$，$\dfrac{\log_2 5}{\log_3 5} < 2^n$，$\dfrac{(\log_2 5)^n}{(\log_3 5)^n} < 2^n$ となって等号が成り立たないので，$1 < \dfrac{1 + \log_2 5 + (\log_2 5)^n}{1 + \log_3 5 + (\log_3 5)^n} < 2^n$ の右の不等号の下に等号はつかないことにも注意しよう。

解法

(1) $\dfrac{x}{a} \leq M$，$\dfrac{y}{b} \leq M$，$\dfrac{z}{c} \leq M$ のとき，それぞれに正の値 a, b, c をかけて

$$x \leq aM, \quad y \leq bM, \quad z \leq cM$$

辺々を加えて

$$x+y+z \leq (a+b+c)M$$

両辺を正の $a+b+c$ で割って

$$\frac{x+y+z}{a+b+c} \leqq M \qquad\qquad\text{(証明終)}$$

(2) $\log_2 5$, $\log_3 5$ の底を5にそろえると

$$\log_2 5 = \frac{\log_5 5}{\log_5 2} = \frac{1}{\log_5 2}$$

$$\log_3 5 = \frac{\log_5 5}{\log_5 3} = \frac{1}{\log_5 3}$$

ここで，1より大きい底5の対数の大小関係より

$$0 = \log_5 1 < \log_5 2 < \log_5 3$$

が成り立つから，逆数をとって

$$\frac{1}{\log_5 2} > \frac{1}{\log_5 3}$$

よって

$$\log_2 5 > \log_3 5 \quad \cdots\cdots\text{(答)}$$

(3) ［Ⅰ］ $1 < \dfrac{1 + \log_2 5 + (\log_2 5)^n}{1 + \log_3 5 + (\log_3 5)^n}$ の証明

$$1 = 1 \quad \cdots\cdots①$$

(2)より $\log_3 5 < \log_2 5 \quad \cdots\cdots②$

さらに，$1 = \log_3 3 < \log_3 5 < \log_2 5$ であるから

$$(\log_3 5)^n < (\log_2 5)^n \quad \cdots\cdots③$$

①，②，③の辺々を加えると

$$1 + \log_3 5 + (\log_3 5)^n < 1 + \log_2 5 + (\log_2 5)^n$$

両辺を正の $1 + \log_3 5 + (\log_3 5)^n$ で割って

$$1 < \frac{1 + \log_2 5 + (\log_2 5)^n}{1 + \log_3 5 + (\log_3 5)^n}$$

［Ⅱ］ $\dfrac{1 + \log_2 5 + (\log_2 5)^n}{1 + \log_3 5 + (\log_3 5)^n} < 2^n$ の証明

n が正の整数のとき，次の(ア)，(イ)，(ウ)が成り立つ。

(ア) $\dfrac{1}{1} = 1 < 2^n$

(イ) $\dfrac{\log_2 5}{\log_3 5} < 2^n$

なぜならば

$$\frac{\log_2 5}{\log_3 5} = \frac{\dfrac{1}{\log_5 2}}{\dfrac{1}{\log_5 3}} \quad (\because \ (2)の過程)$$

$$= \frac{\log_5 3}{\log_5 2} < \frac{\log_5 4}{\log_5 2} = \frac{2\log_5 2}{\log_5 2} = 2 \leqq 2^n$$

(ウ)　$\dfrac{(\log_2 5)^n}{(\log_3 5)^n} < 2^n$

なぜならば

$$\frac{(\log_2 5)^n}{(\log_3 5)^n} = \left(\frac{\log_2 5}{\log_3 5}\right)^n < 2^n \quad \left(\because \ (イ)で\frac{\log_2 5}{\log_3 5} < 2\right)$$

(1)を考えると，(ア)，(イ)，(ウ)について

$$a = 1, \ x = 1, \ b = \log_3 5, \ y = \log_2 5, \ c = (\log_3 5)^n, \ z = (\log_2 5)^n, \ M = 2^n$$

と対応をつけることができるので

$$\frac{1 + \log_2 5 + (\log_2 5)^n}{1 + \log_3 5 + (\log_3 5)^n} \leqq 2^n$$

ここで，(1)において等号が成り立つのは，$x = aM$，$y = bM$，$z = cM$ がすべて成り立つときであるが，ここではいずれも成り立たないので等号は成立しない。

よって　　$\dfrac{1 + \log_2 5 + (\log_2 5)^n}{1 + \log_3 5 + (\log_3 5)^n} < 2^n$

[I]，[II]より，n が正の整数のとき

$$1 < \frac{1 + \log_2 5 + (\log_2 5)^n}{1 + \log_3 5 + (\log_3 5)^n} < 2^n \qquad\qquad (証明終)$$

4

2015 年度 〔2〕　　　　　　　　　　　　　　　　　　　　　　**Level A**

　半径 1 の円を内接円とする三角形 ABC が，辺 AB と辺 AC の長さが等しい二等辺三角形であるとする。辺 BC，CA，AB と内接円の接点をそれぞれ P，Q，R とする。また，$\alpha = \angle CAB$，$\beta = \angle ABC$ とし，三角形 ABC の面積を S とする。

⑴　線分 AQ の長さを α を用いて表し，線分 QC の長さを β を用いて表せ。

⑵　$t = \tan\dfrac{\beta}{2}$ とおく。このとき，S を t を用いて表せ。

⑶　不等式 $S \geq 3\sqrt{3}$ が成り立つことを示せ。さらに，等号が成立するのは，三角形 ABC が正三角形のときに限ることを示せ。

ポイント　⑴　図示してみよう。AQ，QC ともに，適切な直角三角形に注目し，tan の定義に当てはめるところがポイントである。

⑵　$t = \tan\dfrac{\beta}{2}$ とおくと，QC は直接 t を用いて表すことができる。△ABC の内角に関する条件から α と β に関係があるから，tan の加法定理を利用して AQ も t で表すことができる。この 2 つの線分 AQ，QC の長さをもとにして△ABC の各辺の長さを t で表すことができる。三角形の面積を求めるところではいろいろな方法が考えられる。その 1 つとして〔解法 2〕も参照するとよい。$S = \dfrac{1}{2}\mathrm{AC}\cdot\mathrm{BC}\sin\beta$ からも結果は得られるが，計算していくと途中から〔解法 2〕と同じようになる。

⑶　⑵で S を t で表すことができたので，t のとりうる値の範囲を求めた上で，S の増減を調べることになる。ただし，S の分子は定数 2 なので，分母の $t(1-t^2)$ だけに注目し，$f(t) = t - t^3$ とおいて分母の増減に注目するとよい。面積 S を直接 t で微分しても S の増減はわかるが，面倒である。

解法 1

(1) 右のような図で考える。

△ABC の内接円の中心を O とする。

直角三角形 AOQ において

$$\tan\angle QAO = \frac{OQ}{AQ}$$

$$\tan\frac{\alpha}{2} = \frac{1}{AQ} \quad (\neq 0)$$

$$AQ = \frac{1}{\tan\dfrac{\alpha}{2}} \quad \cdots\cdots(\text{答})$$

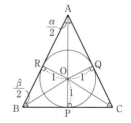

直角三角形 COQ において

$$\tan\angle QCO = \frac{OQ}{QC}$$

$$\tan\frac{\beta}{2} = \frac{1}{QC} \quad (\neq 0)$$

$$QC = \frac{1}{\tan\dfrac{\beta}{2}} \quad \cdots\cdots(\text{答})$$

(2) $$S = \frac{1}{2}AB\cdot OR + \frac{1}{2}BC\cdot OP + \frac{1}{2}CA\cdot OQ$$

と表すことができるが, 円の半径について

$$OR = OP = OQ = 1$$

また, $t = \tan\dfrac{\beta}{2}$ とおくとき, (1)より

$$BR = BP = PC = QC = \frac{1}{\tan\dfrac{\beta}{2}} = \frac{1}{t}$$

$$AR = AQ = \frac{1}{\tan\dfrac{\alpha}{2}}$$

$$= \frac{1}{\tan\left(\dfrac{\pi}{2}-\beta\right)} \quad (\because \quad \alpha + 2\beta = \pi)$$

$$= \tan\beta = \frac{2\tan\dfrac{\beta}{2}}{1 - \tan^2\dfrac{\beta}{2}}$$

$$= \frac{2t}{1-t^2}$$

よって

$$S = \frac{1}{2}(AB + BC + CA)$$

$$= \frac{1}{2}(2AQ + 4QC)$$

$$= AQ + 2QC$$

$$= \frac{2t}{1-t^2} + 2 \cdot \frac{1}{t}$$

$$= 2 \cdot \frac{t^2 + (1-t^2)}{t(1-t^2)}$$

$$= \frac{2}{t(1-t^2)} \quad \cdots\cdots (答)$$

(3) β は二等辺三角形の底角の大きさだから

$$0 < \beta < \frac{\pi}{2} \qquad 0 < \frac{\beta}{2} < \frac{\pi}{4}$$

よって

$$0 < \tan\frac{\beta}{2} < 1 \qquad 0 < t < 1$$

このとき，S の分母に注目し，$f(t) = t(1-t^2)$ とおくと

$$f'(t) = 1 - 3t^2$$

$$= -3\left(t + \frac{\sqrt{3}}{3}\right)\left(t - \frac{\sqrt{3}}{3}\right)$$

よって，$0 < t < 1$ における $f(t)$ の増減表は右の
ようになる。

$f(t)$ のとりうる値の範囲は

t	(0)	$\cdots$	$\dfrac{\sqrt{3}}{3}$	$\cdots$	(1)
$f'(t)$		$+$	0	$-$	
$f(t)$	(0)	↗	$\dfrac{2\sqrt{3}}{9}$	↘	(0)

$$0 < f(t) \leqq \frac{2\sqrt{3}}{9}$$

したがって

$$\frac{1}{f(t)} \geqq \frac{3\sqrt{3}}{2}$$

$$S = \frac{2}{f(t)} \geqq 3\sqrt{3} \qquad\qquad (証明終)$$

等号が成立するのは，$t = \dfrac{\sqrt{3}}{3}$ のときで，このとき

$$\begin{cases} AB = CA = \dfrac{2 \cdot \dfrac{\sqrt{3}}{3}}{1 - \left(\dfrac{\sqrt{3}}{3}\right)^2} + \dfrac{1}{\dfrac{\sqrt{3}}{3}} = 2\sqrt{3} \\[4mm] BC = \dfrac{2}{\dfrac{\sqrt{3}}{3}} = 2\sqrt{3} \end{cases}$$

ゆえに，等号が成立するのは，△ABC が正三角形のときに限る。　　　（証明終）

参考　等号が成立するのは，$t = \dfrac{\sqrt{3}}{3}$ のときとわかってから，正三角形であることを示す方

法として角度に注目してもよい。

$$\tan \frac{\beta}{2} = \frac{\sqrt{3}}{3}$$

$0 < \dfrac{\beta}{2} < \dfrac{\pi}{4}$ の範囲で成り立つものは

$$\frac{\beta}{2} = \frac{\pi}{6} \qquad \beta = \frac{\pi}{3}$$

このとき　　$\alpha = \pi - 2\beta = \dfrac{\pi}{3}$

ゆえに，等号が成立するのは，△ABC が正三角形のときに限る。

解法 2

(2)　直角三角形 APC において

$$\tan \beta = \frac{AP}{PC}$$

$$AP = PC \tan \beta = QC \tan \beta$$

したがって

$$S = \frac{1}{2} BC \cdot AP = \frac{1}{2} \cdot 2QC \cdot QC \tan \beta$$

$$= QC^2 \cdot \tan \beta$$

$$= \frac{1}{\tan^2 \dfrac{\beta}{2}} \cdot \frac{2 \tan \dfrac{\beta}{2}}{1 - \tan^2 \dfrac{\beta}{2}}$$

$$= \frac{2}{t(1 - t^2)} \quad \cdots\cdots（答）$$

5

$f(x)$, $g(t)$ を
$$f(x) = x^3 - x^2 - 2x + 1$$
$$g(t) = \cos 3t - \cos 2t + \cos t$$
とおく。

(1) $2g(t) - 1 = f(2\cos t)$ が成り立つことを示せ。

(2) $\theta = \dfrac{\pi}{7}$ のとき，$2g(\theta)\cos\theta = 1 + \cos\theta - 2g(\theta)$ が成り立つことを示せ。

(3) $2\cos\dfrac{\pi}{7}$ は 3 次方程式 $f(x) = 0$ の解であることを示せ。

ポイント (1) 証明の形式はいろいろ考えられるが，等式の証明問題は，計算間違いさえしなければ，多少遠回りになっても必ず証明できる。到達地点がわかっていることが証明問題の最大の特徴である。結果を強く意識しながら目的の式になるように変形しよう。

(2) 任意の角 θ で成り立つ
$$\cos 3\theta = 4\cos^3\theta - 3\cos\theta$$
$$\cos 4\theta = 8\cos^4\theta - 8\cos^2\theta + 1$$
$\theta = \dfrac{\pi}{7}$ のときに成り立つ
$$\cos 3\theta = -\cos 4\theta$$
の 3 つの関係式を利用して証明することになる。(1)と同様，3 つの関係式をどのように用いるかでいろいろな証明の仕方が考えられる。一例として（左辺）−（右辺）$= 0$ を証明したが，その計算過程で得られた $(\cos\theta + 1)\{2g(\theta) - 1\} = 0$ が(3)で利用できる。

(3) (1)・(2)で証明したことを利用すれば，見通しは立てやすい。

解 法

(1)
$$\begin{aligned}
2g(t) - 1 &= 2(\cos 3t - \cos 2t + \cos t) - 1 \\
&= 2(4\cos^3 t - 3\cos t) - 2(2\cos^2 t - 1) + 2\cos t - 1 \\
&= 8\cos^3 t - 4\cos^2 t - 4\cos t + 1 \\
&= (2\cos t)^3 - (2\cos t)^2 - 2\cdot 2\cos t + 1 \\
&= f(2\cos t)
\end{aligned}$$
（証明終）

(2)　$\theta = \dfrac{\pi}{7}$ であるから，$7\theta = \pi$ すなわち $3\theta = \pi - 4\theta$ より

$$\cos 3\theta = \cos(\pi - 4\theta) = -\cos 4\theta$$

が成り立つ。与式について

$$\begin{aligned}
(\text{左辺}) - (\text{右辺}) &= 2g(\theta)\cos\theta - \{1 + \cos\theta - 2g(\theta)\} \\
&= 2g(\theta)(\cos\theta + 1) - (\cos\theta + 1) \\
&= (\cos\theta + 1)\{2g(\theta) - 1\} \quad \cdots\cdots ① \\
&= (\cos\theta + 1)f(2\cos\theta) \quad (\because \ (1)) \\
&= (\cos\theta + 1)\{(2\cos\theta)^3 - (2\cos\theta)^2 - 2\cdot 2\cos\theta + 1\} \\
&= (\cos\theta + 1)(8\cos^3\theta - 4\cos^2\theta - 4\cos\theta + 1) \\
&= 8\cos^4\theta + 4\cos^3\theta - 8\cos^2\theta - 3\cos\theta + 1 \\
&= (4\cos^3\theta - 3\cos\theta) + (8\cos^4\theta - 8\cos^2\theta + 1) \\
&= \cos 3\theta + \cos 4\theta \\
&= -\cos 4\theta + \cos 4\theta \\
&= 0
\end{aligned}$$

よって，$\theta = \dfrac{\pi}{7}$ のとき，$2g(\theta)\cos\theta = 1 + \cos\theta - 2g(\theta)$ が成り立つ。　　　（証明終）

(3)　$2\cos\dfrac{\pi}{7}$ が 3 次方程式 $f(x) = 0$ の解である条件は

$$f\left(2\cos\dfrac{\pi}{7}\right) = 0$$

となることであり，(1)より

$$2g\left(\dfrac{\pi}{7}\right) - 1 = 0$$

が成り立つことである。

(2)の①より

$$\left(\cos\dfrac{\pi}{7} + 1\right)\left\{2g\left(\dfrac{\pi}{7}\right) - 1\right\} = 0$$

$\cos\dfrac{\pi}{7} \neq -1$ であることから

$$2g\left(\dfrac{\pi}{7}\right) - 1 = 0$$

したがって，$2\cos\dfrac{\pi}{7}$ は 3 次方程式 $f(x) = 0$ の解である。　　　（証明終）

参考 (1)・(2)において，$\cos 3\theta$ や $\cos 4\theta$ は，覚えていなければその場で導き出せばよい。

$$\cos 3\theta = \cos(2\theta + \theta)$$
$$= \cos 2\theta \cos \theta - \sin 2\theta \sin \theta$$
$$= (2\cos^2\theta - 1)\cos\theta - 2\sin^2\theta\cos\theta$$
$$= 2\cos^3\theta - \cos\theta - 2(1 - \cos^2\theta)\cos\theta$$
$$= 4\cos^3\theta - 3\cos\theta$$
$$\cos 4\theta = 2\cos^2 2\theta - 1$$
$$= 2(2\cos^2\theta - 1)^2 - 1$$
$$= 8\cos^4\theta - 8\cos^2\theta + 1$$

6　2012 年度〔1〕　Level A

x の方程式 $|\log_{10}x|=px+q$ (p, q は実数) が 3 つの相異なる正の解をもち，次の 2 つの条件を満たすとする。

(I)　3 つの解の比は，$1:2:3$ である。

(II)　3 つの解のうち最小のものは，$\dfrac{1}{2}$ より大きく，1 より小さい。

このとき，$A=\log_{10}2$，$B=\log_{10}3$ とおき，p と q を A と B を用いて表せ。

ポイント　絶対値がついている部分は，中身が 0 以上になる場合と負になる場合とで場合分けする。〔参考〕のように図形的な解釈をした上で計算をすると，イメージがつかみやすいだろう。(I)・(II)の条件を満たすことから，方程式の解を α，2α，3α $\left(\dfrac{1}{2}<\alpha<1\right)$ とおくことがポイントであり，それから得られた関係式を要領よく計算し，まずは α の値を求めて，それから p, q を A, B で表すことにする。

解法

(I)・(II)より，$|\log_{10}x|=px+q$ ……(＊) の 3 つの相異なる正の解は，α，2α，3α $\left(\dfrac{1}{2}<\alpha<1\right)$ とおくことができる。

x の方程式 (＊) は

$$\begin{cases} -\log_{10}x=px+q & (0<x<1 \text{ のとき}) \\ \log_{10}x=px+q & (x\geqq1 \text{ のとき}) \end{cases}$$

$\alpha<1<2\alpha<3\alpha$ なので

$$\begin{cases} -\log_{10}\alpha=p\alpha+q \\ \log_{10}2\alpha=2p\alpha+q \\ \log_{10}3\alpha=3p\alpha+q \end{cases} \Longleftrightarrow \begin{cases} -\log_{10}\alpha=p\alpha+q \\ \log_{10}\alpha+\log_{10}2=2p\alpha+q \\ \log_{10}\alpha+\log_{10}3=3p\alpha+q \end{cases}$$

$$\Longleftrightarrow \begin{cases} -\log_{10}\alpha=p\alpha+q & \cdots\cdots① \\ \log_{10}\alpha+A=2p\alpha+q & \cdots\cdots② \\ \log_{10}\alpha+B=3p\alpha+q & \cdots\cdots③ \end{cases}$$

③−② より　　$B-A=p\alpha$　……④

②−① より　　$2\log_{10}\alpha+A=p\alpha$　……⑤

⑤−④ より　　$2\log_{10}\alpha+2A-B=0$

$$\therefore \quad \log_{10}\alpha = -A + \frac{1}{2}B \quad \cdots\cdots ⑥$$

$$= \frac{1}{2}\log_{10}3 - \log_{10}2$$

$$= \log_{10}\frac{\sqrt{3}}{2}$$

よって $\quad \alpha = \dfrac{\sqrt{3}}{2}$

④に $\alpha = \dfrac{\sqrt{3}}{2}$ を代入して

$$\frac{\sqrt{3}}{2}p = B - A$$

$$\therefore \quad p = \frac{2\sqrt{3}}{3}(B-A) \quad \cdots\cdots (答)$$

①－④より

$$q = A - B - \log_{10}\alpha$$

$$= A - B - \left(-A + \frac{1}{2}B\right) \quad (\because \quad ⑥)$$

$$= 2A - \frac{3}{2}B \quad \cdots\cdots (答)$$

|参考| $y = |\log_{10}x| = \begin{cases} -\log_{10}x & (0<x<1 \text{ のとき}) \\ \log_{10}x & (x\geqq 1 \text{ のとき}) \end{cases}$ のグラフは次のようになる。

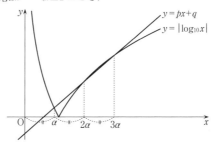

x の方程式 $|\log_{10}x| = px + q$ が 3 つの相異なる正の解をもつ条件は，$y = |\log_{10}x|$ と $y = px + q$ のグラフが，x 座標が正の 3 つの相異なる共有点をもつということであり，加えて (I)・(II)の条件を満たすことから，$y = |\log_{10}x|$ と $y = px + q$ のグラフの関係は上のようになることがわかる。
この α の値を求めることで，p, q を A, B で表すことができる。

7 2009年度 〔1〕 Level A

以下の問いに答えよ。

(1) 等式 $\cos 3\theta = 4\cos^3\theta - 3\cos\theta$ を示せ。

(2) $2\cos 80°$ は3次方程式 $x^3 - 3x + 1 = 0$ の解であることを示せ。

(3) $x^3 - 3x + 1 = (x - 2\cos 80°)(x - 2\cos\alpha)(x - 2\cos\beta)$ となる角度 α, β を求めよ。ただし $0° < \alpha < \beta < 180°$ とする。

ポイント (1) 3倍角の公式の証明である。$3\theta = 2\theta + \theta$ として

加法定理　　　$\cos(\alpha + \beta) = \cos\alpha\cos\beta - \sin\alpha\sin\beta$

2倍角の公式　$\cos 2\alpha = 2\cos^2\alpha - 1$,　$\sin 2\alpha = 2\sin\alpha\cos\alpha$

相互関係　　　$\sin^2\alpha + \cos^2\alpha = 1$

を順に適用すればよい。

(2) $P(x) = x^3 - 3x + 1$ とおいて $P(2\cos 80°) = 0$ となることを示せばよい。

〔解法2〕のようにして，$x = 2\cos 80°$ を解にもつ方程式が $x^3 - 3x + 1 = 0$ であることを示すこともできる。

(3) 与えられた因数分解が可能であれば，$2\cos 80°$ に加えて $2\cos\alpha$, $2\cos\beta$ も3次方程式 $P(x) = 0$ の解である。ここで，(2)がヒントになって，$\cos 3\alpha = -\dfrac{1}{2}$, $\cos 3\beta = -\dfrac{1}{2}$ がわかるのである。

　出題者の意図を考えること，設問の流れを読むことが大切である。

解法1

(1) 　　$\cos 3\theta = \cos(2\theta + \theta)$

　　　　　　　$= \cos 2\theta\cos\theta - \sin 2\theta\sin\theta$

　　　　　　　$= (2\cos^2\theta - 1)\cos\theta - 2\sin^2\theta\cos\theta$

　　　　　　　$= 2\cos^3\theta - \cos\theta - 2(1 - \cos^2\theta)\cos\theta$

　　　　　　　$= 4\cos^3\theta - 3\cos\theta$

したがって，等式 $\cos 3\theta = 4\cos^3\theta - 3\cos\theta$ が成り立つ。　　　　　　　（証明終）

(2) 　$P(x) = x^3 - 3x + 1$ とおくと

　　　　$P(2\cos 80°) = (2\cos 80°)^3 - 3(2\cos 80°) + 1$

$$= 2\left(4\cos^3 80° - 3\cos 80°\right) + 1$$
$$= 2\cos\left(3 \times 80°\right) + 1 \qquad ((1)の等式で\ \theta = 80°\ とした)$$
$$= 2\cos 240° + 1$$
$$= 2 \times \left(-\frac{1}{2}\right) + 1$$
$$= 0$$

したがって，$2\cos 80°$ は 3 次方程式 $x^3 - 3x + 1 = 0$ の解である。 （証明終）

(3) $2\cos\theta$ が 3 次方程式 $P(x) = 0$ の解であるとき，(2)の計算過程より

$$P(2\cos\theta) = 2\cos 3\theta + 1 = 0$$
$$\cos 3\theta = -\frac{1}{2}$$

$0° < \theta < 180°$ より $0° < 3\theta < 540°$ であるから

$$3\theta = 120°,\ 240°,\ 480°$$
$$\therefore\quad \theta = 40°,\ 80°,\ 160°$$

である。したがって，3 次方程式 $P(x) = 0$ は，異なる 3 つの実数解

$$2\cos 40°,\quad 2\cos 80°,\quad 2\cos 160°$$

を解にもつことになるので

$$P(x) = (x - 2\cos 40°)(x - 2\cos 80°)(x - 2\cos 160°)$$

と因数分解される。よって，求める α, β $(0° < \alpha < \beta < 180°)$ は

$$\alpha = 40°,\ \beta = 160°\quad \cdots\cdots(答)$$

解 法 2

(2) $x = 2\cos 80°$ から $\cos 80° = \dfrac{x}{2}$ である。(1)の 3 倍角の公式から

$$\cos 240° = 4\cos^3 80° - 3\cos 80°$$

が成り立つので，$\cos 240° = -\dfrac{1}{2}$，$\cos 80° = \dfrac{x}{2}$ を代入すると

$$-\frac{1}{2} = 4\left(\frac{x}{2}\right)^3 - 3 \cdot \frac{x}{2}$$
$$\therefore\quad x^3 - 3x + 1 = 0 \qquad\qquad\qquad （証明終）$$

§2 図形と方程式

8　2021 年度　〔1〕　　　　　　　　　　　　　　　　Level　A

xy 平面において 2 つの円

$$C_1 : x^2 - 2x + y^2 + 4y - 11 = 0$$
$$C_2 : x^2 - 8x + y^2 - 4y + k = 0$$

が外接するとし，その接点を P とする。以下の問いに答えよ。

(1)　k の値を求めよ。

(2)　P の座標を求めよ。

(3)　円 C_1 と円 C_2 の共通接線のうち点 P を通らないものは 2 本ある。これら 2 直線の交点 Q の座標を求めよ。

ポイント　(1)　2 円が外接するための条件を求める問題である。

　　　　［2 円の中心間の距離］＝［2 円の半径の和］

が成り立つことから，k の値を求める。

(2)　2 円が外接する場合の接点の座標を求める問題である。内分比に注目することで，内分点の公式から座標を求める。

(3)　相似な三角形が存在するので，それに注目し，相似比から内分点の公式を用いて，点 Q の座標を求めた。〔参考 1〕のように外分点の公式を用いて直接求めてもよい。また，〔参考 2〕のように，直線 $x=5$ と 2 円の中心を通る直線 AB の交点が点 Q であることから方程式を連立して求めてもよい。

解法

(1)　$\begin{cases} C_1 : (x-1)^2 + (y+2)^2 = 4^2 \\ C_2 : (x-4)^2 + (y-2)^2 = 20 - k \quad \cdots\cdots ① \end{cases}$

円 C_1 は中心の座標が $(1, -2)$，半径 4 の円である。

①が円の方程式を表すための条件は，k が $20 - k > 0$ つまり $k < 20$ を満たすことであり，このときに円 C_2 は中心の座標が $(4, 2)$，半径 $\sqrt{20-k}$ の円となる。

円 C_1 と円 C_2 が外接するための条件は

　　　　［円 C_1 と円 C_2 の中心間の距離］＝［円 C_1 の半径と円 C_2 の半径の和］

が成り立つことであるから

$$\sqrt{(4-1)^2+\{2-(-2)\}^2}=4+\sqrt{20-k}$$

$$\sqrt{20-k}=1 \qquad k=19$$

$k=19$ は $k<20$ を満たす。

したがって $\qquad k=19$ ……(答)

(2) $k=19$ のとき,円 C_2 の半径は $\sqrt{20-19}=1$ である。

円 C_1 の中心を点A,円 C_2 の中心を点Bとおく。点Pは線分 AB を $4:1$ に内分する点であるから,点Pの座標は

$$\left(\frac{1\cdot1+4\cdot4}{4+1},\ \frac{1\cdot(-2)+4\cdot2}{4+1}\right) \quad \text{より} \quad \left(\frac{17}{5},\ \frac{6}{5}\right) \ \text{……(答)}$$

(3) 円 C_1 と円 C_2 の共通接線のうち点Pを通らない2本の一方は直線 $x=5$ である。

円 C_1 と直線 $x=5$ の接点を点C,円 C_2 と直線 $x=5$ の接点を点Dとおくと,$\triangle QAC \backsim \triangle QBD$ であり,相似比は

$$AC:BD=4:1$$

よって

$$AB:QB=3:1$$

点Qの座標を $(5,\ p)$ とおくと

$$\frac{1\cdot(-2)+3\cdot p}{3+1}=2 \qquad p=\frac{10}{3}$$

よって,点Qの座標は $\quad \left(5,\ \dfrac{10}{3}\right)$ ……(答)

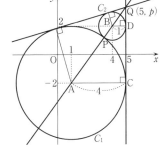

参考1 $\triangle QAC \backsim \triangle QBD$ であり,相似比は $AC:BD=4:1$。〔解法〕では,これを $AB:QB=3:1$ と見直して,内分点の公式に当てはめたが,$AC:BD=4:1$ のままで扱うと,点Qは線分 AB を $4:1$ に外分する点であるから,点Qの座標は $\left(\dfrac{-1\cdot1+4\cdot4}{4-1},\ \dfrac{-1\cdot(-2)+4\cdot2}{4-1}\right)$ より求められる。このような座標を求めるときには,外分とも内分とも見られて,どちらの公式でも利用できることを知っておこう。

参考2 円 C_1 と円 C_2 の共通接線のうち点Pを通らない2本は,2円の中心を通る直線 AB に関して対称であり,点Qは直線 $x=5$ と直線 $AB:y-2=\dfrac{4}{3}(x-4)$ つまり $y=\dfrac{4}{3}x-\dfrac{10}{3}$ の交点であることから,これら2式を連立して解いて求めることもできる。

9 2020年度 〔1〕 Level A

xy 平面上の3点 A$(0,\ 1)$，B$(-1,\ 0)$，C$(1,\ 0)$ を頂点とする △ABC の内接円を T とする。点 D$(0,\ -1)$ を通り，傾きが正である直線を $l: y = ax - 1$ とする。

(1) 円 T の半径を r とする。r を求めよ。

(2) 直線 l と円 $x^2 + y^2 = 1$ の交点のうち，D と異なる点を E とする。点 E の座標を a を用いて表せ。

(3) 直線 l が円 T に接するとする。このとき，(2)で求めた点 E を通り，x 軸と平行な直線が，円 T に接することを示せ。

ポイント (1) 直線に接する円 T の半径は，点と直線の距離の公式を用いて

[円の中心と接線の距離] ＝ [円の半径]

となることより求める。円と直線の関係についてはこれを機会に確認しておこう。〔解法2〕のように直角二等辺三角形 AGF に注目して GF の長さを求めてもよい。また，〔解法3〕のように △ABC の面積と内接円の半径 r の関係からも求められる。

(2) 直線 l の方程式と円 $x^2 + y^2 = 1$ より y を消去して得られる x の2次方程式の実数解は共有点の x 座標である。

(3) 直線 l が円 T に接することから，まず，$a^2 + 1$ の値が求まる。点 E を通り x 軸と平行な直線の方程式を求めるためには，点 E の y 座標 $\dfrac{a^2 - 1}{a^2 + 1}$ の値がわかればよく，a の値自体を求める必要はない。ここでも(1)で利用した，円と直線が接するための条件は

[円の中心と直線の距離] ＝ [円の半径]

であることを再度利用し，これが成り立つことから，直線が円に接すると示せばよい。

解法 1

(1) 円 T の中心を F とする。半径が r であり，円 T が △ABC に内接するので，その座標は $(0,\ r)$ とおくことができる。円 T と直線 CA の接点を G とする。
直線 $y = -x + 1$ つまり $x + y - 1 = 0$ と円 T の中心 F$(0,\ r)$ の距離が円 T の半径 r と等しいので

$$\frac{|0 + r - 1|}{\sqrt{1^2 + 1^2}} = r \qquad |r - 1| = \sqrt{2}\,r$$

$0 < r < 1$ であるから

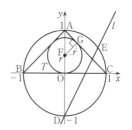

$$1 - r = \sqrt{2}\, r \qquad (\sqrt{2} + 1)\, r = 1$$

$$r = \frac{1}{\sqrt{2} + 1} = \sqrt{2} - 1 \quad \cdots\cdots (答)$$

(2) $\begin{cases} x^2 + y^2 = 1 \\ y = ax - 1 \end{cases}$ より y を消去して

$$x^2 + (ax - 1)^2 = 1$$

$$(a^2 + 1) x^2 - 2ax = 0$$

$$x\{(a^2 + 1)\, x - 2a\} = 0$$

$$x = 0, \ \frac{2a}{a^2 + 1}$$

$x = 0$ は点 D に対応し，求める点 E に対応する x 座標は $x = \dfrac{2a}{a^2 + 1}$ であり

$$y = a \cdot \frac{2a}{a^2 + 1} - 1 = \frac{2a^2 - (a^2 + 1)}{a^2 + 1} = \frac{a^2 - 1}{a^2 + 1}$$

したがって，点 E の座標は

$$\left(\frac{2a}{a^2 + 1}, \ \frac{a^2 - 1}{a^2 + 1} \right) \quad \cdots\cdots (答)$$

(3) 直線 $l : ax - y - 1 = 0$ が，中心 $\mathrm{F}\,(0, \ \sqrt{2} - 1)$，半径 $\sqrt{2} - 1$ である円 T に接するための条件は

$$\frac{|a \cdot 0 - (\sqrt{2} - 1) - 1|}{\sqrt{a^2 + (-1)^2}} = \sqrt{2} - 1$$

$$\sqrt{2} = (\sqrt{2} - 1) \sqrt{a^2 + 1}$$

$$\sqrt{a^2 + 1} = \frac{\sqrt{2}}{\sqrt{2} - 1} = \sqrt{2}\,(\sqrt{2} + 1) = 2 + \sqrt{2}$$

両辺は正なので，両辺を 2 乗しても同値であり

$$a^2 + 1 = 6 + 4\sqrt{2}$$

$$a^2 = 5 + 4\sqrt{2}$$

このとき，点 E の y 座標は

$$\frac{(5 + 4\sqrt{2}) - 1}{(5 + 4\sqrt{2}) + 1} = \frac{4 + 4\sqrt{2}}{6 + 4\sqrt{2}} = \frac{2 + 2\sqrt{2}}{3 + 2\sqrt{2}} = \frac{(2 + 2\sqrt{2})\,(3 - 2\sqrt{2})}{(3 + 2\sqrt{2})\,(3 - 2\sqrt{2})}$$

$$= -2 + 2\sqrt{2}$$

であるから，この点を通り，x 軸と平行な直線の方程式は $y = -2 + 2\sqrt{2}$ である。この直線と円 T の中心 $\mathrm{F}\,(0, \ \sqrt{2} - 1)$ の距離は，y 座標の差をとり

$$|(-2 + 2\sqrt{2}) - (\sqrt{2} - 1)| = |-1 + \sqrt{2}| = \sqrt{2} - 1$$

$$= (円\ T の半径)$$

となることから，点 E を通り x 軸と平行な直線が，円 T に接する。　　（証明終）

解法 2

(1)　$\triangle$AGF は $\angle$AGF $= \dfrac{\pi}{2}$ の直角二等辺三角形なので，次のように求めることもできる。

直角二等辺三角形 AGF において

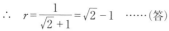

$$\text{AF} : \text{GF} = \sqrt{2} : 1 \qquad (1-r) : r = \sqrt{2} : 1$$

$$\sqrt{2}\,r = 1 - r \qquad (\sqrt{2}+1)\,r = 1$$

$$r = \frac{1}{\sqrt{2}+1} = \sqrt{2} - 1 \quad \cdots\cdots(答)$$

解法 3

(1)　$\triangle$ABC の面積に注目する。

$$\triangle\text{ABF} + \triangle\text{BCF} + \triangle\text{CAF} = \triangle\text{ABC}$$

$$\frac{1}{2}\cdot\text{AB}\cdot r + \frac{1}{2}\cdot\text{BC}\cdot r + \frac{1}{2}\cdot\text{CA}\cdot r = \frac{1}{2}\cdot\text{AB}\cdot\text{AC}$$

$$\frac{1}{2}\cdot\sqrt{2}\,r + \frac{1}{2}\cdot 2r + \frac{1}{2}\cdot\sqrt{2}\,r = \frac{1}{2}\cdot\sqrt{2}\cdot\sqrt{2}$$

$$(\sqrt{2}+1)\,r = 1$$

$$\therefore\quad r = \frac{1}{\sqrt{2}+1} = \sqrt{2} - 1 \quad \cdots\cdots(答)$$

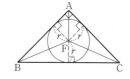

10 2017 年度 〔1〕 Level A

a を正の実数とする。2 つの関数

$$y = \frac{1}{3}ax^2 - 2a^2x + \frac{7}{3}a^3, \quad y = -\frac{2}{3}ax^2 + 2a^2x - \frac{2}{3}a^3$$

のグラフは，2 点 A，B で交わる。但し，A の x 座標は B の x 座標より小さいとする。また，2 点 A，B を結ぶ線分の垂直二等分線を l とする。

(1) 2 点 A，B の座標を a を用いて表せ。

(2) 直線 l の方程式を a を用いて表せ。

(3) 原点と直線 l の距離 d を a を用いて表せ。また，$a > 0$ の範囲で d を最大にする a の値を求めよ。

ポイント 基本的な問題である。各小問とも典型的な解法で解答できるので，確実に得点したい。

(1) 2 つの 2 次関数から y を消去して x の 2 次方程式をつくり，解くと 2 つの放物線の交点の x 座標が求まる。点 A，B の x 座標の大小関係から，各点の座標を定める。

(2) 線分の垂直二等分線とは線分の中点を通り，線分と直交する直線のことである。(1) で線分の両端の点の座標を求めているので，方程式は容易に求めることができる。(3) とのつながりを考えるのであれば点と直線の距離を求める準備として，この段階で $px + qy + r = 0$ の形に整理しておいてもよい。

(3) 点と直線の距離の公式を利用し，d を求めて $a > 0$ の範囲で d が最大となる a の値を求めよう。これは「数学 II」の範囲からの出題であると考え，〔解法 1〕では微分をせずに解答することにした。分母と分子の両方に a があり，最大である状況を読み取ることができない。そこで，分母に a を集約して，$d = \sqrt{\dfrac{36}{4a^2 + \dfrac{9}{a^2}}}$ と変形した。分母を最小にすれば d が最大となり，そのときの a の値を求めることができるからである。そのために，あとはこの式から d の最大値を求めるためにどのように処理をするかであり，分母に関して相加平均・相乗平均の関係を利用することに気づきたい。〔解法 2〕では「数学 III」の知識を用いて，d を a で微分して増減を調べ，a の値を求めている。

解 法 1

(1)
$$\begin{cases} y = \dfrac{1}{3}ax^2 - 2a^2x + \dfrac{7}{3}a^3 \\ y = -\dfrac{2}{3}ax^2 + 2a^2x - \dfrac{2}{3}a^3 \end{cases}$$

より y を消去すると

$$\dfrac{1}{3}ax^2 - 2a^2x + \dfrac{7}{3}a^3 = -\dfrac{2}{3}ax^2 + 2a^2x - \dfrac{2}{3}a^3$$

$$ax^2 - 4a^2x + 3a^3 = 0$$

$$a(x^2 - 4ax + 3a^2) = 0$$

$$a(x - 3a)(x - a) = 0$$

$a > 0$ なので $\quad x = a,\ 3a \quad (a < 3a)$

$x = a$ のとき $\quad y = \dfrac{2}{3}a^3$

$x = 3a$ のとき $\quad y = -\dfrac{2}{3}a^3$

A の x 座標は B の x 座標より小さいので

$$\mathrm{A}\left(a,\ \dfrac{2}{3}a^3\right),\ \ \mathrm{B}\left(3a,\ -\dfrac{2}{3}a^3\right) \quad \cdots\cdots(答)$$

(2) 線分 AB の垂直二等分線 l とは線分 AB の中点を通り，線分 AB と垂直な直線である。

線分 AB の中点の座標は $(2a,\ 0)$，直線 AB の傾きは $\dfrac{-\dfrac{2}{3}a^3 - \dfrac{2}{3}a^3}{3a - a} = -\dfrac{2}{3}a^2$ なので，

直線 l の傾きは $\dfrac{3}{2a^2}$ である。

したがって，直線 l の方程式は

$$y = \dfrac{3}{2a^2}(x - 2a) = \dfrac{3}{2a^2}x - \dfrac{3}{a} \quad \cdots\cdots(答)$$

(3) 直線 l の方程式は $\quad 3x - 2a^2y - 6a = 0$

よって，原点と直線 l の距離 d は

$$d = \dfrac{|-6a|}{\sqrt{3^2 + (-2a^2)^2}}$$

$a > 0$ なので $\quad d = \dfrac{6a}{\sqrt{4a^4 + 9}} \quad \cdots\cdots(答)$

$$d = \sqrt{\frac{36a^2}{4a^4 + 9}} = \sqrt{\frac{36}{4a^2 + \frac{9}{a^2}}}$$

$a > 0$ から，$4a^2 > 0$，$\frac{9}{a^2} > 0$ なので，相加平均・相乗平均の関係より

$$4a^2 + \frac{9}{a^2} \geqq 2\sqrt{4a^2 \cdot \frac{9}{a^2}}$$

$$4a^2 + \frac{9}{a^2} \geqq 12$$

$$\frac{1}{4a^2 + \frac{9}{a^2}} \leqq \frac{1}{12}$$

$$\frac{36}{4a^2 + \frac{9}{a^2}} \leqq 3$$

$$\sqrt{\frac{36}{4a^2 + \frac{9}{a^2}}} \leqq \sqrt{3}$$

$$d \leqq \sqrt{3}$$

等号が成り立つのは，$4a^2 = \dfrac{9}{a^2}$，$a > 0$ より，$a = \dfrac{\sqrt{6}}{2}$ のとき。

よって，d を最大にする a の値は　　$\dfrac{\sqrt{6}}{2}$　……(答)

解法 2

(3)　$d = \dfrac{6a}{\sqrt{4a^4 + 9}}$ を求めてから「数学Ⅲ」の商の微分法を用いると，以下のようになる。

$$d' = \frac{(6a)'\sqrt{4a^4 + 9} - 6a\left(\sqrt{4a^4 + 9}\right)'}{\left(\sqrt{4a^4 + 9}\right)^2}$$

$$= \frac{6\sqrt{4a^4 + 9} - 6a \cdot \dfrac{(4a^4 + 9)'}{2\sqrt{4a^4 + 9}}}{4a^4 + 9}$$

$$= \frac{6(4a^4 + 9) - 48a^4}{(4a^4 + 9)\sqrt{4a^4 + 9}}$$

$$= \frac{-24a^4 + 54}{(4a^4 + 9)\sqrt{4a^4 + 9}}$$

$$= \frac{-24\left(a^4 - \dfrac{9}{4}\right)}{(4a^4 + 9)\sqrt{4a^4 + 9}}$$

$$= \frac{-24\left(a^2 + \dfrac{3}{2}\right)\left(a^2 - \dfrac{3}{2}\right)}{(4a^4 + 9)\sqrt{4a^4 + 9}}$$

$a > 0$ において $d' = 0$ のとき　　　$a = \dfrac{\sqrt{6}}{2}$

$a > 0$ における d の増減は右のようになる。

よって，d を最大にする a の値は　　$\dfrac{\sqrt{6}}{2}$　……(答)

a	(0)	…	$\dfrac{\sqrt{6}}{2}$	…
d'		+	0	−
d	(0)	↗	極大 最大	↘

11 　2015 年度　〔1〕　Level A

以下の問いに答えよ。

(1)　座標平面において，次の連立不等式の表す領域を図示せよ。

$$\begin{cases} x^2+y \leqq 1 \\ x-y \leqq 1 \end{cases}$$

(2)　2つの放物線 $y=x^2-2x+k$ と $y=-x^2+1$ が共有点をもつような実数 k の値の範囲を求めよ。

(3)　$x,\ y$ が(1)の連立不等式を満たすとき，$y-x^2+2x$ の最大値および最小値と，それらを与える $x,\ y$ の値を求めよ。

ポイント　(1)　連立不等式が表す領域を図示する基本的な問題である。
(2)　2つの放物線が共有点をもつための条件を求める問題で，共有点の x 座標に関する2次方程式が実数解をもつ条件として，（判別式）$\geqq 0$ を考えればよい。
(3)　領域に属する点の座標について $y-x^2+2x$ の最大値・最小値を求める問題である。$y-x^2+2x=k$ とおいて，$y=x^2-2x+k$ と変形。これは(2)の2つの放物線のうちの1つであることに気づくこと。この放物線が(1)で求めた領域と共有点をもつときの k のとりうる値の範囲を求めればよい。

解法

(1)　$\begin{cases} x^2+y=1 \\ x-y=1 \end{cases}$ より y を消去して

$$x^2+x-2=0$$
$$(x+2)(x-1)=0$$
$$x=-2,\ 1$$

これが2つのグラフの共有点の x 座標である。
$x=-2$ のとき　　$y=-2-1=-3$
$x=1$ のとき　　$y=1-1=0$
よって，交点の座標は $(-2,\ -3),\ (1,\ 0)$ である。
したがって，連立不等式

$$\begin{cases} x^2+y \leqq 1 \\ x-y \leqq 1 \end{cases} \quad \text{つまり} \quad \begin{cases} y \leqq -x^2+1 \\ y \geqq x-1 \end{cases}$$

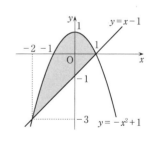

の表す領域は上図の網かけ部分のようになる。ただし，境界線を含む。

(2) (1)の領域を E とする。2つの放物線

$$\begin{cases} y = x^2 - 2x + k \\ y = -x^2 + 1 \end{cases}$$

より，y を消去して

$$x^2 - 2x + k = -x^2 + 1$$

$$2x^2 - 2x + k - 1 = 0 \quad \cdots\cdots①$$

2つの放物線が共有点をもつための条件は①が実数解をもつことであり，①の判別式を D としたときに $D \geqq 0$ となることである。

$$\frac{D}{4} = (-1)^2 - 2(k-1) = -2k + 3$$

したがって　　$-2k + 3 \geqq 0$

$$k \leqq \frac{3}{2} \quad \cdots\cdots(答)$$

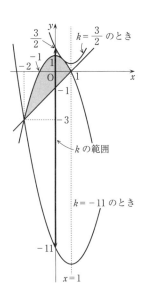

(3) $y - x^2 + 2x = k$ とおくと

$$y = x^2 - 2x + k$$

これは(2)で考察した2つの放物線のうちの1つであり

$$y = (x-1)^2 + k - 1$$

と変形できて，頂点の座標が $(1, k-1)$，軸の方程式が $x = 1$ の下に凸の放物線を表す。これを C とする。

k は放物線 C の y 切片である。放物線 C が領域 E と共有点をもつときの k の最大値と最小値を求める。

放物線 C が領域 E の境界線の一部である放物線 $y = -x^2 + 1$ と接する場合について考える。それは①で $D = 0$，すなわち $k = \dfrac{3}{2}$ のときである。

このとき，①に $k = \dfrac{3}{2}$ を代入すると

$$2x^2 - 2x + \frac{1}{2} = 0$$

$$2\left(x - \frac{1}{2}\right)^2 = 0$$

$$x = \frac{1}{2}$$

放物線 C と放物線 $y=-x^2+1$ との接点の x 座標は $\dfrac{1}{2}$ であるから,接点は領域 E に属する点である。このとき接点の y 座標は

$$y=-\left(\frac{1}{2}\right)^2+1=\frac{3}{4}$$

よって,放物線 C と放物線 $y=-x^2+1$ が点 $\left(\dfrac{1}{2},\ \dfrac{3}{4}\right)$ で接するとき,k は最大値 $\dfrac{3}{2}$ をとる。

k が最小となるのは,放物線 C が点 $(-2,\ -3)$ を通るときであり,$k=y-x^2+2x$ に代入して

$$k=-3-(-2)^2+2(-2)=-11$$

以上より,$y-x^2+2x$ は

$$\left.\begin{array}{l} x=\dfrac{1}{2},\ y=\dfrac{3}{4}\ \text{のとき最大となり,最大値は}\ \dfrac{3}{2}\\[2mm] x=-2,\ y=-3\ \text{のとき最小となり,最小値は}\ -11 \end{array}\right\} \quad \cdots\cdots(\text{答})$$

参考 (2)では2つの放物線が共有点をもつ条件を求めた。

(3)で放物線 C が領域 E と接する場合を考えるときに,(2)の①の判別式 D が $D=0$ となるときの k の値 $\dfrac{3}{2}$ を即,$y-x^2+2x$ の最大値としないこと。$k=\dfrac{3}{2}$ のとき2つの放物線が接する,共通な接線をもつことは正しいが,その接点が領域 E 外のところにある可能性もある。接点の座標を求めて接点が領域 E に属する点かどうか確認しよう。本問では x,y の値も求めるように指示されているが,その指示がなくても確認すること。

12 2011 年度 〔1〕 Level B

O を原点とする xy 平面において，直線 $y=1$ の $|x| \geqq 1$ を満たす部分を C とする。

⑴　C 上に点 A $(t,\ 1)$ をとるとき，線分 OA の垂直二等分線の方程式を求めよ。

⑵　点 A が C 全体を動くとき，線分 OA の垂直二等分線が通過する範囲を求め，それを図示せよ。

ポイント　⑴　線分 OA の傾きと OA の中点の座標から求める〔**解法1**〕の方法と，2 点 O，A から等距離にある点 P の軌跡として求める〔**解法2**〕の方法がある。

⑵　点 A が C 全体を動くとき，線分 OA の垂直二等分線が通過する範囲とは，$|t| \geqq 1$ を満たすすべての実数 t に対する直線 $y = -tx + \dfrac{t^2}{2} + \dfrac{1}{2}$ 上の点 $(x,\ y)$ の集合のことである。言い換えれば，この直線が点 $(x,\ y)$ を通るように実数 t（$|t| \geqq 1$）を定めることができるような点 $(x,\ y)$ の集合のことになる。この考えから，⑴の結果を変形して得られる t の 2 次方程式が $|t| \geqq 1$ で少なくとも 1 つの実数解をもてばよいとわかる。領域の作図にあたっては，〔注〕のように，実数解をもたない場合と，$|t| < 1$ に解をすべてもつ場合とを求め，その補集合をとるという方法もある。

〔**解法2**〕は，y を t の 2 次関数と考え，x を固定したときの $|t| \geqq 1$ に対する y の存在範囲を調べたものである。視点が大きく変わるのでわかりにくいかもしれない。

〔**参考**〕の©が発見できれば，この方法が最も速い。また，この方法は，直線Ⓐが通過する範囲を直接作図できるのでわかりやすい。しかし，この方法を用いる場合，©の求め方は問われないにしても，Ⓐが©の接線であることは，〔**参考**〕のように示しておかなければならない。

解 法 1

⑴　OA の傾きが $\dfrac{1}{t}$ （$t \neq 0$）であることより，

線分 OA の垂直二等分線の傾きは $-t$ であり，

線分 OA の中点 $\left(\dfrac{t}{2},\ \dfrac{1}{2} \right)$ を通るから，求める

方程式は

$$y - \frac{1}{2} = -t \left(x - \frac{t}{2} \right)$$

$$\therefore \quad y = -tx + \frac{t^2}{2} + \frac{1}{2} \quad (|t| \geqq 1) \quad \cdots\cdots(答)$$

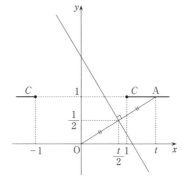

(2)　線分 OA の垂直二等分線が点 (X, Y) を通過するための条件は

$$Y = -tX + \frac{t^2}{2} + \frac{1}{2}$$

を満たす $|t| \geqq 1$ である t が存在すること，つまり

$$t^2 - 2Xt - 2Y + 1 = 0$$

の解が $|t| \geqq 1$ に少なくとも 1 つ存在することである。したがって

$$f(t) = t^2 - 2Xt - 2Y + 1$$
$$= (t - X)^2 - X^2 - 2Y + 1$$

について，$u = f(t)$ のグラフが t 軸の $|t| \geqq 1$ の部分と少なくとも 1 つ共有点をもてばよい。

(ア)　$|X| \geqq 1$ つまり $X \leqq -1$ または $1 \leqq X$ のとき

求める条件は

$$f(X) = -X^2 - 2Y + 1 \leqq 0$$

が成り立つことであり

$$Y \geqq -\frac{1}{2}X^2 + \frac{1}{2}$$

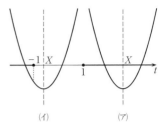

(イ)　$|X| < 1$ つまり $-1 < X < 1$ のとき

求める条件は

$$f(1) \leqq 0 \quad \text{または} \quad f(-1) \leqq 0$$

が成り立つことであり

$$f(1) = -2X - 2Y + 2 \leqq 0 \quad \text{または} \quad f(-1) = 2X - 2Y + 2 \leqq 0$$

$$\therefore \quad Y \geqq -X + 1 \quad \text{または} \quad Y \geqq X + 1$$

(ア)，(イ)より求める領域は

$$\begin{cases} x \leqq -1,\ 1 \leqq x \text{ のとき} & y \geqq -\dfrac{1}{2}x^2 + \dfrac{1}{2} \\ -1 < x < 1 \text{ のとき} & y \geqq -x + 1 \quad \text{または} \quad y \geqq x + 1 \end{cases}$$

これを図示すると下図の斜線部分となる。境界はすべて含む。

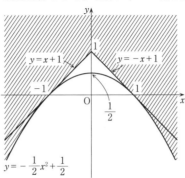

〔注〕　$t^2-2Xt-2Y+1=0$ が，$|t|<1$ の範囲に 2 つの実数解（重解も含む）をもつ条件は
「$|X|<1$　かつ　$f(X)\leqq0$　かつ　$f(1)>0$　かつ　$f(-1)>0$」 ……①
また，実数解をもたない条件は
$f(X)>0$ ……②
であるから，①または②を満たす集合の補集合としても上図は得られる。

解 法 2

(1)　線分 OA の垂直二等分線上の点を P$(x,\ y)$ とすると，つねに
$$OP^2=AP^2$$
が成り立つから
$$x^2+y^2=(x-t)^2+(y-1)^2$$
展開して整理すると求める直線の方程式が得られる。
$$y=-tx+\frac{t^2}{2}+\frac{1}{2}\ \ (|t|\geqq1)\ \ \cdots\cdots Ⓐ\ \ \cdots\cdots(答)$$

(2)　Ⓐを t についての 2 次関数としてみると
$$y=\frac{1}{2}(t-x)^2-\frac{1}{2}x^2+\frac{1}{2}\ \ (|t|\geqq1)\ \ \cdots\cdots Ⓑ$$
軸の方程式は $t=x$ である。

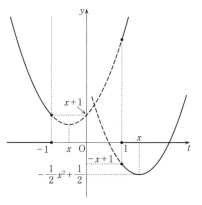

(あ)　$|x|\geqq1$ のとき
y は，$t=x$ のとき最小であり，最小値
$-\frac{1}{2}x^2+\frac{1}{2}$ をとる。すなわち，Ⓑの値域は
$$y\geqq-\frac{1}{2}x^2+\frac{1}{2}$$

(い)　$0\leqq x<1$ のとき
Ⓑは，$t=1$ のとき最小であり，最小値は
$-x+1$ となる。すなわち，Ⓑの値域は
$$y\geqq-x+1$$

(う)　$-1<x<0$ のとき
Ⓑは，$t=-1$ のとき最小であり，最小値は $x+1$ である。すなわち，Ⓑの値域は
$$y\geqq x+1$$

(あ)〜(う)から，〔解法 1〕の図を得る。

参考　$y=-\frac{1}{2}x^2+\frac{1}{2}$ ……Ⓒ
直線Ⓐは，放物線Ⓒの接線である。なぜなら，ⒶとⒸより y を消去した式
$$-tx+\frac{1}{2}t^2+\frac{1}{2}=-\frac{1}{2}x^2+\frac{1}{2}$$

を変形すると

$$x^2 - 2tx + t^2 = 0 \qquad \therefore \quad (x-t)^2 = 0$$

となり，ⒶとⒸは点 $\left(t,\ -\dfrac{1}{2}t^2 + \dfrac{1}{2}\right)$ で接することがわかるからである。

いま，$|t| \geqq 1$ であるので，Ⓒの $|x| \geqq 1$ の部分の接線の集合が求める通過範囲であり，それは〔解法1〕の図のようになる。

Ⓒの求め方であるが，Ⓐの x と y を定数とみなして，両辺を t で微分した式とⒶから，t を消去すればよい。

Ⓐの両辺を t で微分すると

$$0 = -x + t \quad より \quad t = x$$

Ⓐに代入して　　$y = -\dfrac{1}{2}x^2 + \dfrac{1}{2}$

Ⓒを直線群Ⓐの包絡線というが，いつでも包絡線が存在するわけではない。包絡線一般については大学進学後に学ぶ機会があるだろう。

§3 数 列

13 2022年度〔2〕 Level A

整数 a_1, a_2, a_3, … を，さいころをくり返し投げることにより，以下のように定めていく。まず，$a_1=1$ とする。そして，正の整数 n に対し，a_{n+1} の値を，n 回目に出たさいころの目に応じて，次の規則で定める。

（規則） n 回目に出た目が 1，2，3，4 なら $a_{n+1}=a_n$ とし，5，6 なら $a_{n+1}=-a_n$ とする。

たとえば，さいころを 3 回投げ，その出た目が順に 5，3，6 であったとすると，$a_1=1$, $a_2=-1$, $a_3=-1$, $a_4=1$ となる。

$a_n=1$ となる確率を p_n とする。ただし，$p_1=1$ とし，さいころのどの目も，出る確率は $\dfrac{1}{6}$ であるとする。

(1) p_2, p_3 を求めよ。

(2) p_{n+1} を p_n を用いて表せ。

(3) $p_n \leqq 0.5000005$ を満たす最小の正の整数 n を求めよ。
ただし，$0.47 < \log_{10} 3 < 0.48$ であることを用いてよい。

ポイント (1) 問題文を正しく読んで，a_n の推移を考える。ここで，(2)での一般性をもたせた推移につながるように考える準備をしておこう。
(3) 利用できるものが $\log_{10} 3$ の値であるから，(2)より数列 $\{p_n\}$ の一般項を求めて，それを $p_n \leqq 0.5000005$ に代入し，底が 10 の常用対数をとる。計算を進めていく上での注意点，方法として〔参考〕にも目を通しておくこと。

解 法

(1) p_2 とは $a_2=1$ となる確率のことであり，$a_1=1$ であるから，1 回目に出た目が 1，2，3，4 である確率のことである。

よって $p_2 = \dfrac{4}{6} = \dfrac{2}{3}$ ……(答)

p_3 とは $a_3 = 1$ となる確率のことである。

右図の推移より

$$p_3 = \dfrac{2}{3} \cdot \dfrac{2}{3} + \dfrac{1}{3} \cdot \dfrac{1}{3} = \dfrac{5}{9} \quad ……(答)$$

(2) 右図の推移より

$$p_{n+1} = p_n \times \dfrac{2}{3} + (1 - p_n) \times \dfrac{1}{3}$$

$$p_{n+1} = \dfrac{1}{3} p_n + \dfrac{1}{3} \quad ……(答)$$

(3) $p_{n+1} = \dfrac{1}{3} p_n + \dfrac{1}{3}$

$$p_{n+1} - \dfrac{1}{2} = \dfrac{1}{3}\left(p_n - \dfrac{1}{2}\right)$$

数列 $\left\{ p_n - \dfrac{1}{2} \right\}$ は初項 $p_1 - \dfrac{1}{2} = 1 - \dfrac{1}{2} = \dfrac{1}{2}$，公比 $\dfrac{1}{3}$ の等比数列なので

$$p_n - \dfrac{1}{2} = \dfrac{1}{2}\left(\dfrac{1}{3}\right)^{n-1}$$

$$\therefore \quad p_n = \dfrac{1}{2}\left\{ 1 + \left(\dfrac{1}{3}\right)^{n-1} \right\}$$

よって

$$p_n \leqq 0.5000005$$

に代入し，右辺を変形すると

$$\dfrac{1}{2}\left\{ 1 + \left(\dfrac{1}{3}\right)^{n-1} \right\} \leqq \dfrac{1}{2}\left\{ 1 + \left(\dfrac{1}{10}\right)^{6} \right\}$$

$$\left(\dfrac{1}{3}\right)^{n-1} \leqq \left(\dfrac{1}{10}\right)^{6}$$

両辺の常用対数をとると

$$\log_{10}\left(\dfrac{1}{3}\right)^{n-1} \leqq \log_{10}\left(\dfrac{1}{10}\right)^{6}$$

$$-(n-1)\log_{10}3 \leqq -6$$

$$(n-1)\log_{10}3 \geqq 6$$

両辺を正の $\log_{10}3$ で割ると

$$n - 1 \geqq \dfrac{6}{\log_{10}3}$$

$$\therefore \quad n \geqq 1 + \frac{6}{\log_{10}3} \quad \cdots\cdots \text{①}$$

ここで，$0.47 < \log_{10}3 < 0.48$ であることを用いると

$$\frac{1}{0.47} > \frac{1}{\log_{10}3} > \frac{1}{0.48}$$

$$\frac{6}{0.47} > \frac{6}{\log_{10}3} > \frac{6}{0.48}$$

$$\frac{6.47}{0.47} > 1 + \frac{6}{\log_{10}3} > \frac{6.48}{0.48}$$

$$13.8 > 1 + \frac{6}{\log_{10}3} > 13.5$$

よって，これと①より，求める最小の正の整数 n は　　$n = 14$　$\cdots\cdots$（答）

参考1　$\dfrac{6.47}{0.47} > 1 + \dfrac{6}{\log_{10}3}$ において，左辺は $\dfrac{6.47}{0.47} = 13.7659\cdots$ であるから，小数第 2 位以

下を切り捨てて，$13.7 > 1 + \dfrac{6}{\log_{10}3}$ とすると，本問の結果にはたまたま影響はないが，数

学的には正しくはない。たとえば，$1 + \dfrac{6}{\log_{10}3}$ は 13.74 かもしれないが，これでは成り立

たなくなってしまう。$13.7659\cdots$ の小数第 2 位以下を切り捨てるのではなく，小数第 2

位を切り上げて 13.8 とすると，正しい表記になる。

参考2　$0.5000005 = 0.5 + 0.0000005$

$$= \frac{1}{2} + 5\left(\frac{1}{10}\right)^7 = \frac{1}{2} + \frac{5}{10}\left(\frac{1}{10}\right)^6$$

$$= \frac{1}{2} + \frac{1}{2}\left(\frac{1}{10}\right)^6$$

14

O を原点とする xy 平面上に 2 直線

$$l : y = \sqrt{3}\,x, \quad m : y = -\frac{1}{\sqrt{3}}x$$

がある。正の整数 n に対して，l 上に点 $P_n(n, \sqrt{3}\,n)$ をとり，m 上に点 $Q_n\left(x_n, -\frac{1}{\sqrt{3}}x_n\right)$ をとる。ただし，x_n $(n = 1, 2, 3, \cdots)$ は次の条件(I)，(II)を満たすとする。

(I) $x_1 = 1$ である。

(II) $n \geqq 2$ のとき，x_n は，Q_{n-1} を通り l と平行な直線と，x 軸との交点の x 座標である。

また，正の整数 n に対して，$\triangle OP_nQ_n$ の面積を a_n とする。

(1) x_n を n を用いて表せ。

(2) a_n を n を用いて表せ。

(3) 正の整数 n に対して，$S_n = \sum_{k=1}^{n} a_k$ と定める。S_n を n を用いて表せ。

ポイント (1) 点 Q_{n-1} を通り l と平行な直線と，x 軸との交点の x 座標を x_n と定義しているので，点 Q_{n-1} を通り l と平行な直線の方程式を求めて，x 軸との交点が点 $(x_n, 0)$ であることから漸化式を導く。直線 m と x 軸とではさまれている直角三角形の内角が $\dfrac{\pi}{6}$，$\dfrac{\pi}{3}$，$\dfrac{\pi}{2}$ であるという直角三角形の形状に注目して，辺の長さから求めていくこともできる。

(2) $\triangle OP_nQ_n$ は直角三角形であるから，面積 a_n を求めることは容易である。正確に求めて(3)につなげていこう。

(3) 数列の各項が等差数列と等比数列の積の形で定義されているタイプの数列の和を求める典型的な問題である。この和の求め方には方法があって，普通はその場で考えて求め方を見つけることができるという類いのものではないので覚えておきたい。方法を知っていれば S_n は容易に求められる。

解法

(1)　点 $Q_{n-1}\left(x_{n-1}, \; -\dfrac{1}{\sqrt{3}}x_{n-1}\right)$ を通り，直線 l と平行な直線の方程式は

$$y-\left(-\frac{1}{\sqrt{3}}x_{n-1}\right)=\sqrt{3}\,(x-x_{n-1})$$

$$y=\sqrt{3}\,x-\frac{4\sqrt{3}}{3}x_{n-1}$$

この直線と x 軸との交点の x 座標 x_n は

$$0=\sqrt{3}x_n-\frac{4\sqrt{3}}{3}x_{n-1}$$

$$x_n=\frac{4}{3}x_{n-1}$$

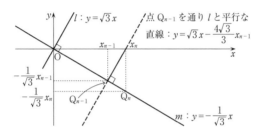

よって，数列 $\{x_n\}$ は初項が 1，公比が $\dfrac{4}{3}$ の等比数列であるから

$$x_n=1\cdot\left(\frac{4}{3}\right)^{n-1}=\left(\frac{4}{3}\right)^{n-1}\quad\cdots\cdots(答)$$

(2)
$$\mathrm{OP}_n=\sqrt{n^2+3n^2}=2n$$

$$\mathrm{OQ}_n=\sqrt{x_n{}^2+\frac{x_n{}^2}{3}}=\frac{2}{\sqrt{3}}x_n$$

より

$$\begin{aligned}a_n&=\frac{1}{2}\mathrm{OP}_n\cdot\mathrm{OQ}_n\\&=\frac{1}{2}\cdot 2n\cdot\frac{2}{\sqrt{3}}x_n\\&=\frac{1}{2}\cdot 2n\cdot\frac{2}{\sqrt{3}}\left(\frac{4}{3}\right)^{n-1}\\&=\frac{2}{\sqrt{3}}n\left(\frac{4}{3}\right)^{n-1}\quad\cdots\cdots(答)\end{aligned}$$

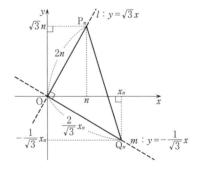

(3)　　$S_n = \sum_{k=1}^{n} a_k = \sum_{k=1}^{n} \dfrac{2}{\sqrt{3}} k \left(\dfrac{4}{3}\right)^{k-1} = \dfrac{2}{\sqrt{3}} \sum_{k=1}^{n} k \left(\dfrac{4}{3}\right)^{k-1}$

$S = \sum_{k=1}^{n} k \left(\dfrac{4}{3}\right)^{k-1}$ とおくと

$$S = 1\left(\dfrac{4}{3}\right)^{0} + 2\left(\dfrac{4}{3}\right)^{1} + 3\left(\dfrac{4}{3}\right)^{2} + \cdots + n\left(\dfrac{4}{3}\right)^{n-1} \quad \cdots\cdots①$$

①$\times \dfrac{4}{3}$ より

$$\dfrac{4}{3}S = 1\left(\dfrac{4}{3}\right)^{1} + 2\left(\dfrac{4}{3}\right)^{2} + 3\left(\dfrac{4}{3}\right)^{3} + \cdots + (n-1)\left(\dfrac{4}{3}\right)^{n-1} + n\left(\dfrac{4}{3}\right)^{n} \quad \cdots\cdots②$$

①$-$② より

$$-\dfrac{1}{3}S = 1 + \dfrac{4}{3} + \left(\dfrac{4}{3}\right)^{2} + \left(\dfrac{4}{3}\right)^{3} + \cdots + \left(\dfrac{4}{3}\right)^{n-1} - n\left(\dfrac{4}{3}\right)^{n}$$

$$= \dfrac{1\left\{\left(\dfrac{4}{3}\right)^{n} - 1\right\}}{\dfrac{4}{3} - 1} - n\left(\dfrac{4}{3}\right)^{n}$$

$$= 3\left\{\left(\dfrac{4}{3}\right)^{n} - 1\right\} - n\left(\dfrac{4}{3}\right)^{n}$$

$$S = -9\left\{\left(\dfrac{4}{3}\right)^{n} - 1\right\} + 3n\left(\dfrac{4}{3}\right)^{n}$$

$$= 3(n-3)\left(\dfrac{4}{3}\right)^{n} + 9$$

よって

$$S_n = \dfrac{2}{\sqrt{3}}\left\{3(n-3)\left(\dfrac{4}{3}\right)^{n} + 9\right\}$$

$$= 2\sqrt{3}(n-3)\left(\dfrac{4}{3}\right)^{n} + 6\sqrt{3} \quad \cdots\cdots(答)$$

15

正三角形 OAB に対し，直線 OA 上の点 P_1，P_2，P_3，… および直線 OB 上の点 Q_1，Q_2，Q_3，… を，次の(I)，(II)，(III)を満たすようにとる。

(I)　$P_1 = A$ である。

(II)　線分 P_1Q_1，P_2Q_2，P_3Q_3，… はすべて直線 OA に垂直である。

(III)　線分 Q_1P_2，Q_2P_3，Q_3P_4，… はすべて直線 OB に垂直である。

$\overrightarrow{OA} = \vec{a}$，$\overrightarrow{OB} = \vec{b}$ とおく。点 O を基準とする位置ベクトルが，整数 k，l によって $k\vec{a} + l\vec{b}$ と表される点全体の集合を S とする。n を自然数とするとき，以下の問いに答えよ。

(1)　$\overrightarrow{OP_n}$ と $\overrightarrow{OQ_n}$ を $\vec{a}$，$\vec{b}$ を用いて表せ。

(2)　$\overrightarrow{OR} = x\vec{a} + y\vec{b}$ で定まる点 R が線分 Q_nP_{n+1} 上にあるとき，x を y を用いて表せ。また，線分 Q_nP_{n+1} 上にある S の点の個数を求めよ。

(3)　三角形 $OP_{n+1}Q_n$ の周または内部にある S の点の個数を求めよ。

ポイント　(1)　まずは図を描いて各点の位置関係を把握するようにしよう。図1から描くことになるであろうが，実際には図2が描ければよく，これをもとに考えていこう。図2において $\overrightarrow{OP_n} = p_n\vec{a}$，$\overrightarrow{OQ_n} = q_n\vec{b}$ とおき，点の決め方から $\overrightarrow{OA} \perp \overrightarrow{P_nQ_n}$，$\overrightarrow{OB} \perp \overrightarrow{Q_nP_{n+1}}$ であり，$\overrightarrow{OA} \cdot \overrightarrow{P_nQ_n} = 0$，$\overrightarrow{OB} \cdot \overrightarrow{Q_nP_{n+1}} = 0$ より，p_n，p_{n+1}，q_n に関する関係式をつくる。
(2)　(1)で得られたことから，$\vec{a}$，$\vec{b}$ を $\overrightarrow{OP_{n+1}}$，$\overrightarrow{OQ_n}$ で表し，$\overrightarrow{OR} = x\vec{a} + y\vec{b}$ に代入する。一般的に，$\overrightarrow{OA} \neq \vec{0}$，$\overrightarrow{OB} \neq \vec{0}$，$\overrightarrow{OA} \not\parallel \overrightarrow{OB}$ である $\overrightarrow{OA}$，$\overrightarrow{OB}$ を用いて $\overrightarrow{OP} = \alpha\overrightarrow{OA} + \beta\overrightarrow{OB}$ と表されるときに，点 P が線分 AB 上に存在するための条件は，$\alpha \geq 0$，$\beta \geq 0$，$\alpha + \beta = 1$ が成り立つことである。このことより，$0 \leq y \leq 2 \cdot 4^{n-1}$ が得られ，これを満たす y は $y = 0$，1，2，…，$2 \cdot 4^{n-1}$ の $2 \cdot 4^{n-1} + 1$ 個存在することから，線分 Q_nP_{n+1} 上にある S の点の個数を求める。
(3)　(2)で得られたことから，ベクトルと数列の融合問題であるととらえて，領域に属する格子点の個数を求める数列分野の問題に帰着させることができる。〔解法2〕のように考えることもできるが，その際には，線分 Q_nP_{n+1} 上にある S の点の個数の数え方について注意すること。

解法 1

(1) 図1　図2

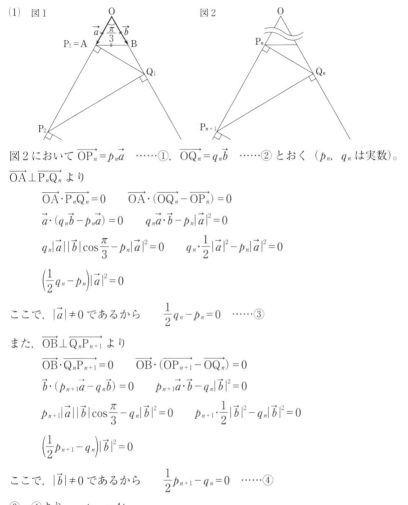

図2において $\overrightarrow{\mathrm{OP}_n}=p_n\vec{a}$ ……① , $\overrightarrow{\mathrm{OQ}_n}=q_n\vec{b}$ ……② とおく（ p_n, q_n は実数）。
$\overrightarrow{\mathrm{OA}}\perp\overrightarrow{\mathrm{P}_n\mathrm{Q}_n}$ より

$$\overrightarrow{\mathrm{OA}}\cdot\overrightarrow{\mathrm{P}_n\mathrm{Q}_n}=0 \qquad \overrightarrow{\mathrm{OA}}\cdot(\overrightarrow{\mathrm{OQ}_n}-\overrightarrow{\mathrm{OP}_n})=0$$

$$\vec{a}\cdot(q_n\vec{b}-p_n\vec{a})=0 \qquad q_n\vec{a}\cdot\vec{b}-p_n|\vec{a}|^2=0$$

$$q_n|\vec{a}||\vec{b}|\cos\frac{\pi}{3}-p_n|\vec{a}|^2=0 \qquad q_n\cdot\frac{1}{2}|\vec{a}|^2-p_n|\vec{a}|^2=0$$

$$\left(\frac{1}{2}q_n-p_n\right)|\vec{a}|^2=0$$

ここで, $|\vec{a}|\neq 0$ であるから $\qquad \dfrac{1}{2}q_n-p_n=0$ ……③

また, $\overrightarrow{\mathrm{OB}}\perp\overrightarrow{\mathrm{Q}_n\mathrm{P}_{n+1}}$ より

$$\overrightarrow{\mathrm{OB}}\cdot\overrightarrow{\mathrm{Q}_n\mathrm{P}_{n+1}}=0 \qquad \overrightarrow{\mathrm{OB}}\cdot(\overrightarrow{\mathrm{OP}_{n+1}}-\overrightarrow{\mathrm{OQ}_n})=0$$

$$\vec{b}\cdot(p_{n+1}\vec{a}-q_n\vec{b})=0 \qquad p_{n+1}\vec{a}\cdot\vec{b}-q_n|\vec{b}|^2=0$$

$$p_{n+1}|\vec{a}||\vec{b}|\cos\frac{\pi}{3}-q_n|\vec{b}|^2=0 \qquad p_{n+1}\cdot\frac{1}{2}|\vec{b}|^2-q_n|\vec{b}|^2=0$$

$$\left(\frac{1}{2}p_{n+1}-q_n\right)|\vec{b}|^2=0$$

ここで, $|\vec{b}|\neq 0$ であるから $\qquad \dfrac{1}{2}p_{n+1}-q_n=0$ ……④

③, ④より $\qquad p_{n+1}=4p_n$
$\overrightarrow{\mathrm{OP}_1}=\overrightarrow{\mathrm{OA}}$, $\overrightarrow{\mathrm{OP}_1}=p_1\vec{a}$ より数列 $\{p_n\}$ は初項 $p_1=1$, 公比 4 の等比数列であるから

$$p_n=1\cdot 4^{n-1}=4^{n-1}$$

これを③に代入すると $\qquad q_n=2p_n=2\cdot 4^{n-1}$
したがって, $p_n=4^{n-1}$ を①に, $q_n=2\cdot 4^{n-1}$ を②に代入して

$$\begin{cases}\overrightarrow{\mathrm{OP}_n}=4^{n-1}\vec{a}\\[2mm]\overrightarrow{\mathrm{OQ}_n}=2\cdot 4^{n-1}\vec{b}\end{cases} \qquad ……（答）$$

(2)　(1)より
$$\begin{cases} \overrightarrow{\mathrm{OP}_{n+1}} = 4^n\vec{a} \\ \overrightarrow{\mathrm{OQ}_n} = 2\cdot4^{n-1}\vec{b} \end{cases}$$

$$\begin{cases} \vec{a} = \dfrac{1}{4^n}\overrightarrow{\mathrm{OP}_{n+1}} \\ \vec{b} = \dfrac{1}{2\cdot4^{n-1}}\overrightarrow{\mathrm{OQ}_n} \end{cases}$$

であるから

$$\overrightarrow{\mathrm{OR}} = x\vec{a} + y\vec{b} = \frac{x}{4^n}\overrightarrow{\mathrm{OP}_{n+1}} + \frac{y}{2\cdot4^{n-1}}\overrightarrow{\mathrm{OQ}_n}$$

点Rが線分 $\mathrm{Q}_n\mathrm{P}_{n+1}$ 上に存在するための条件は

$$\begin{cases} \dfrac{x}{4^n} + \dfrac{y}{2\cdot4^{n-1}} = 1 \\ \dfrac{x}{4^n} \geqq 0 \\ \dfrac{y}{2\cdot4^{n-1}} \geqq 0 \end{cases} \qquad \text{つまり} \qquad \begin{cases} x+2y = 4^n \\ x \geqq 0 \\ y \geqq 0 \end{cases}$$

が成り立つことであるから，x を y を用いて表すと
$$x = 4^n - 2y \quad \cdots\cdots\text{(答)}$$
$x = 4^n - 2y$ において，$x \geqq 0$ より $4^n - 2y \geqq 0$ であるから
$$y \leqq 2\cdot4^{n-1}$$
$0 \leqq y \leqq 2\cdot4^{n-1}$ を満たす y は $y = 0,\ 1,\ 2,\ \cdots,\ 2\cdot4^{n-1}$ の $2\cdot4^{n-1}+1$ 個あり，その1つ1つに対して x も1つ対応するので，$(x,\ y)$ は $2\cdot4^{n-1}+1$ 組存在する。$\overrightarrow{\mathrm{OR}} = x\vec{a} + y\vec{b}$ において，$\vec{a} \neq \vec{0}$, $\vec{b} \neq \vec{0}$, $\vec{a} \not\parallel \vec{b}$ であるから，$(x,\ y)$ の $2\cdot4^{n-1}+1$ 組に対して，点Rは異なる $2\cdot4^{n-1}+1$ 個の点に対応する。

よって，線分 $\mathrm{Q}_n\mathrm{P}_{n+1}$ 上にある S の点の個数は $2\cdot4^{n-1}+1$ 個である。　……(答)

(3)　求めるものは，境界線も含めた右図の網かけ部分の領域内に含まれる格子点の個数である。この領域を D とすると，領域 D と共有点をもつ直線 $y = k$ 上には

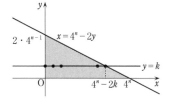

$$(0,\ k),\ (1,\ k),\ (2,\ k),\ \cdots,\ (4^n - 2k,\ k)$$
の $4^n - 2k + 1$ 個の格子点が存在するから，領域 D に属する格子点の個数は

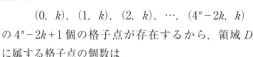

$$\sum_{k=0}^{2\cdot4^{n-1}} (4^n - 2k + 1)$$

$$= (4^n + 1)(2\cdot4^{n-1}+1) - 2\cdot\frac{1}{2}\cdot2\cdot4^{n-1}(2\cdot4^{n-1}+1)$$

$$= 2 \cdot 4^n \cdot 4^{n-1} + 4^n + 2 \cdot 4^{n-1} + 1 - 4 \cdot 4^{n-1} \cdot 4^{n-1} - 2 \cdot 4^{n-1}$$

$$= 4^{2n-1} + 4^n + 1$$

よって，三角形 $\mathrm{OP}_{n+1}\mathrm{Q}_n$ の周または内部にある S の点の個数は

$$4^{2n-1} + 4^n + 1 \text{ 個 } \quad \cdots\cdots (\text{答})$$

解法 2

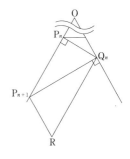

(3) 右図において

$$\begin{cases} \overrightarrow{\mathrm{OP}_{n+1}} = 4^n \vec{a} \\ \overrightarrow{\mathrm{OQ}_n} = 2 \cdot 4^{n-1} \vec{b} \end{cases}$$

であるから，$\vec{a}$ の係数として整数は $0,\ 1,\ 2,\ \cdots,\ 4^n$ の $4^n + 1$ 個が，$\vec{b}$ の係数として整数は $0,\ 1,\ 2,\ \cdots,\ 2 \cdot 4^{n-1}$ の $2 \cdot 4^{n-1} + 1$ 個がとれる。これらの組み合わせに対応する点は平行四辺形 $\mathrm{OP}_{n+1}\mathrm{RQ}_n$ の周と内部に存在する S の点に対応し，これらはすべて異なるので，個数は $(4^n + 1)(2 \cdot 4^{n-1} + 1)$ 個である。線分 $\mathrm{Q}_n\mathrm{P}_{n+1}$ 上の点の個数も考慮して，三角形 $\mathrm{OP}_{n+1}\mathrm{Q}_n$ の周または内部にある S の点の個数は

$$\frac{1}{2}\{(4^n + 1)(2 \cdot 4^{n-1} + 1) + (2 \cdot 4^{n-1} + 1)\} = \frac{1}{2}(2 \cdot 4^{n-1} + 1)\{(4^n + 1) + 1\}$$

$$= \frac{1}{2}(2 \cdot 4^{n-1} + 1)(4 \cdot 4^{n-1} + 2)$$

$$= (2 \cdot 4^{n-1} + 1)^2 \text{ 個 } \quad \cdots\cdots (\text{答})$$

16

Level A

数列 $\{a_n\}$ が

$a_1 = 1,\ a_2 = 3,$

$a_{n+2} = 3a_{n+1}{}^2 - 6a_{n+1}a_n + 3a_n{}^2 + a_{n+1}\ (n = 1,\ 2,\ \cdots)$

を満たすとする。また，$b_n = a_{n+1} - a_n\ (n = 1,\ 2,\ \cdots)$ とおく。以下の問いに答えよ。

(1)　$b_n \geqq 0\ (n = 1,\ 2,\ \cdots)$ を示せ。

(2)　$b_n\ (n = 1,\ 2,\ \cdots)$ の一の位の数が 2 であることを数学的帰納法を用いて証明せよ。

(3)　a_{2017} の一の位の数を求めよ。

ポイント　(1)　数学的帰納法の手順に沿って証明してもよいが，問題に特に指示はないため，〔解法〕では簡略化して示してある。

与えられた漸化式が $a_{n+2} - a_{n+1} = 3(a_{n+1} - a_n)^2$ と変形できることに気づき，$b_{n+1} = 3b_n{}^2$ と結びつけたい。

$b_n = 3b_{n-1}{}^2 \geqq 0\ (n = 2,\ 3,\ \cdots)$ であるから，$n \geqq 2$ の自然数について $b_n \geqq 0$ であることがわかるが，これだけでは $b_1 \geqq 0$ は示せていないので，$b_1 = a_2 - a_1 \geqq 0$ を示す必要がある。

(2)　指示通りに数学的帰納法で証明する。一の位の数が 2 である b_k は，適当な負でない整数 m を用いて $b_k = 10m + 2$ と表せるが，ここでは(3)でも使える形として $b_k = 10c_k + 2$ と表すことにした。

(3)　整数 c_n を用いて $a_{n+1} - a_n = 10c_n + 2$ と表せることから，$\{10c_n + 2\}$ は数列 $\{a_n\}$ の階差数列である。これを利用して a_{2017} を表す。具体的な数として求める必要はなく，一の位の数が求まればよいので，c_n のままで扱えばよい。

解法

(1)　$a_{n+2} = 3a_{n+1}{}^2 - 6a_{n+1}a_n + 3a_n{}^2 + a_{n+1}$

$\qquad a_{n+2} - a_{n+1} = 3(a_{n+1}{}^2 - 2a_{n+1}a_n + a_n{}^2)$

$\qquad\qquad\qquad = 3(a_{n+1} - a_n)^2$

$\qquad b_{n+1} = 3b_n{}^2\ (n = 1,\ 2,\ \cdots)\ \ \cdots\cdots①$

よって

$\qquad b_n = 3b_{n-1}{}^2 \geqq 0\ (n = 2,\ 3,\ \cdots)$

$$b_1 = a_2 - a_1 = 3 - 1 = 2 \geqq 0$$

であるので，すべての自然数 n に対して，$b_n \geqq 0$ が成り立つ。　　　　（証明終）

(2)　すべての自然数 n に対して，「b_n の一の位の数が 2 である」……（＊）ことを数学的帰納法で証明する。

［Ⅰ］　$n = 1$ のとき，$b_1 = a_2 - a_1 = 3 - 1 = 2$ となるので，（＊）は成り立つ。

［Ⅱ］　$n = k$ のとき，（＊）が成り立つ，つまり b_k の一の位の数が 2 であると仮定すると，b_k は適当な負でない整数 c_k を用いて

$$b_k = 10c_k + 2$$

と表すことができる。このとき，①より

$$\begin{aligned}
b_{k+1} = 3{b_k}^2 &= 3(10c_k + 2)^2 \\
&= 3(100{c_k}^2 + 40c_k + 4) \\
&= 10(30{c_k}^2 + 12c_k + 1) + 2
\end{aligned}$$

$30{c_k}^2 + 12c_k + 1$ は自然数なので，b_{k+1} の一の位の数は 2 であり，$n = k+1$ のときも（＊）は成り立つ。

［Ⅰ］，［Ⅱ］より，すべての自然数 n に対して，b_n の一の位の数は 2 である。

（証明終）

(3)　$b_n\ (n = 1,\ 2,\ \cdots)$ の一の位の数は 2 であるから，$b_n = 10c_n + 2$（c_n は整数）とおけるので

$$a_{n+1} - a_n = 10c_n + 2$$

よって，数列 $\{a_n\}$ の階差数列が，$\{10c_n + 2\}$ であることがわかる。

したがって

$$\begin{aligned}
a_{2017} = a_1 + \sum_{k=1}^{2016}(10c_k + 2) &= 1 + 10\sum_{k=1}^{2016}c_k + \sum_{k=1}^{2016}2 \\
&= 1 + 10\sum_{k=1}^{2016}c_k + 4032 = 10\sum_{k=1}^{2016}c_k + 10 \cdot 403 + 3 \\
&= 10\left(\sum_{k=1}^{2016}c_k + 403\right) + 3
\end{aligned}$$

$\displaystyle\sum_{k=1}^{2016}c_k + 403$ は自然数なので，a_{2017} の一の位の数は 3 である。　……（答）

17

p と q は正の整数とする。2 次方程式 $x^2-2px-q=0$ の 2 つの実数解を α, β とする。ただし $\alpha>\beta$ とする。数列 $\{a_n\}$ を

$$a_n=\frac{1}{2}(\alpha^{n-1}+\beta^{n-1}) \quad (n=1,\ 2,\ 3,\ \cdots)$$

によって定める。ただし $\alpha^0=1$, $\beta^0=1$ と定める。

⑴　すべての自然数 n に対して，$a_{n+2}=2pa_{n+1}+qa_n$ であることを示せ。

⑵　すべての自然数 n に対して，a_n は整数であることを示せ。

⑶　自然数 n に対し，$\dfrac{\alpha^{n-1}}{2}$ 以下の最大の整数を b_n とする。p と q が $q<2p+1$ を満たすとき，b_n を a_n を用いて表せ。

ポイント　⑴　$x^2-2px-q=0$ の解が α, β であることから，解と係数の関係より得られる $\alpha+\beta=2p$ と $a_n=\dfrac{1}{2}(\alpha^{n-1}+\beta^{n-1})$ を用いて証明しよう。

⑵　数学的帰納法で証明する。⑴で示した 3 項間の漸化式を利用しよう。

⑶　$y=f(x)$ のグラフを描き，β のとりうる値の範囲を求めよう。n が奇数か偶数かで β^{n-1} の符号が変わるので，場合分けが必要である。条件 $q<2p+1$ の使い道を考えると，$f(-1)$ を計算してみるとよいことに気づく。b_n がガウス記号の定義に合致することから b_n をガウス記号で表すところもポイントである。

解 法

⑴　α, β は 2 次方程式 $x^2-2px-q=0$ の 2 つの解であるから，解と係数の関係より

$$\alpha+\beta=2p \quad \cdots\cdots①$$

解はもとの方程式に代入すると成り立つから

$$\begin{cases} \alpha^2-2p\alpha-q=0 & \cdots\cdots② \\ \beta^2-2p\beta-q=0 & \cdots\cdots③ \end{cases}$$

また，$a_n=\dfrac{1}{2}(\alpha^{n-1}+\beta^{n-1})$ より

$$\begin{cases} \alpha^{n-1}+\beta^{n-1}=2a_n & (n=1,\ 2,\ 3,\ \cdots) & \cdots\cdots④ \\ \alpha^n+\beta^n=2a_{n+1} & (n=0,\ 1,\ 2,\ \cdots) & \cdots\cdots⑤ \end{cases}$$

よって

$$a_{n+2} = \frac{1}{2}\{\alpha^{(n+2)-1} + \beta^{(n+2)-1}\}$$

$$= \frac{1}{2}(\alpha^{n+1} + \beta^{n+1})$$

$$= \frac{1}{2}(\alpha^2 \alpha^{n-1} + \beta^2 \beta^{n-1})$$

$$= \frac{1}{2}\{(2p\alpha + q)\alpha^{n-1} + (2p\beta + q)\beta^{n-1}\} \quad (\because \quad ②, ③)$$

$$= \frac{1}{2}\{2p(\alpha^n + \beta^n) + q(\alpha^{n-1} + \beta^{n-1})\}$$

$$= p(\alpha^n + \beta^n) + \frac{1}{2}q(\alpha^{n-1} + \beta^{n-1})$$

$$= p \cdot 2a_{n+1} + \frac{1}{2}q \cdot 2a_n \quad (④, ⑤ より共通部分の n = 1, 2, 3, \cdots で成り立つ)$$

ゆえに，すべての自然数 n に対して

$$a_{n+2} = 2pa_{n+1} + qa_n \quad \cdots\cdots⑥ \qquad\qquad (証明終)$$

(2) すべての自然数 n に対して

　　「$a_n = \frac{1}{2}(\alpha^{n-1} + \beta^{n-1})$ は整数である」　……⑦

が成り立つことを数学的帰納法で証明する。

[Ⅰ] $n = 1, 2$ のとき

$$a_1 = \frac{1}{2}(\alpha^0 + \beta^0) = \frac{1}{2}(1 + 1) = 1$$

$$a_2 = \frac{1}{2}(\alpha^1 + \beta^1) = \frac{1}{2}(\alpha + \beta)$$

$$= \frac{1}{2} \cdot 2p \quad (\because \quad ①)$$

$$= p \quad (p は正の整数)$$

となるので，$n = 1, 2$ のとき⑦は成り立つ。

[Ⅱ] $n = k, k+1$ (k は自然数) のときに⑦が成り立つ，つまり，a_k, a_{k+1} が整数であると仮定する。

このとき，⑥より

$$a_{k+2} = 2pa_{k+1} + qa_k$$

p, q は整数であるので，a_{k+2} も整数となることから，⑦は $n = k+2$ のときも成り立つ。

[Ⅰ]，[Ⅱ] よりすべての自然数 n に対して，a_n は整数である。　　　(証明終)

(3) $f(x) = x^2 - 2px - q$ (p, q は正の整数) とおく。$y = f(x)$ のグラフは下に凸の放物線であり

$$f(0) = -q < 0$$

$$f(-1) = (-1)^2 - 2p(-1) - q$$
$$= 2p - q + 1$$
$$> 0 \quad (\because \quad q < 2p + 1)$$

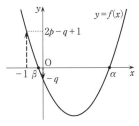

よって，$y = f(x)$ のグラフは右のようになる。
グラフより

$$-1 < \beta < 0 \quad (< \alpha)$$

自然数 n に対し，$a_n = \dfrac{1}{2}(\alpha^{n-1} + \beta^{n-1})$ が成り立ち，b_n が $\dfrac{\alpha^{n-1}}{2}$ 以下の最大の整数であることから，ガウス記号（[ ]）を用いて

$$b_n = \left[\frac{\alpha^{n-1}}{2}\right]$$

$$= \left[a_n - \frac{\beta^{n-1}}{2}\right]$$

（このとき，$[r]$ は実数 r を超えない最大の整数を表す）

(ア) n が奇数のとき，$n-1$ は偶数なので

$$0 < \beta^{n-1} < 1$$

$$0 < \frac{\beta^{n-1}}{2} < \frac{1}{2}$$

$$-\frac{1}{2} < -\frac{\beta^{n-1}}{2} < 0$$

$$a_n - \frac{1}{2} < a_n - \frac{\beta^{n-1}}{2} < a_n$$

ここで，(2)より a_n は整数であるから

$$\left[a_n - \frac{\beta^{n-1}}{2}\right] = a_n - 1$$

(イ) n が偶数のとき，$n-1$ は奇数なので

$$-1 < \beta^{n-1} < 0$$

$$-\frac{1}{2} < \frac{\beta^{n-1}}{2} < 0$$

$$0 < -\frac{\beta^{n-1}}{2} < \frac{1}{2}$$

$$a_n < a_n - \frac{\beta^{n-1}}{2} < a_n + \frac{1}{2}$$

ここで，(2)より a_n は整数であるから

$$\left[a_n - \frac{\beta^{n-1}}{2}\right] = a_n$$

よって

$$b_n = \left[a_n - \frac{\beta^{n-1}}{2}\right] = \begin{cases} a_n - 1 & (n\ が奇数のとき) \\ a_n & (n\ が偶数のとき) \end{cases} \quad \cdots\cdots(\text{答})$$

18

2014 年度 〔4〕　　　　　　　　　　　　　　　　　　　Level C

平面上の直線 l に同じ側で接する 2 つの円 C_1, C_2 があり，C_1 と C_2 も互いに外接している。l, C_1, C_2 で囲まれた領域内に，これら 3 つと互いに接する円 C_3 を作る。同様に l, C_n, C_{n+1} （$n=1$, 2, 3, …）で囲まれた領域内にあり，これら 3 つと互いに接する円を C_{n+2} とする。円 C_n の半径を r_n とし，$x_n=\dfrac{1}{\sqrt{r_n}}$ とおく。このとき，以下の問いに答えよ。ただし，$r_1=16$，$r_2=9$ とする。

⑴　l が C_1, C_2, C_3 と接する点を，それぞれ A_1, A_2, A_3 とおく。線分 A_1A_2, A_1A_3, A_2A_3 の長さおよび r_3 の値を求めよ。

⑵　ある定数 a, b に対して $x_{n+2}=ax_{n+1}+bx_n$ （$n=1$, 2, 3, …）となることを示せ。a, b の値も求めよ。

⑶　⑵で求めた a, b に対して，2 次方程式 $t^2=at+b$ の解を α, β （$\alpha>\beta$）とする。$x_1=c\alpha^2+d\beta^2$ を満たす有理数 c, d の値を求めよ。ただし，$\sqrt{5}$ が無理数であることは証明なしで用いてよい。

⑷　⑶の c, d, α, β に対して，
　　$x_n=c\alpha^{n+1}+d\beta^{n+1}$ （$n=1$, 2, 3, …）
となることを示し，数列 $\{r_n\}$ の一般項を α, β を用いて表せ。

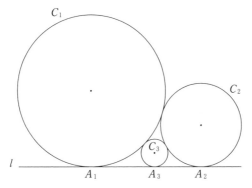

ポイント (1) 適切な直角三角形について，三平方の定理を用いて A_1A_3, A_2A_3, A_1A_2 を求める。

(2) (1)と同様に三平方の定理を用いて A_nA_{n+2}, $A_{n+1}A_{n+2}$, A_nA_{n+1} を r_n, r_{n+1}, r_{n+2} で表し，$x_n=\dfrac{1}{\sqrt{r_n}}$ より $x_{n+2}=ax_{n+1}+bx_n$ の形になるように変形する。証明問題は示す式がわかっているわけだから，$x_{n+2}=ax_{n+1}+bx_n$ を示すのには，$\dfrac{1}{\sqrt{r_{n+2}}}=\dfrac{a}{\sqrt{r_{n+1}}}+\dfrac{b}{\sqrt{r_n}}$ を示せばよいとわかる。A_nA_{n+2}, $A_{n+1}A_{n+2}$, A_nA_{n+1} の関係式に結びつけるためにこの式の両辺に $2\sqrt{r_nr_{n+1}r_{n+2}}$ をかける。このように証明するべき式をさかのぼり，最初の式と結びつけようとすると方針が立てやすい。

(3) $x_1=c\alpha^2+d\beta^2$ より x_1 を c, d で表して，$x_1=\dfrac{1}{4}$ であることから，c, d の連立方程式を解いて c, d を求める。

(4) (2)と同じで，証明するべき式がわかっているので，$\dfrac{x_2-\beta x_1}{\alpha-\beta}=\dfrac{1}{12}\alpha^2$, $\dfrac{x_2-\alpha x_1}{\alpha-\beta}=-\dfrac{1}{12}\beta^2$ となることを示せばよいという方針が立つ。方法はいろいろ考えることができる。

解 法

(1) 　　$A_1A_3=\sqrt{(r_1+r_3)^2-(r_1-r_3)^2}=2\sqrt{r_1r_3}=2\sqrt{16r_3}=8\sqrt{r_3}$

　　　　$A_2A_3=\sqrt{(r_2+r_3)^2-(r_2-r_3)^2}=2\sqrt{r_2r_3}=2\sqrt{9r_3}=6\sqrt{r_3}$

　　　　$A_1A_2=\sqrt{(r_1+r_2)^2-(r_1-r_2)^2}=2\sqrt{r_1r_2}=2\sqrt{16\cdot9}=24$ ……(答)

次に，$A_1A_3+A_2A_3=A_1A_2$ より

　　　　$8\sqrt{r_3}+6\sqrt{r_3}=24$ 　　　$14\sqrt{r_3}=24$

　　　　$\sqrt{r_3}=\dfrac{12}{7}$

　　　　$r_3=\dfrac{144}{49}$ 　……(答)

このとき

　　　　$A_1A_3=8\sqrt{r_3}=8\cdot\dfrac{12}{7}=\dfrac{96}{7}$ 　……(答)

　　　　$A_2A_3=6\sqrt{r_3}=6\cdot\dfrac{12}{7}=\dfrac{72}{7}$ 　……(答)

(2) l が C_n, C_{n+1}, C_{n+2} と接する点を，それぞれ A_n, A_{n+1}, A_{n+2} とおくとき

　　　　$A_nA_{n+2}=\sqrt{(r_n+r_{n+2})^2-(r_n-r_{n+2})^2}=2\sqrt{r_nr_{n+2}}$

　　　　$A_{n+1}A_{n+2}=\sqrt{(r_{n+1}+r_{n+2})^2-(r_{n+1}-r_{n+2})^2}=2\sqrt{r_{n+1}r_{n+2}}$

$$A_n A_{n+1} = \sqrt{(r_n + r_{n+1})^2 - (r_n - r_{n+1})^2} = 2\sqrt{r_n r_{n+1}}$$

ここで，$A_n A_{n+2} + A_{n+1} A_{n+2} = A_n A_{n+1}$ より

$$2\sqrt{r_n r_{n+2}} + 2\sqrt{r_{n+1} r_{n+2}} = 2\sqrt{r_n r_{n+1}}$$

両辺に $\dfrac{1}{2\sqrt{r_n r_{n+1} r_{n+2}}}$ をかけると

$$\frac{1}{\sqrt{r_{n+1}}} + \frac{1}{\sqrt{r_n}} = \frac{1}{\sqrt{r_{n+2}}}$$

∴　$x_{n+1} + x_n = x_{n+2}$

よって，ある定数 a, b に対して $x_{n+2} = a x_{n+1} + b x_n$（$n = 1,\ 2,\ 3,\ \cdots$）となる。

（証明終）

a, b の値は　　$a = 1$, $b = 1$　……（答）

(3)　(2)より $a = 1$, $b = 1$ であるから，$t^2 = t + 1$ が成り立つ。

この解が α, β（$\alpha > \beta$）であることから，$\alpha = \dfrac{1 + \sqrt{5}}{2}$，$\beta = \dfrac{1 - \sqrt{5}}{2}$，$\alpha^2 = \alpha + 1$，

$\beta^2 = \beta + 1$ が成り立ち，$\alpha + \beta = 1$，$\alpha\beta = -1$ である。
これより

$$x_1 = c\alpha^2 + d\beta^2 = c(\alpha + 1) + d(\beta + 1)$$

$$= c\left(\frac{1 + \sqrt{5}}{2} + 1\right) + d\left(\frac{1 - \sqrt{5}}{2} + 1\right)$$

$$= \frac{3}{2}(c + d) + \frac{1}{2}(c - d)\sqrt{5}$$

一方で，$x_1 = \dfrac{1}{\sqrt{r_1}} = \dfrac{1}{4}$ であるから

$$\frac{3}{2}(c + d) + \frac{1}{2}(c - d)\sqrt{5} = \frac{1}{4}$$

ここで，c, d は有理数であるから，$c + d$, $c - d$ も有理数である。$\sqrt{5}$ は無理数であるので

$$\begin{cases} \dfrac{3}{2}(c + d) = \dfrac{1}{4} \\ \dfrac{1}{2}(c - d) = 0 \end{cases} \quad \therefore \quad \begin{cases} c = \dfrac{1}{12} \\ d = \dfrac{1}{12} \end{cases} \quad \cdots\cdots（答）$$

参考　$x_1 = c\alpha^2 + d\beta^2 = c\left(\dfrac{1 + \sqrt{5}}{2}\right)^2 + d\left(\dfrac{1 - \sqrt{5}}{2}\right)^2$

$$= \frac{c}{4}(6 + 2\sqrt{5}) + \frac{d}{4}(6 - 2\sqrt{5})$$

$$= \frac{3}{2}(c + d) + \frac{1}{2}(c - d)\sqrt{5}$$

と直接代入してもよい。

(4) (3)より $\alpha = \dfrac{1+\sqrt{5}}{2}$, $\beta = \dfrac{1-\sqrt{5}}{2}$ であり, $\alpha + \beta = 1$, $\alpha\beta = -1$ が成り立つから

$$x_{n+2} - x_{n+1} - x_n = 0$$

$$x_{n+2} - (\alpha + \beta)x_{n+1} + \alpha\beta x_n = 0$$

よって
$$\begin{cases} x_{n+2} - \alpha x_{n+1} = \beta(x_{n+1} - \alpha x_n) & \cdots\cdots① \\ x_{n+2} - \beta x_{n+1} = \alpha(x_{n+1} - \beta x_n) & \cdots\cdots② \end{cases}$$

①より数列 $\{x_{n+1} - \alpha x_n\}$ は初項 $x_2 - \alpha x_1$, 公比 β の等比数列だから

$$x_{n+1} - \alpha x_n = (x_2 - \alpha x_1)\beta^{n-1} \quad \cdots\cdots①'$$

②より数列 $\{x_{n+1} - \beta x_n\}$ は初項 $x_2 - \beta x_1$, 公比 α の等比数列だから

$$x_{n+1} - \beta x_n = (x_2 - \beta x_1)\alpha^{n-1} \quad \cdots\cdots②'$$

②$'$ － ①$'$ より

$$(\alpha - \beta)x_n = (x_2 - \beta x_1)\alpha^{n-1} - (x_2 - \alpha x_1)\beta^{n-1}$$

$\alpha - \beta \neq 0$ であるから, 両辺を $\alpha - \beta$ で割って

$$x_n = \frac{x_2 - \beta x_1}{\alpha - \beta}\alpha^{n-1} - \frac{x_2 - \alpha x_1}{\alpha - \beta}\beta^{n-1}$$

ここで, $x_1 = \dfrac{1}{4}$, $x_2 = \dfrac{1}{3}$ であるから

$$x_n = \frac{\dfrac{1}{3} - \dfrac{1}{4}\beta}{\alpha - \beta}\alpha^{n-1} - \frac{\dfrac{1}{3} - \dfrac{1}{4}\alpha}{\alpha - \beta}\beta^{n-1}$$

$$= \frac{4 - 3\beta}{12(\alpha - \beta)}\alpha^{n-1} - \frac{4 - 3\alpha}{12(\alpha - \beta)}\beta^{n-1}$$

$$= \frac{4 - 3(1-\alpha)}{12\{\alpha - (1-\alpha)\}}\alpha^{n-1} - \frac{4 - 3(1-\beta)}{12\{(1-\beta) - \beta\}}\beta^{n-1}$$

$$= \frac{3\alpha + 1}{12(2\alpha - 1)}\alpha^{n-1} + \frac{3\beta + 1}{12(2\beta - 1)}\beta^{n-1}$$

$$= \frac{1}{12}\left(\frac{\dfrac{5}{2}}{2\alpha - 1} + \frac{3}{2}\right)\alpha^{n-1} + \frac{1}{12}\left(\frac{\dfrac{5}{2}}{2\beta - 1} + \frac{3}{2}\right)\beta^{n-1}$$

$\alpha = \dfrac{1+\sqrt{5}}{2}$ であるから

$$2\alpha - 1 = \sqrt{5}$$

$$(2\alpha - 1)^2 = 5$$

$$\therefore \quad \frac{1}{2\alpha - 1} = \frac{2\alpha - 1}{5}$$

β についても同様に

$$\frac{1}{2\beta-1}=\frac{2\beta-1}{5}$$

が成り立つので

$$x_n=\frac{1}{12}\left(\frac{5}{2}\cdot\frac{2\alpha-1}{5}+\frac{3}{2}\right)\alpha^{n-1}+\frac{1}{12}\left(\frac{5}{2}\cdot\frac{2\beta-1}{5}+\frac{3}{2}\right)\beta^{n-1}$$

$$=\frac{1}{12}(\alpha+1)\alpha^{n-1}+\frac{1}{12}(\beta+1)\beta^{n-1}$$

$$=\frac{1}{12}\alpha^2\cdot\alpha^{n-1}+\frac{1}{12}\beta^2\cdot\beta^{n-1}$$

$$=\frac{1}{12}\alpha^{n+1}+\frac{1}{12}\beta^{n+1}$$

よって，(3)の c, d, α, β に対して

$$x_n=c\alpha^{n+1}+d\beta^{n+1}\quad(n=1,\ 2,\ 3,\ \cdots)$$

となる。　　　　　　　　　　　　　　　　　　　　　　　　　　（証明終）

$x_n=\dfrac{1}{\sqrt{r_n}}$ であるから，$r_n=\left(\dfrac{1}{x_n}\right)^2$ となるので

$$r_n=\left(\frac{12}{\alpha^{n+1}+\beta^{n+1}}\right)^2\quad\cdots\cdots\text{(答)}$$

参考 $x_n=\dfrac{x_2-\beta x_1}{\alpha-\beta}\alpha^{n-1}-\dfrac{x_2-\alpha x_1}{\alpha-\beta}\beta^{n-1}$ を $x_n=c\alpha^{n+1}+d\beta^{n+1}$ の形にするのに，次のようにし

てもよい。$\dfrac{x_2-\alpha x_1}{\alpha-\beta}$ も同様。

$$x_1=\frac{1}{12}\alpha^2+\frac{1}{12}\beta^2$$

$$\frac{1}{12}\alpha^3+\frac{1}{12}\beta^3=\frac{1}{12}\{(\alpha+\beta)^3-3\alpha\beta(\alpha+\beta)\}$$

$$=\frac{1}{12}\{1^3-3\cdot(-1)\cdot1\}=\frac{1}{3}=x_2$$

$$\frac{x_2-\beta x_1}{\alpha-\beta}=\frac{\left(\dfrac{1}{12}\alpha^3+\dfrac{1}{12}\beta^3\right)-\beta\left(\dfrac{1}{12}\alpha^2+\dfrac{1}{12}\beta^2\right)}{\alpha-\beta}$$

$$=\frac{\alpha^3+\beta^3-\alpha^2\beta-\beta^3}{12(\alpha-\beta)}=\frac{\alpha^2(\alpha-\beta)}{12(\alpha-\beta)}$$

$$=\frac{1}{12}\alpha^2$$

19 2013 年度〔4〕 Level B

3つの数列 $\{a_n\}$, $\{b_n\}$, $\{c_n\}$ が

$$a_{n+1} = -b_n - c_n \quad (n = 1, 2, 3, \cdots)$$

$$b_{n+1} = -c_n - a_n \quad (n = 1, 2, 3, \cdots)$$

$$c_{n+1} = -a_n - b_n \quad (n = 1, 2, 3, \cdots)$$

および $a_1 = a$, $b_1 = b$, $c_1 = c$ を満たすとする。ただし、a, b, c は定数とする。

(1) $p_n = a_n + b_n + c_n \quad (n = 1, 2, 3, \cdots)$

で与えられる数列 $\{p_n\}$ の初項から第 n 項までの和 S_n を求めよ。

(2) 数列 $\{a_n\}$, $\{b_n\}$, $\{c_n\}$ の一般項を求めよ。

(3) $q_n = (-1)^n \{(a_n)^2 + (b_n)^2 + (c_n)^2\} \quad (n = 1, 2, 3, \cdots)$

で与えられる数列 $\{q_n\}$ の初項から第 $2n$ 項までの和を T_n とする。$a + b + c$ が奇数であれば、すべての自然数 n に対して T_n が正の奇数であることを数学的帰納法を用いて示せ。

ポイント (1) $p_n = a_n + b_n + c_n$ であることから、3つの漸化式を加えるとうまくいく。a_n, b_n, c_n それぞれが対等に扱われていることを意識しておくとよい。

(2) $a_{n+1} = -(b_n + c_n)$ と $p_n = a_n + b_n + c_n$ より b_n, c_n を消去して、a_n と p_n の関係式を導き出す。数列 $\{-p_n\}$ は数列 $\{a_n\}$ の階差数列である。

(3) 数学的帰納法による命題の証明である。仮定と結論を意識すること。示すべきことはわかっているので、丁寧に証明を進めたい。

解法

(1) 3つの漸化式の辺々を加えると

$$a_{n+1} + b_{n+1} + c_{n+1} = -2(a_n + b_n + c_n)$$

$$p_{n+1} = -2p_n$$

ここで、$p_1 = a_1 + b_1 + c_1 = a + b + c$ であるから、数列 $\{p_n\}$ は初項が $a + b + c$、公比が -2 の等比数列である。よって、$p_n = (a + b + c) \cdot (-2)^{n-1}$ であり、数列 $\{p_n\}$ の初項から第 n 項までの和 S_n は

$$S_n = \frac{(a+b+c)\{1-(-2)^n\}}{1-(-2)} = \frac{1}{3}(a+b+c)\{1-(-2)^n\} \quad \cdots\cdots(\text{答})$$

(2) $p_n = a_n + b_n + c_n$ より $b_n + c_n = p_n - a_n$ であるから

$$a_{n+1} = -(b_n + c_n)$$
$$= -(p_n - a_n)$$
$$a_{n+1} - a_n = -p_n$$

と表せるので，数列 $\{-p_n\}$ は数列 $\{a_n\}$ の階差数列である。

よって，$n \geq 2$ のとき

$$a_n = a_1 + \sum_{k=1}^{n-1} (-p_k)$$
$$= a - S_{n-1}$$
$$= a - \frac{1}{3}(a+b+c)\{1 - (-2)^{n-1}\}$$

$n = 1$ のとき $a_1 = a - \frac{1}{3}(a+b+c) \cdot 0 = a$ となり，成り立つから

$$a_n = a - \frac{1}{3}(a+b+c)\{1 - (-2)^{n-1}\} \quad \cdots\cdots(\text{答})$$

同様にして

$$b_n = b - \frac{1}{3}(a+b+c)\{1 - (-2)^{n-1}\} \quad \cdots\cdots(\text{答})$$

$$c_n = c - \frac{1}{3}(a+b+c)\{1 - (-2)^{n-1}\} \quad \cdots\cdots(\text{答})$$

(3) $q_n = (-1)^n\{(a_n)^2 + (b_n)^2 + (c_n)^2\}$ で与えられる数列 $\{q_n\}$ について

$$T_n = \sum_{k=1}^{2n} q_k$$

である。すべての自然数 n に対して

　　「$a+b+c$ が奇数 $\implies$ T_n が正の奇数」 $\cdots\cdots$①

であることを数学的帰納法を用いて示す。

(i) $n = 1$ のとき

$$T_1 = \sum_{k=1}^{2} q_k$$
$$= q_1 + q_2$$
$$= (-1)^1\{(a_1)^2 + (b_1)^2 + (c_1)^2\} + (-1)^2\{(a_2)^2 + (b_2)^2 + (c_2)^2\}$$
$$= -(a^2 + b^2 + c^2) + (-b-c)^2 + (-c-a)^2 + (-a-b)^2$$
$$= a^2 + b^2 + c^2 + 2ab + 2bc + 2ca$$
$$= (a+b+c)^2$$

ここで，$a+b+c$ は奇数なので，$(a+b+c)^2$ は正の奇数である。

よって，$n = 1$ のとき①は成り立つ。

(ii) $n=l$ のとき①が成り立つ，つまり，$a+b+c$ が奇数の下で $T_l=\sum_{k=1}^{2l} q_k$ が正の奇数であると仮定する。このとき

$$T_{l+1}=\sum_{k=1}^{2(l+1)} q_k$$

$$=\sum_{k=1}^{2l} q_k + q_{2l+1} + q_{2l+2}$$

$$=T_l + q_{2l+1} + q_{2l+2}$$

$$=T_l + (-1)^{2l+1}\{(a_{2l+1})^2+(b_{2l+1})^2+(c_{2l+1})^2\}$$
$$+ (-1)^{2l+2}\{(a_{2l+2})^2+(b_{2l+2})^2+(c_{2l+2})^2\}$$

$$=T_l - \{(a_{2l+1})^2+(b_{2l+1})^2+(c_{2l+1})^2\}$$
$$+ \{(-b_{2l+1}-c_{2l+1})^2+(-c_{2l+1}-a_{2l+1})^2+(-a_{2l+1}-b_{2l+1})^2\}$$

$$=T_l + (a_{2l+1})^2+(b_{2l+1})^2+(c_{2l+1})^2+2a_{2l+1}b_{2l+1}+2b_{2l+1}c_{2l+1}+2c_{2l+1}a_{2l+1}$$

$$=T_l + (a_{2l+1}+b_{2l+1}+c_{2l+1})^2$$

$$=T_l + (p_{2l+1})^2$$

$$=T_l + \{(a+b+c)(-2)^{2l}\}^2$$

$$=T_l + (a+b+c)^2 \cdot 2^{4l}$$

ここで，仮定より T_l は正の奇数で，$(a+b+c)^2 \cdot 2^{4l}$ は正の偶数なので，和は正の奇数である。

よって，$n=l+1$ のときにも①は成り立つ。

(i)，(ii)より，$a+b+c$ が奇数であれば，すべての自然数 n に対して T_n が正の奇数であることが数学的帰納法を用いて証明された。　　　　　　　　　（証明終）

20

数列 $\{a_n\}$ を,

$$a_1 = 1$$

$$(n+3)\,a_{n+1} - na_n = \frac{1}{n+1} - \frac{1}{n+2} \quad (n=1,\ 2,\ 3,\ \cdots)$$

によって定める。

(1)　$b_n = n(n+1)(n+2)\,a_n$ $(n=1,\ 2,\ 3,\ \cdots)$ によって定まる数列 $\{b_n\}$ の一般項を求めよ。

(2)　等式

$$p(n+1)(n+2) + qn(n+2) + rn(n+1) = b_n \quad (n=1,\ 2,\ 3,\ \cdots)$$

が成り立つように, 定数 p, q, r の値を定めよ。

(3)　$\displaystyle\sum_{k=1}^{n} a_k$ を n の式で表せ。

ポイント　(1)　与えられた a_n と a_{n+1} の漸化式の両辺に $(n+1)(n+2)$ をかけると, b_n と b_{n+1} の漸化式が得られる。

(2)　与えられた式が n についての恒等式であれば, n にどのような数（自然数に限らず）を代入しても成り立つから, $n=0$, -1, -2 を代入すれば, 必要条件として順に $p = \dfrac{5}{2}$, $q = -4$, $r = \dfrac{3}{2}$ が求まる。逆に, 左辺に, この p, q, r の値を代入したとき, 展開・整理すれば右辺と等しくなるので十分性が確かめられる。恒等式の未知の係数の値を求める方法のうち, ここで述べた方法を数値代入法, 〔解法〕の方法を係数比較法という。数値代入法を用いた場合は, 十分性の確認をしておくべきである。

(3)　(2)のヒントがなければ, $a_n = \dfrac{n+5}{n(n+1)(n+2)}$ の部分分数分解は, 次のようにするのが普通である。

$$\frac{n+5}{n(n+1)(n+2)} = \frac{A}{n(n+1)} + \frac{B}{(n+1)(n+2)}$$

とおいて, 分母を払い

$$n+5 = A(n+2) + Bn$$

$$1 = A + B,\quad 5 = 2A$$

$$\therefore\ A = \frac{5}{2},\ B = -\frac{3}{2}$$

したがって

$$\frac{n+5}{n(n+1)(n+2)} = \frac{5}{2}\left(\frac{1}{n} - \frac{1}{n+1}\right) - \frac{3}{2}\left(\frac{1}{n+1} - \frac{1}{n+2}\right)$$

〔解法〕ではヒントを生かしたが，最終的には上の形にしてある。〔注〕のようにもできるが，最後の分数式の計算が煩雑である。

解 法

$$a_1 = 1 \quad \cdots\cdots ①$$

$$(n+3)a_{n+1} - na_n = \frac{1}{n+1} - \frac{1}{n+2} \quad \cdots\cdots ②$$

(1) ②の両辺に $(n+1)(n+2)$ をかけると

$$(n+1)(n+2)(n+3)a_{n+1} - n(n+1)(n+2)a_n = (n+2) - (n+1)$$

$b_n = n(n+1)(n+2)a_n$ のとき，$b_{n+1} = (n+1)(n+2)(n+3)a_{n+1}$ であるから

$$b_{n+1} - b_n = 1$$

また，①より

$$b_1 = 1 \cdot 2 \cdot 3a_1 = 6$$

よって，数列 $\{b_n\}$ は，初項が 6，公差が 1 の等差数列であるので

$$b_n = 6 + (n-1) \times 1 = n+5 \quad (n = 1, 2, 3, \cdots) \quad \cdots\cdots(答)$$

(2) $\quad p(n+1)(n+2) + qn(n+2) + rn(n+1) = n+5 \quad \cdots\cdots ③$

この等式がすべての自然数 n に対して成り立つので，③の左辺を展開して n について整理し，③の右辺と係数を比較すれば

$$n^2 \text{の項}: p+q+r = 0 \quad \cdots\cdots ④$$

$$n \text{の項}: 3p+2q+r = 1 \quad \cdots\cdots ⑤$$

$$\text{定数項}: 2p = 5 \quad \cdots\cdots ⑥$$

⑥より $p = \dfrac{5}{2}$ であり，これを④，⑤に代入すると

$$q+r = -\frac{5}{2}, \quad 2q+r = -\frac{13}{2}$$

この 2 式から

$$q = -4, \quad r = \frac{3}{2}$$

したがって，$n = 1, 2, 3, \cdots$ に対して③が成り立つ p, q, r は

$$p = \frac{5}{2}, \quad q = -4, \quad r = \frac{3}{2} \quad \cdots\cdots(答)$$

(3) (1)より $\quad a_n = \dfrac{b_n}{n(n+1)(n+2)} = \dfrac{n+5}{n(n+1)(n+2)}$

③の両辺を $n(n+1)(n+2)$ で割って，(2)で求めた p，q，r の値を代入すると

$$\frac{5}{2}\cdot\frac{1}{n}+\frac{-4}{n+1}+\frac{3}{2}\cdot\frac{1}{n+2}=\frac{n+5}{n(n+1)(n+2)}$$

よって

$$a_n=\frac{5}{2}\cdot\frac{1}{n}-\frac{4}{n+1}+\frac{3}{2}\cdot\frac{1}{n+2}=\frac{5}{2}\left(\frac{1}{n}-\frac{1}{n+1}\right)-\frac{3}{2}\left(\frac{1}{n+1}-\frac{1}{n+2}\right)$$

したがって

$$\begin{aligned}\sum_{k=1}^{n}a_k&=\sum_{k=1}^{n}\left\{\frac{5}{2}\left(\frac{1}{k}-\frac{1}{k+1}\right)-\frac{3}{2}\left(\frac{1}{k+1}-\frac{1}{k+2}\right)\right\}\\&=\frac{5}{2}\sum_{k=1}^{n}\left(\frac{1}{k}-\frac{1}{k+1}\right)-\frac{3}{2}\sum_{k=1}^{n}\left(\frac{1}{k+1}-\frac{1}{k+2}\right)\\&=\frac{5}{2}\left(1-\frac{1}{n+1}\right)-\frac{3}{2}\left(\frac{1}{2}-\frac{1}{n+2}\right)=\frac{1}{n+1}\cdot\frac{5}{2}n-\frac{1}{2(n+2)}\cdot\frac{3}{2}n\\&=\frac{\frac{5}{2}n\cdot2(n+2)-\frac{3}{2}n(n+1)}{2(n+1)(n+2)}=\frac{\frac{7}{2}n^2+\frac{17}{2}n}{2(n+1)(n+2)}\\&=\frac{n(7n+17)}{4(n+1)(n+2)}\quad\cdots\cdots(\text{答})\end{aligned}$$

〔注〕
$$\begin{aligned}\sum_{k=1}^{n}a_k&=\sum_{k=1}^{n}\left(\frac{5}{2}\cdot\frac{1}{k}-4\cdot\frac{1}{k+1}+\frac{3}{2}\cdot\frac{1}{k+2}\right)\\&=\frac{5}{2}\left(\frac{1}{1}+\frac{1}{2}+\underline{\frac{1}{3}+\cdots+\frac{1}{n}}\right)-4\left(\frac{1}{2}+\underline{\frac{1}{3}+\cdots+\frac{1}{n}}+\frac{1}{n+1}\right)\\&\qquad\qquad\qquad\qquad\qquad+\frac{3}{2}\left(\underline{\frac{1}{3}+\frac{1}{4}+\cdots+\frac{1}{n}}+\frac{1}{n+1}+\frac{1}{n+2}\right)\\&=\left(\frac{5}{2}-4+\frac{3}{2}\right)\left(\frac{1}{3}+\frac{1}{4}+\cdots+\frac{1}{n}\right)+\frac{5}{2}\left(\frac{1}{1}+\frac{1}{2}\right)-4\left(\frac{1}{2}+\frac{1}{n+1}\right)+\frac{3}{2}\left(\frac{1}{n+1}+\frac{1}{n+2}\right)\\&=\frac{5}{2}\cdot\frac{3}{2}-4\cdot\frac{n+3}{2(n+1)}+\frac{3}{2}\cdot\frac{2n+3}{(n+1)(n+2)}\\&=\frac{15(n+1)(n+2)-8(n+3)(n+2)+6(2n+3)}{4(n+1)(n+2)}\\&=\frac{7n^2+17n}{4(n+1)(n+2)}\end{aligned}$$

としてもよい。

21 2009 年度 〔4〕 Level B

自然数の数列 $\{a_n\}$, $\{b_n\}$ は

$$(5+\sqrt{2})^n = a_n + b_n\sqrt{2} \quad (n=1, 2, 3, \cdots)$$

を満たすものとする。

(1) $\sqrt{2}$ は無理数であることを示せ。

(2) a_{n+1}, b_{n+1} を a_n, b_n を用いて表せ。

(3) すべての自然数 n に対して $a_{n+1}+pb_{n+1}=q(a_n+pb_n)$ が成り立つような定数 p, q を 2 組求めよ。

(4) a_n, b_n を n を用いて表せ。

ポイント (1) 本問は，背理法を学習する際に必ずといっていいほど取り上げられる例の一つである。教科書での基本的学習をおろそかにしてはいけない。

(2) （＊）の両辺に $5+\sqrt{2}$ をかけて，とにかく $(5+\sqrt{2})^{n+1}$ をつくってみること。右辺に現れる $5a_n+2b_n$, a_n+5b_n がともに有理数であることがポイントである。r, s, r', s' が有理数のとき

$$r+s\sqrt{2} = r'+s'\sqrt{2} \Longleftrightarrow r=r', \ s=s'$$

が成り立つのは，よく知られた命題である。

(3) 本問は，数列 $\{a_n+pb_n\}$ が公比 q の等比数列になることを示している。p, q の値を求めることは難しくないだろう。

(4) 連立漸化式を解く問題であるが，(3)を利用すると，時間内に無理なく解けそうである。(3)が用意されていなければ，解法はほかにもある。〔参考〕のように，$\{b_n\}$ を消去して連続 3 項間の漸化式に持ち込むのもその一つの例である。いずれにしても，与えられた漸化式を等比数列の漸化式の形に変形することがポイントになる。

解 法

$$(5+\sqrt{2})^n = a_n + b_n\sqrt{2} \quad (n=1, 2, 3, \cdots) \quad \cdots\cdots(*)$$

とおく。a_n, b_n は自然数である。

(1) $\sqrt{2}$ が無理数であることを，背理法を用いて示す。

$\sqrt{2}$ は正の実数であるから，$\sqrt{2}$ は正の有理数であるか，または正の無理数であるかのいずれかであるが，$\sqrt{2}$ が正の有理数であると仮定すれば，互いに素である自然数

m, n を用いて

$$\sqrt{2} = \frac{m}{n} \quad \cdots\cdots ①$$

と表せる。

①の両辺を平方して，分母を払うと

$$2n^2 = m^2 \quad \cdots\cdots ②$$

よって m^2 は2の倍数であり，m も2の倍数である。2の倍数 m を $m = 2l$（l は自然数）とおくと，②は

$$2n^2 = 4l^2 \quad \therefore \quad n^2 = 2l^2$$

よって n^2 は2の倍数であり，n も2の倍数である。したがって m, n がともに2の倍数となり，m と n が互いに素であることに矛盾する。

以上より，$\sqrt{2}$ を有理数と仮定したことは誤りで，$\sqrt{2}$ は無理数である。

（証明終）

(2)　(＊)の両辺に $5 + \sqrt{2}$ をかけると

$$(5 + \sqrt{2})^{n+1} = (a_n + b_n\sqrt{2})(5 + \sqrt{2})$$
$$= (5a_n + 2b_n) + (a_n + 5b_n)\sqrt{2}$$

(＊)の定義から，$a_{n+1} + b_{n+1}\sqrt{2} = (5a_n + 2b_n) + (a_n + 5b_n)\sqrt{2}$ であり，(1)より $\sqrt{2}$ は無理数，また，a_{n+1}, b_{n+1}, $5a_n + 2b_n$, $a_n + 5b_n$ はいずれも自然数であることから

$$\begin{cases} a_{n+1} = 5a_n + 2b_n \\ b_{n+1} = a_n + 5b_n \end{cases} \quad (n = 1, \ 2, \ 3, \ \cdots) \quad \cdots\cdots(答)$$

(3)　(2)で得た a_{n+1}, b_{n+1} を用いると

$$a_{n+1} + pb_{n+1} = (5a_n + 2b_n) + p(a_n + 5b_n)$$
$$= (5 + p)a_n + (2 + 5p)b_n$$
$$q(a_n + pb_n) = qa_n + pqb_n$$

であるから

$$a_{n+1} + pb_{n+1} = q(a_n + pb_n) \quad \cdots\cdots③$$

がすべての自然数 n に対して成り立つとき

$$\begin{cases} 5 + p = q \\ 2 + 5p = pq \end{cases}$$

である。2式から q を消去すると

$$2 + 5p = p(5 + p) \qquad p^2 = 2 \quad \therefore \quad p = \pm\sqrt{2}$$

$p = \sqrt{2}$ のとき　　$q = 5 + \sqrt{2}$

$p = -\sqrt{2}$ のとき　　$q = 5 - \sqrt{2}$

であるから

$$(p,\ q)=(\sqrt{2},\ 5+\sqrt{2}),\ (-\sqrt{2},\ 5-\sqrt{2})\quad \cdots\cdots(答)$$

(4) (3)で求めた $(p,\ q)$ を用いると，③から次の2式が得られる。

$$\begin{cases} a_{n+1}+\sqrt{2}\,b_{n+1}=(5+\sqrt{2})(a_n+\sqrt{2}\,b_n) & \cdots\cdots④ \\ a_{n+1}-\sqrt{2}\,b_{n+1}=(5-\sqrt{2})(a_n-\sqrt{2}\,b_n) & \cdots\cdots⑤ \end{cases}$$

(∗)において $n=1$ とすると $a_1=5,\ b_1=1$

であるから，④は，数列 $\{a_n+\sqrt{2}\,b_n\}$ が，初項 $a_1+\sqrt{2}\,b_1=5+\sqrt{2}$，公比 $5+\sqrt{2}$ の等比数列であることを表し，⑤は，数列 $\{a_n-\sqrt{2}\,b_n\}$ が，初項 $a_1-\sqrt{2}\,b_1=5-\sqrt{2}$，公比 $5-\sqrt{2}$ の等比数列であることを表している。したがって

$$\begin{cases} a_n+\sqrt{2}\,b_n=(5+\sqrt{2})^n \\ a_n-\sqrt{2}\,b_n=(5-\sqrt{2})^n \end{cases}$$

この2式より

$$\begin{cases} a_n=\dfrac{1}{2}\{(5+\sqrt{2})^n+(5-\sqrt{2})^n\} \\[2mm] b_n=\dfrac{\sqrt{2}}{4}\{(5+\sqrt{2})^n-(5-\sqrt{2})^n\} \end{cases}\quad \cdots\cdots(答)$$

参考 (2)の結果の連立漸化式は(3)の誘導がない場合，次のように解くこともできる。

$$\begin{cases} a_{n+1}=5a_n+2b_n & \cdots\cdots Ⓐ \\ b_{n+1}=a_n+5b_n & \cdots\cdots Ⓑ \end{cases}$$

Ⓐより $a_{n+2}=5a_{n+1}+2b_{n+1}$

Ⓑを代入して

$$a_{n+2}=5a_{n+1}+2(a_n+5b_n)=5a_{n+1}+2a_n+10b_n$$

Ⓐより $2b_n=a_{n+1}-5a_n$

であるので，これを用いると

$$a_{n+2}=5a_{n+1}+2a_n+5(a_{n+1}-5a_n)=10a_{n+1}-23a_n$$

となって，数列 $\{a_n\}$ に関する3項間の漸化式が得られる。この漸化式を

$$a_{n+2}-\alpha a_{n+1}=\beta(a_{n+1}-\alpha a_n)\quad \cdots\cdots Ⓒ$$

と変形したとき，$\alpha,\ \beta$ は

$$\begin{cases} \alpha+\beta=10 \\ \alpha\beta=23 \end{cases}$$

を満たす。$\alpha,\ \beta$ は

$$t^2-10t+23=0\quad (特性方程式)$$

の2つの解であるから

$$(\alpha,\ \beta)=(5\pm\sqrt{2},\ 5\mp\sqrt{2})\quad (複号同順)\quad \cdots\cdots Ⓓ$$

ⒹをⒸに代入すると

$$\begin{cases} a_{n+2}-(5+\sqrt{2})a_{n+1}=(5-\sqrt{2})\{a_{n+1}-(5+\sqrt{2})a_n\} & \cdots\cdots Ⓔ \\ a_{n+2}-(5-\sqrt{2})a_{n+1}=(5+\sqrt{2})\{a_{n+1}-(5-\sqrt{2})a_n\} & \cdots\cdots Ⓕ \end{cases}$$

また $a_1=5$，$(5+\sqrt{2})^2=27+10\sqrt{2}$ より $a_2=27$ であるから

Ⓔについて数列 $\{a_{n+1}-(5+\sqrt{2})a_n\}$ は

初項 $a_2-(5+\sqrt{2})a_1=27-(5+\sqrt{2})\cdot5=2-5\sqrt{2}=-\sqrt{2}(5-\sqrt{2})$

公比 $5-\sqrt{2}$ の等比数列である。

Ⓕについて数列 $\{a_{n+1}-(5-\sqrt{2})a_n\}$ は

初項 $a_2-(5-\sqrt{2})a_1=27-(5-\sqrt{2})\cdot5=2+5\sqrt{2}=\sqrt{2}(5+\sqrt{2})$

公比 $5+\sqrt{2}$ の等比数列である。

よって

$$\begin{cases} a_{n+1}-(5+\sqrt{2})a_n=-\sqrt{2}(5-\sqrt{2})^n & \cdots\cdots Ⓖ \\ a_{n+1}-(5-\sqrt{2})a_n=\sqrt{2}(5+\sqrt{2})^n & \cdots\cdots Ⓗ \end{cases}$$

Ⓗ$-$Ⓖ より

$$2\sqrt{2}\,a_n=\sqrt{2}(5+\sqrt{2})^n+\sqrt{2}(5-\sqrt{2})^n$$

$$\therefore\quad a_n=\frac{1}{2}\{(5+\sqrt{2})^n+(5-\sqrt{2})^n\}$$

これをⒶにもどせば

$$b_n=\frac{1}{2}(a_{n+1}-5a_n)=\frac{\sqrt{2}}{4}\{(5+\sqrt{2})^n-(5-\sqrt{2})^n\}$$

§4 ベクトル

22 2023年度 〔3〕 Level B

座標空間内の原点 O を中心とする半径 r の球面 S 上に 4 つの頂点がある四面体 ABCD が，

$$\overrightarrow{OA} + \overrightarrow{OB} + \overrightarrow{OC} + \overrightarrow{OD} = \vec{0}$$

を満たしているとする。また三角形 ABC の重心を G とする。

(1) $\overrightarrow{OG}$ を $\overrightarrow{OD}$ を用いて表せ。

(2) $\overrightarrow{OA} \cdot \overrightarrow{OB} + \overrightarrow{OB} \cdot \overrightarrow{OC} + \overrightarrow{OC} \cdot \overrightarrow{OA}$ を r を用いて表せ。

(3) 点 P が球面 S 上を動くとき，$\overrightarrow{PA} \cdot \overrightarrow{PB} + \overrightarrow{PB} \cdot \overrightarrow{PC} + \overrightarrow{PC} \cdot \overrightarrow{PA}$ の最大値を r を用いて表せ。さらに，最大値をとるときの点 P に対して，$|\overrightarrow{PG}|$ を r を用いて表せ。

ポイント (1) 点 G は △ABC の重心なので $\overrightarrow{OG} = \dfrac{1}{3}(\overrightarrow{OA} + \overrightarrow{OB} + \overrightarrow{OC})$ と表せる。$\overrightarrow{OA} + \overrightarrow{OB} + \overrightarrow{OC} + \overrightarrow{OD} = \vec{0}$ であることに繋げて利用しよう。

(2) 手持ちの条件で，問題の式を表すのにどのようにすればよいのかを考えてみると，(1)でも利用した $\overrightarrow{OA} + \overrightarrow{OB} + \overrightarrow{OC} = -\overrightarrow{OD}$ の大きさをとり，2 乗し内積の計算に持ち込むことが考えられる。

(3) 点 P は球面 S 上を動く。$\overrightarrow{PA} \cdot \overrightarrow{PB} + \overrightarrow{PB} \cdot \overrightarrow{PC} + \overrightarrow{PC} \cdot \overrightarrow{PA}$ と始点が点 P で表されているが，これを球 S の中心点 O に変換してみることで，ここまでで求めたものが利用できることに気づこう。

解法

(1) 点 G は △ABC の重心なので

$$\overrightarrow{OG} = \frac{\overrightarrow{OA} + \overrightarrow{OB} + \overrightarrow{OC}}{3}$$

四面体 ABCD が $\overrightarrow{OA} + \overrightarrow{OB} + \overrightarrow{OC} + \overrightarrow{OD} = \vec{0}$ を満たしていることから

$$\overrightarrow{OA} + \overrightarrow{OB} + \overrightarrow{OC} = -\overrightarrow{OD} \quad \cdots\cdots ①$$

よって

$$\overrightarrow{OG} = -\frac{\overrightarrow{OD}}{3} \quad \cdots\cdots\text{②} \quad \cdots\cdots\text{(答)}$$

(2) ①より

$$|\overrightarrow{OA} + \overrightarrow{OB} + \overrightarrow{OC}| = |-\overrightarrow{OD}|$$

が成り立ち，両辺を2乗すると

$$|\overrightarrow{OA} + \overrightarrow{OB} + \overrightarrow{OC}|^2 = |-\overrightarrow{OD}|^2$$

$$|\overrightarrow{OA}|^2 + |\overrightarrow{OB}|^2 + |\overrightarrow{OC}|^2 + 2\overrightarrow{OA}\cdot\overrightarrow{OB} + 2\overrightarrow{OB}\cdot\overrightarrow{OC} + 2\overrightarrow{OC}\cdot\overrightarrow{OA} = |\overrightarrow{OD}|^2$$

ここで，$|\overrightarrow{OA}| = |\overrightarrow{OB}| = |\overrightarrow{OC}| = |\overrightarrow{OD}| = r$ であるから

$$r^2 + r^2 + r^2 + 2(\overrightarrow{OA}\cdot\overrightarrow{OB} + \overrightarrow{OB}\cdot\overrightarrow{OC} + \overrightarrow{OC}\cdot\overrightarrow{OA}) = r^2$$

$$\overrightarrow{OA}\cdot\overrightarrow{OB} + \overrightarrow{OB}\cdot\overrightarrow{OC} + \overrightarrow{OC}\cdot\overrightarrow{OA} = -r^2 \quad \cdots\cdots\text{③} \quad \cdots\cdots\text{(答)}$$

(3) $\quad \overrightarrow{PA}\cdot\overrightarrow{PB} + \overrightarrow{PB}\cdot\overrightarrow{PC} + \overrightarrow{PC}\cdot\overrightarrow{PA}$

$$= (\overrightarrow{OA} - \overrightarrow{OP})\cdot(\overrightarrow{OB} - \overrightarrow{OP}) + (\overrightarrow{OB} - \overrightarrow{OP})\cdot(\overrightarrow{OC} - \overrightarrow{OP}) + (\overrightarrow{OC} - \overrightarrow{OP})\cdot(\overrightarrow{OA} - \overrightarrow{OP})$$

$$= \overrightarrow{OA}\cdot\overrightarrow{OB} + \overrightarrow{OB}\cdot\overrightarrow{OC} + \overrightarrow{OC}\cdot\overrightarrow{OA} - 2(\overrightarrow{OA} + \overrightarrow{OB} + \overrightarrow{OC})\cdot\overrightarrow{OP} + 3|\overrightarrow{OP}|^2$$

$$= -r^2 + 2\overrightarrow{OD}\cdot\overrightarrow{OP} + 3r^2 \quad (\because \ \text{①, ③, } |\overrightarrow{OP}| = r)$$

$$= 2r^2 + 2|\overrightarrow{OD}||\overrightarrow{OP}|\cos\angle POD$$

$$= 2r^2(1 + \cos\angle POD) \quad (\because \ |\overrightarrow{OD}| = |\overrightarrow{OP}| = r)$$

$\overrightarrow{OD}$ と $\overrightarrow{OP}$ のなす角が0つまり点Pが点Dに一致するときに，$\cos\angle POD$ は最大値1をとるから

$\overrightarrow{PA}\cdot\overrightarrow{PB} + \overrightarrow{PB}\cdot\overrightarrow{PC} + \overrightarrow{PC}\cdot\overrightarrow{PA}$ の最大値は $\quad 2r^2(1+1) = 4r^2 \quad \cdots\cdots\text{(答)}$

この点Dに一致する点Pに対して

$$|\overrightarrow{PG}| = |\overrightarrow{OG} - \overrightarrow{OP}|$$

$$= \left|-\frac{1}{3}\overrightarrow{OD} - \overrightarrow{OD}\right| \quad (\because \ \text{②})$$

$$= \left|-\frac{4}{3}\overrightarrow{OD}\right|$$

$$= \frac{4}{3}|\overrightarrow{OD}|$$

$$= \frac{4}{3}r \quad \cdots\cdots\text{(答)}$$

参考 各点は右図のような位置関係にある。

$$|\overrightarrow{OA}| = |\overrightarrow{OB}| = |\overrightarrow{OC}| = |\overrightarrow{OD}| = |\overrightarrow{OP}| = r$$

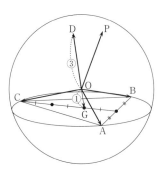

23

0<t<1 とする。平行四辺形 ABCD について，線分 AB, BC, CD, DA を $t:1-t$ に内分する点をそれぞれ A_1, B_1, C_1, D_1 とする。さらに，点 A_2, B_2, C_2, D_2 および A_3, B_3, C_3, D_3 を次の条件を満たすように定める。

（条件） $k=1$, 2 について，点 A_{k+1}, B_{k+1}, C_{k+1}, D_{k+1} は，それぞれ線分 A_kB_k, B_kC_k, C_kD_k, D_kA_k を $t:1-t$ に内分する。

$\overrightarrow{AB}=\vec{a}$, $\overrightarrow{AD}=\vec{b}$ とするとき，以下の問いに答えよ。

(1) $\overrightarrow{A_1B_1}=p\vec{a}+q\vec{b}$, $\overrightarrow{A_1D_1}=x\vec{a}+y\vec{b}$ を満たす実数 p, q, x, y を t を用いて表せ。

(2) 四角形 $A_1B_1C_1D_1$ は平行四辺形であることを示せ。

(3) $\overrightarrow{AD}$ と $\overrightarrow{A_3B_3}$ が平行となるような t の値を求めよ。

ポイント (1) $\vec{a}\neq\vec{0}$, $\vec{b}\neq\vec{0}$, $\vec{a}\nparallel\vec{b}$ なので，$\overrightarrow{A_1B_1}$ は $\vec{a}$, $\vec{b}$ で必ず 1 通りの形でしか表せない。また，$\overrightarrow{A_1D_1}$ についても同様である。

(2) 平行四辺形の性質はいくつかあるので，何を示せば四角形 $A_1B_1C_1D_1$ が平行四辺形であるといえるのかを考えてみよう。ベクトルの問題では，対辺が平行で長さが等しいことを示すことが容易なので，〔解法〕のようにすることが多い。

(3) (1)を利用して，$\overrightarrow{A_3B_3}$ を $\vec{a}$, $\vec{b}$ で表してみる。$\overrightarrow{AD}=\vec{b}$ と平行となるための条件を求めよう。$\overrightarrow{A_3B_3}=l\overrightarrow{AD}$ （$l\neq0$）となるような t の値を求めることになる。(1)の計算の過程から

$$\overrightarrow{A_{k+1}B_{k+1}}=p\overrightarrow{A_kB_k}+q\overrightarrow{A_kD_k}$$
$$\overrightarrow{A_{k+1}D_{k+1}}=x\overrightarrow{A_kB_k}+y\overrightarrow{A_kD_k}$$

が成り立つことがポイントである。

解 法

(1) 点 A_1 は線分 AB を $t:1-t$ に内分する点なので

$$\overrightarrow{AA_1}=t\overrightarrow{AB}=t\vec{a} \quad \cdots\cdots①$$

点 B_1 は線分 BC を $t:1-t$ に内分する点なので

$$\overrightarrow{BB_1}=t\overrightarrow{BC}=t\overrightarrow{AD}=t\vec{b}$$

と表せるから
$$\overrightarrow{AB_1} = \overrightarrow{AB} + \overrightarrow{BB_1} = \vec{a} + t\vec{b} \quad \cdots\cdots ②$$

点 C_1 は線分 CD を $t:1-t$ に内分する点なので

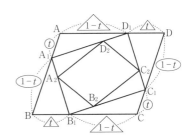

$$\overrightarrow{DC_1} = (1-t)\overrightarrow{DC} = (1-t)\vec{a}$$

と表せるから
$$\overrightarrow{AC_1} = \overrightarrow{AD} + \overrightarrow{DC_1}$$
$$= (1-t)\vec{a} + \vec{b} \quad \cdots\cdots ③$$

点 D_1 は線分 DA を $t:1-t$ に内分する点なので
$$\overrightarrow{AD_1} = (1-t)\overrightarrow{AD} = (1-t)\vec{b} \quad \cdots\cdots ④$$

①，②より
$$\overrightarrow{A_1B_1} = \overrightarrow{AB_1} - \overrightarrow{AA_1}$$
$$= (\vec{a} + t\vec{b}) - t\vec{a}$$
$$= (1-t)\vec{a} + t\vec{b} \quad \cdots\cdots ⑤$$

$\vec{a} \neq \vec{0}$, $\vec{b} \neq \vec{0}$, $\vec{a} \nparallel \vec{b}$ であるから，$\overrightarrow{A_1B_1} = p\vec{a} + q\vec{b}$ における p, q は
$$\begin{cases} p = 1-t \\ q = t \end{cases} \quad \cdots\cdots (答)$$

①，④より
$$\overrightarrow{A_1D_1} = \overrightarrow{AD_1} - \overrightarrow{AA_1}$$
$$= -t\vec{a} + (1-t)\vec{b}$$

$\vec{a} \neq \vec{0}$, $\vec{b} \neq \vec{0}$, $\vec{a} \nparallel \vec{b}$ であるから，$\overrightarrow{A_1D_1} = x\vec{a} + y\vec{b}$ における x, y は
$$\begin{cases} x = -t \\ y = 1-t \end{cases} \quad \cdots\cdots (答)$$

(2)　③，④より
$$\overrightarrow{D_1C_1} = \overrightarrow{AC_1} - \overrightarrow{AD_1}$$
$$= \{(1-t)\vec{a} + \vec{b}\} - (1-t)\vec{b}$$
$$= (1-t)\vec{a} + t\vec{b}$$
$$= \overrightarrow{A_1B_1} \quad (\because ⑤)$$

四角形 $A_1B_1C_1D_1$ は一組の対辺が平行で長さが等しいので，平行四辺形である。

(証明終)

(3)　(1)で，$\overrightarrow{A_1B_1} = p\overrightarrow{AB} + q\overrightarrow{AD}$，$\overrightarrow{A_1D_1} = x\overrightarrow{AB} + y\overrightarrow{AD}$ を計算した過程と同様に考える

と，（条件）より $k=1$，2 について

$$\overrightarrow{\mathrm{A}_{k+1}\mathrm{B}_{k+1}} = p\overrightarrow{\mathrm{A}_k\mathrm{B}_k} + q\overrightarrow{\mathrm{A}_k\mathrm{D}_k}$$

$$\overrightarrow{\mathrm{A}_{k+1}\mathrm{D}_{k+1}} = x\overrightarrow{\mathrm{A}_k\mathrm{B}_k} + y\overrightarrow{\mathrm{A}_k\mathrm{D}_k}$$

が成り立つから

$$\begin{aligned}
\overrightarrow{\mathrm{A}_3\mathrm{B}_3} &= p\overrightarrow{\mathrm{A}_2\mathrm{B}_2} + q\overrightarrow{\mathrm{A}_2\mathrm{D}_2} \\
&= p\left(p\overrightarrow{\mathrm{A}_1\mathrm{B}_1} + q\overrightarrow{\mathrm{A}_1\mathrm{D}_1}\right) + q\left(x\overrightarrow{\mathrm{A}_1\mathrm{B}_1} + y\overrightarrow{\mathrm{A}_1\mathrm{D}_1}\right) \\
&= (1-t)\{(1-t)\overrightarrow{\mathrm{A}_1\mathrm{B}_1} + t\overrightarrow{\mathrm{A}_1\mathrm{D}_1}\} + t\{-t\overrightarrow{\mathrm{A}_1\mathrm{B}_1} + (1-t)\overrightarrow{\mathrm{A}_1\mathrm{D}_1}\} \\
&= \{(1-t)^2 - t^2\}\overrightarrow{\mathrm{A}_1\mathrm{B}_1} + \{(1-t)t + (1-t)t\}\overrightarrow{\mathrm{A}_1\mathrm{D}_1} \\
&= (1-2t)\overrightarrow{\mathrm{A}_1\mathrm{B}_1} + 2(1-t)t\overrightarrow{\mathrm{A}_1\mathrm{D}_1} \\
&= (1-2t)\{(1-t)\vec{a} + t\vec{b}\} + 2(1-t)t\{-t\vec{a} + (1-t)\vec{b}\} \\
&= -(1-t)(2t^2 + 2t - 1)\vec{a} + t(2t^2 - 6t + 3)\vec{b}
\end{aligned}$$

ここで，$\vec{a} \neq \vec{0}$，$\vec{b} \neq \vec{0}$，$\vec{a} \nparallel \vec{b}$ であるから，この $\overrightarrow{\mathrm{A}_3\mathrm{B}_3}$ と $\overrightarrow{\mathrm{AD}}(=\vec{b})$ が平行であるための条件は，$0 < t < 1$ である t に対して

$$\begin{cases} -(1-t)(2t^2 + 2t - 1) = 0 \\ t(2t^2 - 6t + 3) \neq 0 \quad \cdots\cdots \text{⑥} \end{cases}$$

が成り立つことである。

$1 - t \neq 0$ より　　$2t^2 + 2t - 1 = 0$

$$\therefore \quad t = \frac{-1 \pm \sqrt{1^2 - 2(-1)}}{2} = \frac{-1 \pm \sqrt{3}}{2}$$

$0 < t < 1$ より　　$t = \dfrac{-1 + \sqrt{3}}{2}$

これは，⑥を満たす。

よって，求める t の値は

$$t = \frac{-1 + \sqrt{3}}{2} \quad \cdots\cdots \text{（答）}$$

24

O を原点とする座標空間において，3 点 A$(-2,\ 0,\ 0)$，B$(0,\ 1,\ 0)$，C$(0,\ 0,\ 1)$ を通る平面を α とする。2 点 P$(0,\ 5,\ 5)$，Q$(1,\ 1,\ 1)$ をとる。点 P を通り $\overrightarrow{OQ}$ に平行な直線を l とする。直線 l 上の点 R から平面 α に下ろした垂線と α の交点を S とする。$\overrightarrow{OR}=\overrightarrow{OP}+k\overrightarrow{OQ}$（ただし k は実数）とおくとき，以下の問いに答えよ。

(1) k を用いて，$\overrightarrow{AS}$ を成分で表せ。

(2) 点 S が△ABC の内部または周にあるような k の値の範囲を求めよ。

ポイント (1) 空間ベクトルの問題である。$\overrightarrow{RS}\perp$平面α となるための条件を置き換えることができるようにしておこう。ベクトルの内積計算にもっていき，計算を進めていく。点 R に関する表し方は指定されているので指示に従うこと。

　本問のような問題では，$x,\ y,\ z$ のそれぞれの軸を設定して図形を描く必要はない。空間座標では，1 点をとるのに基本的には直方体の対角線に対応させなければならないが，丁寧に図示しても見にくくて，それに見合うだけの効果が得られない場合が多い。それよりも〔解法〕のように全体としての状況が読み取れるような図を描く方が解答の参考になりやすい場合が多い。

　また，〔参考〕でも触れるようにいろいろな解法が考えられる。〔解法〕と〔参考〕は両極端な解答ともいえ，$s,\ t,\ k$ の文字の扱い方に特徴が出るので，自分にとって計算しやすい解法を研究してみるとよいだろう。

(2) ベクトルの表す領域の問題であり，(1)で正解が得られていれば，簡単に解答できる問題である。

解法

(1)

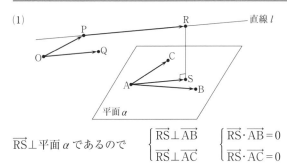

$\overrightarrow{RS}\perp$平面 α であるので　$\begin{cases}\overrightarrow{RS}\perp\overrightarrow{AB}\\\overrightarrow{RS}\perp\overrightarrow{AC}\end{cases}\quad\begin{cases}\overrightarrow{RS}\cdot\overrightarrow{AB}=0\\\overrightarrow{RS}\cdot\overrightarrow{AC}=0\end{cases}$

ここで, 点 S は平面 α 上の点より

$$\overrightarrow{AS} = s\overrightarrow{AB} + t\overrightarrow{AC} \quad (s, \ t \text{は実数}) \quad \cdots\cdots ①$$

と表すことができるので

$$\begin{aligned}
\overrightarrow{RS} &= \overrightarrow{OS} - \overrightarrow{OR} \\
&= \overrightarrow{OA} + \overrightarrow{AS} - (\overrightarrow{OP} + k\overrightarrow{OQ}) \\
&= -(\overrightarrow{OP} + k\overrightarrow{OQ}) + \overrightarrow{OA} + s\overrightarrow{AB} + t\overrightarrow{AC} \\
&= -\overrightarrow{OP} - k\overrightarrow{OQ} + \overrightarrow{OA} + s\overrightarrow{AB} + t\overrightarrow{AC}
\end{aligned}$$

よって

$$\begin{cases}
(-\overrightarrow{OP} - k\overrightarrow{OQ} + \overrightarrow{OA} + s\overrightarrow{AB} + t\overrightarrow{AC}) \cdot \overrightarrow{AB} = 0 \\
(-\overrightarrow{OP} - k\overrightarrow{OQ} + \overrightarrow{OA} + s\overrightarrow{AB} + t\overrightarrow{AC}) \cdot \overrightarrow{AC} = 0
\end{cases}$$

から

$$\begin{cases}
-\overrightarrow{AB}\cdot\overrightarrow{OP} - k\overrightarrow{AB}\cdot\overrightarrow{OQ} + \overrightarrow{AB}\cdot\overrightarrow{OA} + s|\overrightarrow{AB}|^2 + t\overrightarrow{AB}\cdot\overrightarrow{AC} = 0 \\
-\overrightarrow{AC}\cdot\overrightarrow{OP} - k\overrightarrow{AC}\cdot\overrightarrow{OQ} + \overrightarrow{AC}\cdot\overrightarrow{OA} + s\overrightarrow{AB}\cdot\overrightarrow{AC} + t|\overrightarrow{AC}|^2 = 0
\end{cases}$$

ここで

$$\overrightarrow{OA} = (-2, \ 0, \ 0), \quad \overrightarrow{AB} = (2, \ 1, \ 0), \quad \overrightarrow{AC} = (2, \ 0, \ 1),$$
$$\overrightarrow{OP} = (0, \ 5, \ 5), \quad \overrightarrow{OQ} = (1, \ 1, \ 1)$$

よって

$$\begin{cases}
\overrightarrow{AB}\cdot\overrightarrow{OP} = 2\cdot 0 + 1\cdot 5 + 0\cdot 5 = 5 \\
\overrightarrow{AB}\cdot\overrightarrow{OQ} = 2\cdot 1 + 1\cdot 1 + 0\cdot 1 = 3 \\
\overrightarrow{AB}\cdot\overrightarrow{OA} = 2\cdot(-2) + 1\cdot 0 + 0\cdot 0 = -4 \\
\overrightarrow{AB}\cdot\overrightarrow{AC} = 2\cdot 2 + 1\cdot 0 + 0\cdot 1 = 4 \\
\overrightarrow{AC}\cdot\overrightarrow{OP} = 2\cdot 0 + 0\cdot 5 + 1\cdot 5 = 5 \\
\overrightarrow{AC}\cdot\overrightarrow{OQ} = 2\cdot 1 + 0\cdot 1 + 1\cdot 1 = 3 \\
\overrightarrow{AC}\cdot\overrightarrow{OA} = 2\cdot(-2) + 0\cdot 0 + 1\cdot 0 = -4
\end{cases}$$

$$\begin{cases}
|\overrightarrow{AB}|^2 = 2^2 + 1^2 + 0^2 = 5 \\
|\overrightarrow{AC}|^2 = 2^2 + 0^2 + 1^2 = 5
\end{cases}$$

したがって

$$\begin{cases}
5s + 4t - 3k - 9 = 0 \\
4s + 5t - 3k - 9 = 0
\end{cases}$$

これより

$$s = \frac{1}{3}k + 1, \quad t = \frac{1}{3}k + 1$$

①に代入して

$$\overrightarrow{AS} = \left(\frac{1}{3}k+1\right)(\overrightarrow{AB}+\overrightarrow{AC}) = \left(\frac{1}{3}k+1\right)(4, 1, 1) \quad \cdots\cdots(\text{答})$$

参考 方針は同じだが，本問のような問題は，どのタイミングで成分の計算にもっていくかで答案の様子がかなり変わってくる。〔解法〕では最後に成分の計算にもっていく解法で解いた。最初からベクトルの成分の計算に入ると次のようになる。自分にとってどれが一番計算しやすいか研究してみよう。

点Sは平面 α 上の点より

$$\overrightarrow{AS} = s\overrightarrow{AB} + t\overrightarrow{AC} \quad (s, t \text{ は実数}) \quad \cdots\cdots①$$

と表すことができるので

$$\overrightarrow{AS} = s(2, 1, 0) + t(2, 0, 1) = (2s+2t, s, t)$$

$$\overrightarrow{RS} = -\overrightarrow{OP} - k\overrightarrow{OQ} + \overrightarrow{OA} + \overrightarrow{AS}$$

$$= -(0, 5, 5) - k(1, 1, 1) + (-2, 0, 0) + (2s+2t, s, t)$$

$$= (2s+2t-k-2, s-k-5, t-k-5)$$

$$\begin{cases} \overrightarrow{RS} \cdot \overrightarrow{AB} = 0 \\ \overrightarrow{RS} \cdot \overrightarrow{AC} = 0 \end{cases} \text{ より}$$

$$\begin{cases} 2(2s+2t-k-2) + 1(s-k-5) + 0(t-k-5) = 0 \\ 2(2s+2t-k-2) + 0(s-k-5) + 1(t-k-5) = 0 \end{cases}$$

よって

$$\begin{cases} 5s+4t-3k-9 = 0 \\ 4s+5t-3k-9 = 0 \end{cases}$$

(2) 点Sが△ABC の内部または周にあるための条件は，①において

$$s \geqq 0 \quad \text{かつ} \quad t \geqq 0 \quad \text{かつ} \quad s+t \leqq 1$$

が成り立つことであり，(1)より $s = t = \dfrac{1}{3}k+1$

したがって，$0 \leqq 2\left(\dfrac{1}{3}k+1\right) \leqq 1$ から

$$-3 \leqq k \leqq -\frac{3}{2} \quad \cdots\cdots(\text{答})$$

25

　四面体 OABC について，OA＝OB＝OC および ∠AOB＝∠BOC＝∠COA が成り立つとする。$0<s<1$，$0<t<1$ を満たす実数 s，t に対し，辺 OA を $s:1-s$ に内分する点を D とし，辺 OB を $t:1-t$ に内分する点を E とする。$\overrightarrow{AF}＝\overrightarrow{BG}＝\overrightarrow{OC}$ となる点 F，G をとり，線分 EF と線分 DG が 1 点で交わるとし，その交点を P とする。$\overrightarrow{OA}＝\vec{a}$，$\overrightarrow{OB}＝\vec{b}$，$\overrightarrow{OC}＝\vec{c}$，$∠AOB＝\theta$ とするとき，以下の問いに答えよ。

(1)　$t＝s$ であることを示し，$\overrightarrow{OP}$ を s，$\vec{a}$，$\vec{b}$，$\vec{c}$ を用いて表せ。

(2)　$\overrightarrow{EF}⊥\overrightarrow{DG}$ であるとき，$\cos\theta$ を s を用いて表せ。

(3)　$\overrightarrow{EF}⊥\overrightarrow{DG}$ かつ $\sqrt{3}\,OP＝OA$ であるとき，s の値を求めよ。

> **ポイント**　(1)　2つの線分が交わるための条件を求める問題である。$\overrightarrow{OP}$ を 2 通りの方法で表して，係数を比較して連立方程式を立てて，解く。
> (2)　$\overrightarrow{EF}⊥\overrightarrow{DG}$ ならば $\overrightarrow{EF}\cdot\overrightarrow{DG}＝0$ である。あとは四面体の形状に関する条件を適用して計算を進めていこう。
> (3)　(1)と(2)の結果を利用する。s の方程式を解いていけばよい。

解　法

(1)　点 D は辺 OA を $s:1-s$ に内分する点であるから
$$\overrightarrow{OD}＝s\vec{a}$$
点 E は辺 OB を $t:1-t$ に内分する点であるから
$$\overrightarrow{OE}＝t\vec{b}$$
また，$\overrightarrow{AF}＝\overrightarrow{BG}＝\overrightarrow{OC}$ であるから
$$\overrightarrow{OF}＝\overrightarrow{OA}＋\overrightarrow{AF}＝\vec{a}＋\vec{c}$$
$$\overrightarrow{OG}＝\overrightarrow{OB}＋\overrightarrow{BG}＝\vec{b}＋\vec{c}$$
点 P は線分 EF 上の点であるから
$$\overrightarrow{EP}＝k\overrightarrow{EF}　（k は実数）$$
と表せて
$$\overrightarrow{OP}＝\overrightarrow{OE}＋\overrightarrow{EP}$$
$$＝\overrightarrow{OE}＋k\overrightarrow{EF}$$

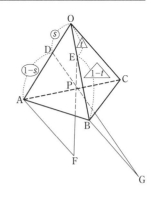

$$= \overrightarrow{OE} + k\,(\overrightarrow{OF} - \overrightarrow{OE})$$

$$= (1-k)\,\overrightarrow{OE} + k\overrightarrow{OF}$$

$$= (1-k)\,t\vec{b} + k\,(\vec{a}+\vec{c})$$

$$= k\vec{a} + (1-k)\,t\vec{b} + k\vec{c} \quad \cdots\cdots ①$$

点 P は線分 DG 上の点であるから

$$\overrightarrow{DP} = l\overrightarrow{DG} \quad (l\text{ は実数})$$

と表せて

$$\overrightarrow{OP} = \overrightarrow{OD} + \overrightarrow{DP}$$

$$= \overrightarrow{OD} + l\overrightarrow{DG}$$

$$= \overrightarrow{OD} + l\,(\overrightarrow{OG} - \overrightarrow{OD})$$

$$= (1-l)\,\overrightarrow{OD} + l\overrightarrow{OG}$$

$$= (1-l)\,s\vec{a} + l\,(\vec{b}+\vec{c})$$

$$= (1-l)\,s\vec{a} + l\vec{b} + l\vec{c} \quad \cdots\cdots ②$$

4 点 O，A，B，C は同一平面上にはないから，①，②より

$$\begin{cases} k = (1-l)\,s & \cdots\cdots ③ \\ (1-k)\,t = l & \cdots\cdots ④ \\ k = l & \cdots\cdots ⑤ \end{cases}$$

⑤を③に代入して

$$k = (1-k)\,s$$

$$(s+1)\,k = s$$

$0<s<1$ より 0 ではない $s+1$ で両辺を割って

$$k = \frac{s}{s+1} \quad \cdots\cdots ⑥$$

⑤を④に代入して

$$(1-k)\,t = k$$

$$(t+1)\,k = t$$

$0<t<1$ より 0 ではない $t+1$ で両辺を割って

$$k = \frac{t}{t+1} \quad \cdots\cdots ⑦$$

⑥，⑦より

$$\frac{s}{s+1} = \frac{t}{t+1}$$

$$s\,(t+1) = t\,(s+1)$$

$$st + s = st + t$$

よって，$s=t$ である。 (証明終)

このとき，①に⑥を代入して

$$\overrightarrow{\mathrm{OP}} = k\vec{a} + (1-k)\,t\vec{b} + k\vec{c}$$

$$= \frac{s}{s+1}\vec{a} + \left(1 - \frac{s}{s+1}\right)t\vec{b} + \frac{s}{s+1}\vec{c}$$

$$= \frac{s}{s+1}\vec{a} + \left(\frac{s+1}{s+1} - \frac{s}{s+1}\right)s\vec{b} + \frac{s}{s+1}\vec{c} \quad (\because \quad t=s)$$

$$= \frac{s}{s+1}\vec{a} + \frac{s}{s+1}\vec{b} + \frac{s}{s+1}\vec{c}$$

$$= \frac{s}{s+1}(\vec{a} + \vec{b} + \vec{c}) \quad \cdots\cdots(答)$$

(2) $\overrightarrow{\mathrm{EF}} \perp \overrightarrow{\mathrm{DG}}$ であるから

$$\overrightarrow{\mathrm{EF}} \cdot \overrightarrow{\mathrm{DG}} = 0$$

$$(\overrightarrow{\mathrm{OF}} - \overrightarrow{\mathrm{OE}}) \cdot (\overrightarrow{\mathrm{OG}} - \overrightarrow{\mathrm{OD}}) = 0$$

$$(\vec{a} + \vec{c} - s\vec{b}) \cdot (\vec{b} + \vec{c} - s\vec{a}) = 0$$

$$(\vec{a} - s\vec{b} + \vec{c}) \cdot (-s\vec{a} + \vec{b} + \vec{c}) = 0$$

$$-s|\vec{a}|^2 - s|\vec{b}|^2 + |\vec{c}|^2 + (s^2+1)\,\vec{a}\cdot\vec{b} + (-s+1)\,\vec{b}\cdot\vec{c} + (-s+1)\,\vec{c}\cdot\vec{a} = 0$$

ここで

$$|\vec{a}| = |\vec{b}| = |\vec{c}|, \quad \vec{a}\cdot\vec{b} = \vec{b}\cdot\vec{c} = \vec{c}\cdot\vec{a} = |\vec{a}|^2\cos\theta$$

であるから

$$(-2s+1)|\vec{a}|^2 + \{(s^2+1) + (-s+1) + (-s+1)\}|\vec{a}|^2\cos\theta = 0$$

$$(s^2-2s+3)|\vec{a}|^2\cos\theta + (-2s+1)|\vec{a}|^2 = 0$$

$$|\vec{a}|^2\{(s^2-2s+3)\cos\theta + (-2s+1)\} = 0$$

$|\vec{a}|^2 \neq 0$ であるから

$$(s^2-2s+3)\cos\theta + (-2s+1) = 0$$

$$(s^2-2s+3)\cos\theta = 2s-1$$

$s^2-2s+3 = (s-1)^2 + 2 \neq 0$ であるから，両辺を s^2-2s+3 で割って

$$\cos\theta = \frac{2s-1}{s^2-2s+3} \quad \cdots\cdots(答)$$

(3) $\sqrt{3}\,\mathrm{OP} = \mathrm{OA}$ であるとき

$$|\overrightarrow{\mathrm{OP}}| = \frac{1}{\sqrt{3}}|\overrightarrow{\mathrm{OA}}|$$

$$|\overrightarrow{\mathrm{OP}}|^2 = \frac{1}{3}|\overrightarrow{\mathrm{OA}}|^2$$

(1)より

$$\left|\frac{s}{s+1}(\vec{a}+\vec{b}+\vec{c})\right|^2 = \frac{1}{3}|\vec{a}|^2$$

$$\left(\frac{s}{s+1}\right)^2(|\vec{a}|^2+|\vec{b}|^2+|\vec{c}|^2+2\vec{a}\cdot\vec{b}+2\vec{b}\cdot\vec{c}+2\vec{c}\cdot\vec{a}) = \frac{1}{3}|\vec{a}|^2$$

$$\left(\frac{s}{s+1}\right)^2(3|\vec{a}|^2+3\cdot2|\vec{a}|^2\cos\theta) = \frac{1}{3}|\vec{a}|^2$$

$$9\left(\frac{s}{s+1}\right)^2|\vec{a}|^2(2\cos\theta+1) = |\vec{a}|^2$$

$$9|\vec{a}|^2\left\{\left(\frac{s}{s+1}\right)^2(2\cos\theta+1)-\frac{1}{9}\right\} = 0$$

$9|\vec{a}|^2 \neq 0$ であるから

$$\left(\frac{s}{s+1}\right)^2(2\cos\theta+1)-\frac{1}{9} = 0$$

両辺に $9(s+1)^2$ をかけると

$$9s^2(2\cos\theta+1)-(s+1)^2 = 0$$

$\overrightarrow{EF}\perp\overrightarrow{DG}$ であるとき，(2)より $\cos\theta = \dfrac{2s-1}{s^2-2s+3}$ であるから

$$9s^2\cdot\frac{2(2s-1)+(s^2-2s+3)}{s^2-2s+3}-(s+1)^2 = 0$$

$$(s+1)^2\left(\frac{9s^2}{s^2-2s+3}-1\right) = 0$$

$(s+1)^2 \neq 0$ であるから

$$\frac{9s^2}{s^2-2s+3} = 1$$

$$9s^2 = s^2-2s+3$$

$$8s^2+2s-3 = 0$$

$$(4s+3)(2s-1) = 0$$

$$s = -\frac{3}{4},\ \frac{1}{2}$$

このうち，$0<s<1$ を満たすものは

$$s = \frac{1}{2}\quad\cdots\cdots(答)$$

26 2016 年度 〔3〕 Level B

四面体 OABC において，$\overrightarrow{OA}=\vec{a}$，$\overrightarrow{OB}=\vec{b}$，$\overrightarrow{OC}=\vec{c}$ とおく。このとき等式
$$\vec{a}\cdot\vec{b}=\vec{b}\cdot\vec{c}=\vec{c}\cdot\vec{a}=1$$
が成り立つとする。t は実数の定数で，$0<t<1$ を満たすとする。線分 OA を $t:1-t$ に内分する点を P とし，線分 BC を $t:1-t$ に内分する点を Q とする。また，線分 PQ の中点を M とする。

(1) $\overrightarrow{OM}$ を $\vec{a}$，$\vec{b}$，$\vec{c}$ と t を用いて表せ。

(2) 線分 OM と線分 BM の長さが等しいとき，線分 OB の長さを求めよ。

(3) 4 点 O，A，B，C が点 M を中心とする同一球面上にあるとする。このとき，△OAB と △OCB は合同であることを示せ。

ポイント (1) $\overrightarrow{OM}$ を $\overrightarrow{OP}$ と $\overrightarrow{OQ}$ で表した後，$\vec{a}$，$\vec{b}$，$\vec{c}$ と t で表せばよい。

(2) 条件 $|\overrightarrow{OM}|=|\overrightarrow{BM}|$ に(1)で求めた $\overrightarrow{OM}=\dfrac{1}{2}\{t\vec{a}+(1-t)\vec{b}+t\vec{c}\}$ を代入して整理すればよい。

(3) △OAB，△OCB において，OB は共通の辺であるから，合同であることを示すには，条件として何がいえたらよいかを考えよう。与えられた条件から示すことができる OA＝OC かつ ∠AOB＝∠COB に注目するとよい。

(2)・(3)ともに内積計算を要領よくこなしていき，条件を適用することになる。

解 法

(1) 点 M は線分 PQ の中点なので
$$\overrightarrow{OM}=\frac{\overrightarrow{OP}+\overrightarrow{OQ}}{2}$$
と表せて，ここで

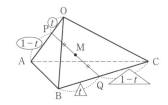

$$\overrightarrow{OP}=t\overrightarrow{OA}=t\vec{a}$$
$$\overrightarrow{OQ}=(1-t)\overrightarrow{OB}+t\overrightarrow{OC}=(1-t)\vec{b}+t\vec{c}$$
であるから
$$\overrightarrow{OM}=\frac{1}{2}\{t\vec{a}+(1-t)\vec{b}+t\vec{c}\}\quad\cdots\cdots\text{(答)}$$

(2) OM＝BM より

$$|\overrightarrow{\mathrm{OM}}|=|\overrightarrow{\mathrm{BM}}|$$

$$|\overrightarrow{\mathrm{OM}}|^2=|\overrightarrow{\mathrm{BM}}|^2=|\overrightarrow{\mathrm{OM}}-\overrightarrow{\mathrm{OB}}|^2$$

$$=|\overrightarrow{\mathrm{OM}}|^2-2\overrightarrow{\mathrm{OM}}\cdot\overrightarrow{\mathrm{OB}}+|\overrightarrow{\mathrm{OB}}|^2$$

$$|\overrightarrow{\mathrm{OB}}|^2-2\overrightarrow{\mathrm{OM}}\cdot\overrightarrow{\mathrm{OB}}=0 \quad\cdots\cdots①$$

(1)の結果より

$$|\vec{b}|^2-2\cdot\frac{1}{2}\{t\vec{a}+(1-t)\,\vec{b}+t\vec{c}\}\cdot\vec{b}=0$$

$$t|\vec{b}|^2-t\vec{a}\cdot\vec{b}-t\vec{b}\cdot\vec{c}=0$$

ここで，$\vec{a}\cdot\vec{b}=\vec{b}\cdot\vec{c}=1$ より

$$t|\vec{b}|^2-2t=0$$

$$t\,(|\vec{b}|^2-2)=0$$

$t\neq0$ であるから

$$|\vec{b}|^2=2$$

$$|\vec{b}|=\sqrt{2}$$

したがって，線分 OB の長さは $\sqrt{2}$ ……(答)

(3) 4点O，A，B，Cが点Mを中心とする同一球面上にあるので

$$\mathrm{OM}=\mathrm{AM}=\mathrm{BM}=\mathrm{CM}$$

が成り立つ。(2)と同様にして，①より

$$\begin{cases}\mathrm{OM}=\mathrm{AM}\\\mathrm{OM}=\mathrm{CM}\end{cases}$$

$$\begin{cases}|\overrightarrow{\mathrm{OA}}|^2-2\overrightarrow{\mathrm{OM}}\cdot\overrightarrow{\mathrm{OA}}=0\\|\overrightarrow{\mathrm{OC}}|^2-2\overrightarrow{\mathrm{OM}}\cdot\overrightarrow{\mathrm{OC}}=0\end{cases}$$

$$\begin{cases}|\vec{a}|^2-2\cdot\dfrac{1}{2}\{t\vec{a}+(1-t)\,\vec{b}+t\vec{c}\}\cdot\vec{a}=0\\|\vec{c}|^2-2\cdot\dfrac{1}{2}\{t\vec{a}+(1-t)\,\vec{b}+t\vec{c}\}\cdot\vec{c}=0\end{cases}$$

$$\begin{cases}(1-t)|\vec{a}|^2-(1-t)\,\vec{a}\cdot\vec{b}-t\vec{c}\cdot\vec{a}=0\\(1-t)|\vec{c}|^2-(1-t)\,\vec{b}\cdot\vec{c}-t\vec{c}\cdot\vec{a}=0\end{cases}$$

ここで，$\vec{a}\cdot\vec{b}=\vec{b}\cdot\vec{c}=\vec{c}\cdot\vec{a}=1$ より

$$\begin{cases}(1-t)|\vec{a}|^2-1=0\\(1-t)|\vec{c}|^2-1=0\end{cases}$$

$0<t<1$ なので

$$\begin{cases} |\vec{a}| = \sqrt{\dfrac{1}{1-t}} \\ |\vec{c}| = \sqrt{\dfrac{1}{1-t}} \end{cases}$$

が成り立つから

$$|\vec{a}| = |\vec{c}|$$

$$OA = OC \quad \cdots\cdots ②$$

次に

$$\begin{cases} \vec{a} \cdot \vec{b} = 1 \\ \vec{b} \cdot \vec{c} = 1 \end{cases}$$

であるから

$$\begin{cases} |\vec{a}||\vec{b}|\cos\angle AOB = 1 \\ |\vec{b}||\vec{c}|\cos\angle COB = 1 \end{cases}$$

$$\begin{cases} \sqrt{2}\,|\vec{a}|\cos\angle AOB = 1 \\ \sqrt{2}\,|\vec{c}|\cos\angle COB = 1 \end{cases}$$

$$\begin{cases} \cos\angle AOB = \dfrac{1}{\sqrt{2}\,|\vec{a}|} \\ \cos\angle COB = \dfrac{1}{\sqrt{2}\,|\vec{c}|} \end{cases}$$

②より

$$\cos\angle AOB = \cos\angle COB$$

よって

$$\angle AOB = \angle COB \quad \cdots\cdots ③$$

△OAB，△OCB において，②，③および OB は共通の辺であるから，2 辺とそれらがはさむ角がそれぞれ等しいので

$$\triangle OAB \equiv \triangle OCB$$

（証明終）

27 2012年度 〔4〕 Level A

四面体 OABC において，次が満たされているとする。

$$\overrightarrow{OA} \cdot \overrightarrow{OB} = \overrightarrow{OB} \cdot \overrightarrow{OC} = \overrightarrow{OC} \cdot \overrightarrow{OA}$$

点 A，B，C を通る平面を α とする。点 O を通り平面 α と直交する直線と，平面 α との交点を H とする。

(1) $\overrightarrow{OA}$ と $\overrightarrow{BC}$ は垂直であることを示せ。

(2) 点 H は △ABC の垂心であること，すなわち $\overrightarrow{AH} \perp \overrightarrow{BC}$，$\overrightarrow{BH} \perp \overrightarrow{CA}$，$\overrightarrow{CH} \perp \overrightarrow{AB}$ を示せ。

(3) $|\overrightarrow{OA}| = |\overrightarrow{OB}| = |\overrightarrow{OC}| = 2$，$\overrightarrow{OA} \cdot \overrightarrow{OB} = \overrightarrow{OB} \cdot \overrightarrow{OC} = \overrightarrow{OC} \cdot \overrightarrow{OA} = 1$ とする。このとき，△ABC の各辺の長さおよび線分 OH の長さを求めよ。

ポイント (1) ベクトルの垂直条件から，内積が 0 になることを示せばよい。

(2) $\overrightarrow{OH} \perp$ 平面 ABC $\Longrightarrow \overrightarrow{OH} \perp \overrightarrow{AB}$ かつ $\overrightarrow{OH} \perp \overrightarrow{BC}$ かつ $\overrightarrow{OH} \perp \overrightarrow{CA}$ である。方針を定めることができなければ，結論からさかのぼってみるのも手である。つまり，点 H が △ABC の垂心であることを示すためには，$\overrightarrow{AH} \cdot \overrightarrow{BC} = 0$，$\overrightarrow{BH} \cdot \overrightarrow{CA} = 0$，$\overrightarrow{CH} \cdot \overrightarrow{AB} = 0$ がいえればよく，すでに手に入れた条件を利用するために，たとえば $\overrightarrow{AH} \cdot \overrightarrow{BC} = 0$ を $(\overrightarrow{OH} - \overrightarrow{OA}) \cdot \overrightarrow{BC} = 0$ と変形してみる。さらに変形すると $\overrightarrow{OH} \cdot \overrightarrow{BC} - \overrightarrow{OA} \cdot \overrightarrow{BC} = 0$ となり，これが示せればよいのである。これらを証明として正しい順序になるように組み立て直すとよい。

なお，∠BAC が直角で，△ABC に垂直で点 A を通る直線上に点 O があるとき，点 A と点 H が一致するため，$\overrightarrow{AH} = \vec{0}$ となり，点 H が △ABC の垂心であることには違いないが，$\overrightarrow{AH} \perp \overrightarrow{BC}$ とはいえない。そこで，〔解法〕では点 H が △ABC の垂心であることを示すにとどめた。

(3) 正三角形において垂心と重心が一致していることを知っていれば，〔解法〕のやり方で解答すればよく，条件を利用して簡単に結果を得ることができる。もし知らなければ，〔参考〕のように考えてみればよい。点 H は △ABC の外心であることを利用する。

解法

(1)
$$\overrightarrow{OA} \cdot \overrightarrow{BC} = \overrightarrow{OA} \cdot (\overrightarrow{OC} - \overrightarrow{OB}) = \overrightarrow{OC} \cdot \overrightarrow{OA} - \overrightarrow{OA} \cdot \overrightarrow{OB}$$
$$= 0 \quad (\because \quad \overrightarrow{OA} \cdot \overrightarrow{OB} = \overrightarrow{OC} \cdot \overrightarrow{OA})$$

よって $\overrightarrow{\mathrm{OA}}$ と $\overrightarrow{\mathrm{BC}}$ は垂直である。　　　　　　　　　　　　（証明終）

(2)　(1)と同様にして，$\overrightarrow{\mathrm{OB}}\cdot\overrightarrow{\mathrm{CA}}=\overrightarrow{\mathrm{OC}}\cdot\overrightarrow{\mathrm{AB}}=0$ である。

また，点Oを通り平面 α と直交する直線と，平面 α との交点はHなので，$\overrightarrow{\mathrm{OH}}\perp\alpha$ より

　　　　$\overrightarrow{\mathrm{OH}}\perp\overrightarrow{\mathrm{AB}}$　かつ　$\overrightarrow{\mathrm{OH}}\perp\overrightarrow{\mathrm{BC}}$　かつ　$\overrightarrow{\mathrm{OH}}\perp\overrightarrow{\mathrm{CA}}$

よって

　　　　$\overrightarrow{\mathrm{OH}}\cdot\overrightarrow{\mathrm{AB}}=\overrightarrow{\mathrm{OH}}\cdot\overrightarrow{\mathrm{BC}}=\overrightarrow{\mathrm{OH}}\cdot\overrightarrow{\mathrm{CA}}=0$

が成り立つ。このとき

$$\begin{aligned}
\overrightarrow{\mathrm{AH}}\cdot\overrightarrow{\mathrm{BC}} &= (\overrightarrow{\mathrm{OH}}-\overrightarrow{\mathrm{OA}})\cdot\overrightarrow{\mathrm{BC}} \\
&= \overrightarrow{\mathrm{OH}}\cdot\overrightarrow{\mathrm{BC}}-\overrightarrow{\mathrm{OA}}\cdot\overrightarrow{\mathrm{BC}} \\
&= 0 \quad (\because \ \ \overrightarrow{\mathrm{OH}}\cdot\overrightarrow{\mathrm{BC}}=0 \ \ \text{かつ} \ \ \overrightarrow{\mathrm{OA}}\cdot\overrightarrow{\mathrm{BC}}=0)
\end{aligned}$$

同様にして，$\overrightarrow{\mathrm{BH}}\cdot\overrightarrow{\mathrm{CA}}=0$，$\overrightarrow{\mathrm{CH}}\cdot\overrightarrow{\mathrm{AB}}=0$ であるから，点Hは $\triangle\mathrm{ABC}$ の垂心である。

　　　　　　　　　　　　　　　　　　　　　　　　　　　　　　（証明終）

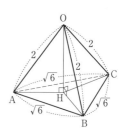

(3)　$\begin{aligned}[t]
|\overrightarrow{\mathrm{AB}}|^2 &= |\overrightarrow{\mathrm{OB}}-\overrightarrow{\mathrm{OA}}|^2 \\
&= |\overrightarrow{\mathrm{OB}}|^2-2\overrightarrow{\mathrm{OA}}\cdot\overrightarrow{\mathrm{OB}}+|\overrightarrow{\mathrm{OA}}|^2 \\
&= 2^2-2\cdot1+2^2=6
\end{aligned}$

$|\overrightarrow{\mathrm{AB}}|>0$ より　　$|\overrightarrow{\mathrm{AB}}|=\sqrt{6}$

同様にして　　$|\overrightarrow{\mathrm{BC}}|=|\overrightarrow{\mathrm{CA}}|=\sqrt{6}$

よって，$\triangle\mathrm{ABC}$ の各辺 AB，BC，CA の長さはすべて $\sqrt{6}$ である。　……(答)

すなわち，$\triangle\mathrm{ABC}$ は正三角形である。

よって，$\triangle\mathrm{ABC}$ の垂心である点Hは，$\triangle\mathrm{ABC}$ の重心でもある。

したがって

$$\overrightarrow{\mathrm{OH}}=\frac{1}{3}(\overrightarrow{\mathrm{OA}}+\overrightarrow{\mathrm{OB}}+\overrightarrow{\mathrm{OC}})$$

と表すことができる。このとき

$$\begin{aligned}
|\overrightarrow{\mathrm{OH}}|^2 &= \frac{1}{9}|\overrightarrow{\mathrm{OA}}+\overrightarrow{\mathrm{OB}}+\overrightarrow{\mathrm{OC}}|^2 \\
&= \frac{1}{9}(|\overrightarrow{\mathrm{OA}}|^2+|\overrightarrow{\mathrm{OB}}|^2+|\overrightarrow{\mathrm{OC}}|^2+2\overrightarrow{\mathrm{OA}}\cdot\overrightarrow{\mathrm{OB}}+2\overrightarrow{\mathrm{OB}}\cdot\overrightarrow{\mathrm{OC}}+2\overrightarrow{\mathrm{OC}}\cdot\overrightarrow{\mathrm{OA}}) \\
&= \frac{1}{9}(2^2+2^2+2^2+2\cdot1+2\cdot1+2\cdot1) \\
&= 2
\end{aligned}$$

$|\overrightarrow{\mathrm{OH}}|>0$ なので $|\overrightarrow{\mathrm{OH}}|=\sqrt{2}$

ゆえに，線分 OH の長さは $\sqrt{2}$ ……(答)

参考 （△ABC の各辺の長さがすべて $\sqrt{6}$ であることを示した後）△OAH，△OBH，
△OCH において

$$\mathrm{OA}=\mathrm{OB}=\mathrm{OC}=2$$

OH は共通

であることから

$$\triangle\mathrm{OAH}\equiv\triangle\mathrm{OBH}\equiv\triangle\mathrm{OCH}$$

対応する辺の長さは等しいから

$$\mathrm{AH}=\mathrm{BH}=\mathrm{CH}$$

よって，点 H は△ABC の外接円の中心（外心）である。

△ABC において，正弦定理より

$$\frac{\sqrt{6}}{\sin\dfrac{\pi}{3}}=2\mathrm{AH}\quad（\mathrm{AH}\text{ は外接円の半径}）$$

$$\mathrm{AH}=\frac{\sqrt{6}}{2\cdot\dfrac{\sqrt{3}}{2}}=\sqrt{2}$$

直角三角形 OAH において，三平方の定理より

$$\mathrm{OH}=\sqrt{\mathrm{OA}^2-\mathrm{AH}^2}=\sqrt{2^2-(\sqrt{2})^2}=\sqrt{2}$$

28 2010 年度 〔4〕 Level B

　点 O を原点とする座標平面上に，2 点 A $(1, 0)$，B $(\cos\theta, \sin\theta)$ $(90°<\theta<180°)$ をとり，以下の条件をみたす 2 点 C，D を考える。

$$\overrightarrow{OA}\cdot\overrightarrow{OC}=1, \quad \overrightarrow{OA}\cdot\overrightarrow{OD}=0, \quad \overrightarrow{OB}\cdot\overrightarrow{OC}=0, \quad \overrightarrow{OB}\cdot\overrightarrow{OD}=1$$

また，△OAB の面積を S_1，△OCD の面積を S_2 とおく。

(1)　ベクトル $\overrightarrow{OC}$，$\overrightarrow{OD}$ の成分を求めよ。

(2)　$S_2=2S_1$ が成り立つとき，θ と S_1 の値を求めよ。

(3)　$S=4S_1+3S_2$ を最小にする θ と，そのときの S の値を求めよ。

ポイント　(1) $\vec{a}=(a_1, a_2)$，$\vec{b}=(b_1, b_2)$ の内積は，$\vec{a}\cdot\vec{b}=a_1b_1+a_2b_2$ と計算される。$90°<\theta<180°$ のとき，$0<\sin\theta<1$，$-1<\cos\theta<0$ であるので，$-\dfrac{\cos\theta}{\sin\theta}>0$，$\dfrac{1}{\sin\theta}>0$ となり，点 C は直線 $x=1$ の $y>0$ の部分にあり，点 D は y 軸上の $y>0$ の部分にある。図を描きながら考察するとよい。

(2) O $(0, 0)$，A (a_1, a_2)，B (b_1, b_2) のとき，△OAB の面積は

$$\triangle OAB=\frac{1}{2}|a_1b_2-a_2b_1|$$

で求めることができるから，この公式を用いて S_1，S_2 を計算してもよい。図が描けていれば，〔解法〕のようにすると楽である。

(3) 2 つの正の数 a，b に対して，相加平均・相乗平均の関係

$$\frac{a+b}{2}\geq\sqrt{ab}$$

が成り立つ。等号は $a=b$ のときに成立する。これを用いる方法が最も簡単である。〔解法 2〕は，$\sin\theta=t$ とおいて S を係数に含む 2 次方程式を考え，その 2 次方程式が $0<t<1$ の範囲に少なくとも 1 つの実数解をもつ条件として S の範囲を求めるものである。2 次関数のグラフを利用する典型的解法である。〔解法 3〕も典型的な解法であるが，「数学Ⅲ」の内容を含んでいる。

解法 1

(1)　$\overrightarrow{OA}=(1, 0)$，$\overrightarrow{OB}=(\cos\theta, \sin\theta)$ $(90°<\theta<180°)$ である。$\overrightarrow{OC}=(p, q)$，$\overrightarrow{OD}=(r, s)$ とおく。

与えられた条件 $\overrightarrow{OA}\cdot\overrightarrow{OC}=1$，$\overrightarrow{OB}\cdot\overrightarrow{OC}=0$ より，それぞれ

$$\begin{cases} 1 \times p + 0 \times q = 1 & \cdots\cdots① \\ p\cos\theta + q\sin\theta = 0 & \cdots\cdots② \end{cases}$$

①より

$$p = 1$$

これを②に代入して

$$q\sin\theta = -\cos\theta$$

$90° < \theta < 180°$ より，$\sin\theta \neq 0$ であるから

$$q = -\frac{\cos\theta}{\sin\theta}$$

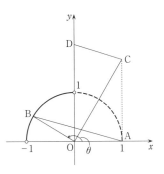

また，条件 $\overrightarrow{OA} \cdot \overrightarrow{OD} = 0$，$\overrightarrow{OB} \cdot \overrightarrow{OD} = 1$ より，それぞれ

$$\begin{cases} 1 \times r + 0 \times s = 0 & \cdots\cdots③ \\ r\cos\theta + s\sin\theta = 1 & \cdots\cdots④ \end{cases}$$

③より

$$r = 0$$

これを④に代入して

$$s\sin\theta = 1$$

$\sin\theta \neq 0$ であるから

$$s = \frac{1}{\sin\theta}$$

したがって

$$\overrightarrow{OC} = \left(1, -\frac{\cos\theta}{\sin\theta}\right), \quad \overrightarrow{OD} = \left(0, \frac{1}{\sin\theta}\right) \quad \cdots\cdots(答)$$

(2) △OAB の面積 S_1 は

$$S_1 = \frac{1}{2}OA \cdot OB\sin\angle AOB$$

$$= \frac{1}{2} \times 1 \times 1 \times \sin\theta = \frac{\sin\theta}{2}$$

△OCD の面積 S_2 は，OD // AC に注意すると

$$S_2 = \frac{1}{2}OA \cdot OD = \frac{1}{2} \times 1 \times \frac{1}{\sin\theta} = \frac{1}{2\sin\theta}$$

$S_2 = 2S_1$ が成り立つから

$$\frac{1}{2\sin\theta} = 2 \times \frac{\sin\theta}{2} \qquad \sin^2\theta = \frac{1}{2} \qquad \sin\theta = \pm\frac{\sqrt{2}}{2}$$

$90° < \theta < 180°$ であるから，$\sin\theta = \frac{\sqrt{2}}{2}$ であり

$$\left.\begin{array}{l}\theta = 135° \\ S_1 = \dfrac{\sin\theta}{2} = \dfrac{\sqrt{2}}{4}\end{array}\right\} \quad \cdots\cdots(答)$$

(3) $\quad S = 4S_1 + 3S_2 = 4 \times \dfrac{\sin\theta}{2} + 3 \times \dfrac{1}{2\sin\theta}$

$$= 2\sin\theta + \dfrac{3}{2\sin\theta}$$

$90° < \theta < 180°$ なので $2\sin\theta > 0$ かつ $\dfrac{3}{2\sin\theta} > 0$ である。

相加平均・相乗平均の関係より

$$\dfrac{2\sin\theta + \dfrac{3}{2\sin\theta}}{2} \geqq \sqrt{2\sin\theta \cdot \dfrac{3}{2\sin\theta}}$$

$$2\sin\theta + \dfrac{3}{2\sin\theta} \geqq 2\sqrt{3}$$

したがって，$S \geqq 2\sqrt{3}$ となる。等号が成立するのは

$$2\sin\theta = \dfrac{3}{2\sin\theta}, \quad \sin\theta > 0$$

$$\therefore \quad \sin\theta = \dfrac{\sqrt{3}}{2}$$

のとき，すなわち $\theta = 120°$ のときである。つまり

$\quad S$ は，$\theta = 120°$ のとき最小となり，最小値は $S = 2\sqrt{3}$　　$\cdots\cdots(答)$

解法 2

(3) ＜2次関数のグラフを利用する方法＞

$$S = 4S_1 + 3S_2 = 4 \times \dfrac{\sin\theta}{2} + 3 \times \dfrac{1}{2\sin\theta}$$

$$= 2\sin\theta + \dfrac{3}{2\sin\theta}$$

$t = \sin\theta$ とおくと $90° < \theta < 180°$ より $0 < t < 1$ であり

$$S = 2t + \dfrac{3}{2t} \quad (0 < t < 1)$$

と表せる。両辺に正の $2t$ をかけて t について整理すると

$$4t^2 - 2St + 3 = 0 \quad \cdots\cdots⑤$$

⑤が $0 < t < 1$ を満たす解を少なくとも1つもつための条件を求める。

$$f(t) = 4t^2 - 2St + 3$$

とおくと

$$f(t) = 4\left(t - \frac{S}{4}\right)^2 - \frac{S^2}{4} + 3$$

求める条件は $u = f(t)$ のグラフが t 軸の $0 < t < 1$ の部分と少なくとも 1 つの共有点をもつことである。$u = f(t)$ のグラフが点 $(0, 3)$ を通ることに注意する。

(ア) $0 < \dfrac{S}{4} < 1$ つまり $0 < S < 4$ のとき

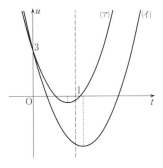

求める条件は，頂点の y 座標について

$$-\frac{S^2}{4} + 3 \leq 0$$

が成り立つことであり

$$S \leq -2\sqrt{3}, \quad 2\sqrt{3} \leq S$$

このうち $0 < S < 4$ を満たす範囲は $\quad 2\sqrt{3} \leq S < 4$

(イ) $1 \leq \dfrac{S}{4}$ つまり $4 \leq S$ のとき

求める条件は

$$f(1) < 0$$

が成り立つことであり

$$7 - 2S < 0$$

$$S > \frac{7}{2}$$

このうち $4 \leq S$ を満たす範囲は $\quad 4 \leq S$

(ア), (イ) より S のとりうる値の範囲は $\quad 2\sqrt{3} \leq S$

よって S の最小値は $\quad 2\sqrt{3}$

これを⑤に代入すると

$$4t^2 - 4\sqrt{3}\,t + 3 = 0$$

となるので

$$(2t - \sqrt{3})^2 = 0$$

よって

$$t = \frac{\sqrt{3}}{2}$$

$$\sin\theta = \frac{\sqrt{3}}{2}$$

$90° < \theta < 180°$ より $\quad \theta = 120°$

したがって S は $\theta = 120°$ のとき最小となり，最小値は $2\sqrt{3}$ である。 ……(答)

解 法 3

(3) ＜微分法を用いる方法＞

$$S = 2t + \frac{3}{2t} \quad (0 < t < 1)$$

までは〔解法2〕と同じ。

$$\frac{dS}{dt} = 2 - \frac{3}{2t^2} = \frac{(2t + \sqrt{3})(2t - \sqrt{3})}{2t^2}$$

$0 < t < 1$ の範囲で S の増減を調べると，右の表のよ

t	0	$\cdots$	$\dfrac{\sqrt{3}}{2}$	$\cdots$	1
$\dfrac{dS}{dt}$		$-$	0	$+$	
S		$\searrow$	$2\sqrt{3}$	$\nearrow$	

うになり，$t = \dfrac{\sqrt{3}}{2}$ のとき，S は最小値 $2\sqrt{3}$ をとることがわかる。

$$t = \sin\theta = \frac{\sqrt{3}}{2}$$

$90° < \theta < 180°$ より　　$\theta = 120°$

したがって，S は $\theta = 120°$ のとき最小となり，S の最小値は $2\sqrt{3}$　……(答)

§5 微・積分法

29 2023年度 〔1〕 Ⅱ   Level B

曲線 $C : y = x - x^3$ 上の点 A$(1, 0)$ における接線を l とし，C と l の共有点のうちAとは異なる点をBとする。また，$-2 < t < 1$ とし，C 上の点 P$(t, t - t^3)$ をとる。さらに，三角形 ABP の面積を $S(t)$ とする。

(1) 点Bの座標を求めよ。

(2) $S(t)$ を求めよ。

(3) t が $-2 < t < 1$ の範囲を動くとき，$S(t)$ の最大値を求めよ。

ポイント (1) $\begin{cases} y = x - x^3 \\ y = -2x + 2 \end{cases}$ を連立して得られる解が，曲線 C と接線 l の共有点の x 座標である。〔参考〕をよく理解し，要領よく計算すること。

(2) △ABP の図を描き考察し，固定されている辺が辺 AB であることに注目する。これを底辺とみなすことにする。高さは点Pと直線 AB の距離になる。点と直線の距離を求める公式では絶対値が出てくるので，それを外さなければならない。〔参考〕のように考えて絶対値を外せばよいが，〔解法2〕のように，ベクトルを用いて求めることもできる。

(3) △ABP の面積 $S(t)$ の最大値を求めるので，$S(t)$ が t の 3 次関数であることから，〔解法1〕のように t で微分して増減を調べる解法が考えられる。また，どのようなときに△ABP の面積が最大となるのかに気づけば，〔解法2〕のように考えることもできる。その場合，(2)で求めたものが流用でき，要領のよい解答がつくれる。

解法 1

(1) $y = x - x^3$ の両辺を x で微分すると $y' = 1 - 3x^2$ なので，$x = 1$ における微分係数は，$1 - 3 \cdot 1^2 = -2$ であり，これが曲線 C の点 A$(1, 0)$ における接線 l の傾きである。よって，接線 l の方程式は

$$y - 0 = -2(x - 1)$$

つまり

$$y = -2x + 2$$

となる。

曲線 C と接線 l の共有点の座標を求めるために

$$\begin{cases} y = x - x^3 \\ y = -2x + 2 \end{cases}$$

を解く。y を消去して

$$-2x + 2 = x - x^3$$
$$x^3 - 3x + 2 = 0$$

点 A $(1, 0)$ が接点であることから，$x = 1$ が 2 重解であることはわかっているので，左辺は

$$(x-1)^2(x+2) = 0$$

と因数分解でき

$$x = -2, 1$$

1 は点 A の x 座標で，-2 が点 B の x 座標である。

$x = -2$ のとき　　$y = -2(-2) + 2 = 6$

よって，点 B の座標は　　$(-2, 6)$ ……(答)

> **参考**　$\begin{cases} y = x - x^3 \\ y = -2x + 2 \end{cases}$ より y を消去して $x^3 - 3x + 2 = 0$ を得る。この 3 次方程式の解は曲線 C と接線 l の共有点の x 座標である。これらは点 A $(1, 0)$ で接しているので，2 重解として $x = 1$ を解にもち，$x^3 - 3x + 2$ は $(x-1)^2$ を因数にもつので，$(x-1)^2(x+2) = 0$ となることに注意しよう。因数定理を利用して解いているわけではない。

(2) $y = x - x^3 = x(1-x)(1+x)$ のグラフは x 軸と点 $(-1, 0)$，$(0, 0)$，$(1, 0)$ で交わることと，微分した $y' = 1 - 3x^2$ よりわかる増減を考えて概形を描き，点 A，B，P も描き込むと右のようになる。

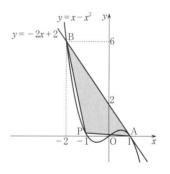

△ABP の面積 $S(t)$ を求める。

辺 AB を底辺とみなす。線分 AB の長さは

$$\sqrt{\{1 - (-2)\}^2 + (0-6)^2} = \sqrt{45} = 3\sqrt{5}$$

点 P $(t, t - t^3)$ と直線 $l : y = -2x + 2$，つまり $2x + y - 2 = 0$ の距離は

$$\frac{|2t + (t - t^3) - 2|}{\sqrt{2^2 + 1^2}} = \frac{|-t^3 + 3t - 2|}{\sqrt{5}}$$

ここで，絶対値の中の

$$-t^3 + 3t - 2 = -(t-1)^2(t+2)$$

は，$-2 < t < 1$ において

$$-(t-1)^2(t+2) < 0$$

であるから

$$|-t^3+3t-2|=t^3-3t+2$$

よって，△ABP の面積 $S(t)$ は

$$S(t)=\frac{1}{2}\cdot AB\cdot[\text{点 P と直線 } l \text{ の距離}]$$

$$=\frac{1}{2}\cdot3\sqrt{5}\cdot\frac{t^3-3t+2}{\sqrt{5}}$$

$$=\frac{3}{2}(t^3-3t+2)\quad\cdots\cdots(\text{答})$$

> **参考** 点 P$(t,\ t-t^3)$ と直線 $l:2x+y-2=0$ の距離を求めると $\dfrac{|-t^3+3t-2|}{\sqrt{5}}$ となり，絶対
>
> 値の中は $-(t-1)^2(t+2)$ と因数分解できる。この際に，分子の絶対値の中で x に t を，
> y に $t-t^3$ を代入している操作は，直線 $l:2x+y-2=0$ を曲線 C の媒介変数表示にあた
> る $\begin{cases}x=t\\y=t-t^3\end{cases}$ を代入していることと同じで，結果として C と l の方程式を連立している
> ことになるので，共有点の x 座標が得られる形と同じように因数分解ができる。
> 因数分解できることに気づかなければ，$f(t)=-t^3+3t-2$ とでもおいて，
> $f'(t)=-3(t+1)(t-1)$ をもとに $f(t)$ の増減を調べ，$-2<t<1$ で $f(t)<0$ となること
> を確認すればよい。

(3) $S(t)=\dfrac{3}{2}(t^3-3t+2)$ の両辺を t で微分すると

$$S'(t)=\frac{3}{2}(3t^2-3)=\frac{9}{2}(t+1)(t-1)$$

$-2<t<1$ において $S'(t)=0$ のとき，$t=-1$ であ
る。よって，$-2<t<1$ における $S(t)$ の増減は
右のようになる。

t	(-2)	$\cdots$	-1	$\cdots$	(1)
$S'(t)$		$+$	0	$-$	
$S(t)$	(0)	$\nearrow$	6	$\searrow$	(0)

よって，t が $-2<t<1$ の範囲を動くとき，$S(t)$
の最大値は 6 である。 $\cdots\cdots(\text{答})$

解法 2

(2) $\overrightarrow{AB}=(-3,\ 6)$，$\overrightarrow{AP}=(t-1,\ t-t^3)$ であるから，$-2<t<1$ において

$$S(t)=\frac{1}{2}|-3(t-t^3)-6(t-1)|$$

$$=\frac{1}{2}|3t^3-9t+6|$$

$$=\frac{3}{2}|t^3-3t+2|$$

$$= \frac{3}{2} \left(t^3 - 3t + 2 \right) \quad \cdots\cdots (答)$$

(3) △ABP の面積が最大となるのは，底辺を辺 AB とみなしたときに，高さが最大となるときである。ここで，高さが最大となるのは，曲線 C の接線の傾きが -2 になる点 A 以外の接点を頂点 P とするときである。

直線 AB の傾きが -2 であることから

$$1 - 3x^2 = -2$$
$$x^2 = 1$$
$$x = \pm 1$$

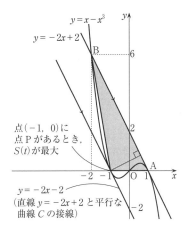

点$(-1, 0)$に
点 P があるとき，
$S(t)$が最大

1 は点 A の x 座標で，-1 が点 P の x 座標であり，点 P が点 $(-1, 0)$ のときに $S(t)$ が最大となる。

よって，△ABP の面積 $S(t)$ の最大値は

$$S(-1) = \frac{1}{2} \cdot AB \cdot [点 P と直線 l の距離]$$
$$= \frac{1}{2} \cdot 3\sqrt{5} \cdot \frac{|-(-1)^3 + 3(-1) - 2|}{\sqrt{5}}$$
$$= 6 \quad \cdots\cdots (答)$$

30

α, β を実数とし, $\alpha>1$ とする。曲線 $C_1:y=|x^2-1|$ と曲線 $C_2:y=-(x-\alpha)^2+\beta$ が, 点 $(\alpha,\ \beta)$ と点 $(p,\ q)$ の2点で交わるとする。また, C_1 と C_2 で囲まれた図形の面積を S_1 とし, x 軸, 直線 $x=\alpha$, および C_1 の $x\geqq1$ を満たす部分で囲まれた図形の面積を S_2 とする。

(1) p を α を用いて表し, $0<p<1$ であることを示せ。

(2) S_1 を α を用いて表せ。

(3) $S_1>S_2$ であることを示せ。

ポイント (1) $\alpha>1$ なので, 曲線 $C_2:y=-(x-\alpha)^2+\beta$ の頂点 $(\alpha,\ \beta)$ が曲線 $C_1:y=|x^2-1|$ のうち $y=x^2-1$ 上に存在する。よって, $\beta=\alpha^2-1$ となるので, 曲線 C_2 の方程式は $y=-(x-\alpha)^2+\alpha^2-1$ つまり $y=-x^2+2\alpha x-1$ と表せる。これは y 軸と点 $(0,\ -1)$ で交わるので, 2つの交点のうち, 点 $(p,\ q)$ の x 座標について, $0<p<1$ であることは, 〔参考〕のように図を描けばある程度明らかである。問題用紙などに図を描いておき, それをもとにしてきちんとした証明を組み立てていこう。曲線 C_1 上に曲線 C_2 の頂点があるということで, もう1つの交点が曲線 $y=-x^2+1$ の $0<x<1$ の部分にあることを示せばよい。

(2)・(3) S_1 と S_2 がどの部分の面積なのか図で確認し定積分で求めよう。$S_1>S_2$ を示すためには $S_1-S_2>0$ を証明しよう。

解 法

(1) $\alpha>1$ なので, 曲線 $C_1:y=|x^2-1|$ の中でも特に $y=x^2-1$ 上に曲線 $C_2:y=-(x-\alpha)^2+\beta$ の頂点 $(\alpha,\ \beta)$ が存在し, $\beta=\alpha^2-1$ が成り立つ。よって, 曲線 C_2 の方程式は $y=-(x-\alpha)^2+\alpha^2-1$ つまり $y=-x^2+2\alpha x-1$ と表せる。これは定点 $(0,\ -1)$ を通る。

点 $(p,\ q)$ は C_1, C_2 上の点なので

$$\begin{cases} q=|p^2-1| \\ q=-p^2+2\alpha p-1 \end{cases}$$

が成り立つ。q を消去すると

$$|p^2-1|=-p^2+2\alpha p-1$$

となる。ここで左辺について場合分けをする。

(ア) $p^2-1\geqq0$ つまり $p\leqq-1$ または $1\leqq p$ のとき

$$p^2-1=-p^2+2\alpha p-1$$

となり

$$2p^2-2\alpha p=0$$

$$2p(p-\alpha)=0$$

$$p=0 \quad または \quad p=\alpha \quad (\alpha>1)$$

$p=0$ は $p\leqq-1$ または $1\leqq p$ の範囲にはない。また，$p=\alpha$ のとき，曲線 C_1 と C_2 の 2 つの交点が一致し，2 点で交わることにはならない。よって，条件を満たさない。

(イ) $p^2-1<0$ つまり $-1<p<1$ のとき

$$-p^2+1=-p^2+2\alpha p-1$$

となり

$$p=\frac{1}{\alpha}$$

ここで，$\alpha>1$ なので，$0<\dfrac{1}{\alpha}<1$ となり，$-1<p<1$ のうち，特に $0<p<1$ を満たす。

よって　　$p=\dfrac{1}{\alpha}$ ……(答)

であり，$0<p<1$ である。　　　　　　　　　　　　　　　　　　　　　　(証明終)

参考

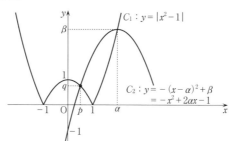

曲線 C_2 は，$0<x<1$ において曲線 C_1 の $y=-x^2+1$ の部分と点 (p, q) で交わることを証明する問題である。

(2)　面積 S_1 は下図の網かけ部分の面積である。

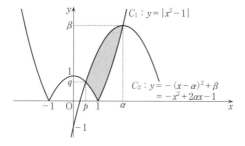

$$S_1 = \int_{\frac{1}{\alpha}}^1 \{(-x^2 + 2\alpha x - 1) - (-x^2 + 1)\}\, dx + \int_1^\alpha \{(-x^2 + 2\alpha x - 1) - (x^2 - 1)\}\, dx$$

$$= \int_{\frac{1}{\alpha}}^1 (2\alpha x - 2)\, dx + \int_1^\alpha (-2x^2 + 2\alpha x)\, dx$$

$$= \left[\alpha x^2 - 2x\right]_{\frac{1}{\alpha}}^1 + \left[-\frac{2}{3}x^3 + \alpha x^2\right]_1^\alpha$$

$$= (\alpha - 2) - \left(\frac{1}{\alpha} - \frac{2}{\alpha}\right) + \left(-\frac{2}{3}\alpha^3 + \alpha^3\right) - \left(-\frac{2}{3} + \alpha\right)$$

$$= \frac{1}{3}\alpha^3 + \frac{1}{\alpha} - \frac{4}{3} \quad \cdots\cdots(\text{答})$$

(3) 面積 S_2 は下図の網かけ部分の面積である。

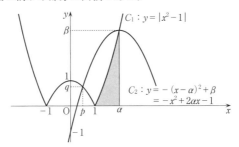

$$S_2 = \int_1^\alpha (x^2 - 1)\, dx = \left[\frac{1}{3}x^3 - x\right]_1^\alpha = \frac{1}{3}\alpha^3 - \alpha + \frac{2}{3}$$

であるから

$$S_1 - S_2 = \left(\frac{1}{3}\alpha^3 + \frac{1}{\alpha} - \frac{4}{3}\right) - \left(\frac{1}{3}\alpha^3 - \alpha + \frac{2}{3}\right)$$

$$= \alpha + \frac{1}{\alpha} - 2$$

$$= \frac{\alpha^2 - 2\alpha + 1}{\alpha}$$

$$= \frac{(\alpha - 1)^2}{\alpha}$$

ここで，$\alpha > 1$ より $\quad \dfrac{(\alpha - 1)^2}{\alpha} > 0$

よって，$S_1 - S_2 > 0$ ゆえに $\quad S_1 > S_2$ （証明終）

31

　t, p を実数とし，$t>0$ とする。xy 平面において，原点 O を中心とし点 A $(1,\ t)$ を通る円を C_1 とする。また，点 A における C_1 の接線を l とする。直線 $x=p$ を軸とする 2 次関数のグラフ C_2 は，x 軸に接し，点 A において直線 l とも接するとする。

(1)　直線 l の方程式を t を用いて表せ。

(2)　p を t を用いて表せ。

(3)　C_2 と x 軸の接点を M とし，C_2 と y 軸の交点を N とする。t が正の実数全体を動くとき，三角形 OMN の面積の最小値を求めよ。

ポイント　(1)　円 $x^2+y^2=r^2$ 上の点 $(x_1,\ y_1)$ における接線の方程式は $x_1x+y_1y=r^2$ である。微分して微分係数を求めることにより曲線の接線の方程式を求めることとは別に，この公式は覚えておいて利用すればよい。

(2)　$y=f(x)$，$y=g(x)$ のグラフが点 $(m,\ n)$ で共通の接線をもつための条件は
$$\begin{cases} f(m)=g(m)=n & \cdots\cdots(\ast) \\ f'(m)=g'(m) \end{cases}$$
が成り立つことである。

本問では C_1 が点 A を通っているので，C_2 も点 A を通ることより，②を $(\ast)$ のかわりに立式した。

(3)　△OMN の面積を p, a で表して，それを(2)で得られた関係式で t に置換する。整理していきながら，相加平均・相乗平均の関係が利用できることに気づこう。

解法 1

(1)　円 C_1 は原点 O が中心であり，点 A $(1,\ t)$ を通ることから，半径が $\sqrt{t^2+1}$ の円なので，方程式は
$$x^2+y^2=t^2+1$$
よって，点 A における C_1 の接線 l の方程式は，接線の公式より
$$x+ty=t^2+1 \quad \cdots\cdots① \quad \cdots\cdots(答)$$

(2)

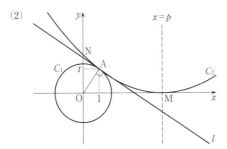

2次関数のグラフ C_2 の軸は直線 $x=p$ であり，x 軸に接するので，C_2 の方程式は

$$y=a(x-p)^2 \quad (a \neq 0)$$

と表すことができる。両辺を x で微分すると

$$y'=2a(x-p)$$

であるから，点Aにおける接線 l の傾きは，$2a(1-p)$ である。

一方で，①は，$t \neq 0$ より

$$y=-\frac{1}{t}x+t+\frac{1}{t}$$

と変形できるから，接線 l の傾きは $-\dfrac{1}{t}$ でもある。

C_1 と C_2 が点Aで共通の接線をもつための条件は，C_2 も点Aを通ることと，C_1 と C_2 の点Aにおける接線の傾きが等しいことより

$$\begin{cases} t=a(1-p)^2 & \cdots\cdots ② \\ -\dfrac{1}{t}=2a(1-p) & \cdots\cdots ③ \end{cases}$$

③において，$2a(1-p)=-\dfrac{1}{t} \neq 0$ であるから

②÷③ より　　$-t^2=\dfrac{1-p}{2}$

$$\therefore \quad p=2t^2+1 \quad \cdots\cdots(\text{答})$$

(3)　(2)の結果と②より

$$a=\frac{1}{4t^3}$$

また，点Mの座標は $(p,\ 0)$，点Nの座標は $(0,\ ap^2)$ である。

$$\triangle \text{OMN} = \frac{1}{2} \cdot \text{OM} \cdot \text{ON}$$

$$= \frac{1}{2}p \cdot ap^2$$

$$= \frac{1}{2} \cdot \frac{1}{4t^3}(2t^2+1)^3$$

$$= \left(\frac{2t^2+1}{2t}\right)^3$$

$$= \left(t + \frac{1}{2t}\right)^3$$

$t>0$ かつ $\frac{1}{2t}>0$ なので，相加平均・相乗平均の関係から

$$\frac{t+\dfrac{1}{2t}}{2} \geqq \sqrt{t \cdot \frac{1}{2t}}$$

$$t + \frac{1}{2t} \geqq \sqrt{2}$$

よって

$$\triangle \text{OMN} \geqq (\sqrt{2})^3 = 2\sqrt{2}$$

等号は，$t=\dfrac{1}{2t}$，つまり $t=\dfrac{\sqrt{2}}{2}$ のときに成り立つ。

したがって，三角形 OMN の面積の最小値は　　$2\sqrt{2}$　……(答)

解法 2

(1) 接線 l 上に点 P $(x,\ y)$ をとる。直線 l は点 A $(1,\ t)$ を通り，$\overrightarrow{\text{OA}}=(1,\ t)$ に垂直な直線である。$\overrightarrow{\text{AP}}=(x-1,\ y-t)$ は $\overrightarrow{\text{OA}}$ と垂直，または $\overrightarrow{\text{AP}}=\vec{0}$ であるから，$\overrightarrow{\text{AP}} \cdot \overrightarrow{\text{OA}}=0$ より

$$1(x-1)+t(y-t)=0$$

よって，直線 l の方程式は

$$x+ty-t^2-1=0 \quad \cdots\cdots(答)$$

32

$k>0$, $0<\theta<\dfrac{\pi}{4}$ とする。放物線 $C:y=x^2-kx$ と直線 $l:y=(\tan\theta)x$ の交点のうち，原点 O と異なるものを P とする。放物線 C の点 O における接線を l_1 とし，点 P における接線を l_2 とする。直線 l_1 の傾きが $-\dfrac{1}{3}$ で，直線 l_2 の傾きが $\tan 2\theta$ であるとき，以下の問いに答えよ。

(1)　k を求めよ。

(2)　$\tan\theta$ を求めよ。

(3)　直線 l_1 と l_2 の交点を Q とする。$\angle\mathrm{PQO}=\alpha$（ただし $0\leqq\alpha\leqq\pi$）とするとき，$\tan\alpha$ を求めよ。

ポイント　放物線の 2 本の接線のなす角の正接の値を求める問題である。角の差を考えることで正接の加法定理を用いることになる。丁寧に図示しながら解き進めるとよい。(1)・(2)の誘導に沿って計算していこう。「直線のなす角 α を求める」ときには，$0\leqq\alpha\leqq\dfrac{\pi}{2}$ の範囲で，「ベクトルのなす角 α を求める」ときには，$0\leqq\alpha\leqq\pi$ の範囲で考える。本問では $0\leqq\alpha\leqq\pi$ の範囲で $\angle\mathrm{PQO}=\alpha$ の正接の値を求める。同じ「なす角」でも定義されている範囲が異なることに注意しよう。

解 法

(1)　$y=x^2-kx$ より
$$y'=2x-k$$
放物線 C の点 O における接線 l_1 の傾きは $2\cdot0-k=-k$ であり，これが $-\dfrac{1}{3}$ であることから
$$k=\frac{1}{3}\quad\cdots\cdots（答）$$

(2)　$y=x^2-kx$ と $y=(\tan\theta)x$ より y を消去して
$$x^2-kx=(\tan\theta)x$$
$$x\{x-(\tan\theta+k)\}=0$$

$$x = 0, \quad \tan\theta + k$$

これが，放物線 C と直線 l の交点の x 座標である。

$k = \dfrac{1}{3}$ であるから，点 P の座標は

$$\left(\tan\theta + \frac{1}{3}, \ \left(\tan\theta + \frac{1}{3}\right)^2 - \frac{1}{3}\left(\tan\theta + \frac{1}{3}\right)\right)$$

つまり　　$\left(\tan\theta + \dfrac{1}{3}, \ \tan^2\theta + \dfrac{1}{3}\tan\theta\right)$

点 P における接線が l_2 であり，直線 l_2 の傾きは

$$2\left(\tan\theta + \frac{1}{3}\right) - \frac{1}{3} = 2\tan\theta + \frac{1}{3}$$

これが $\tan 2\theta$ であることから

$$\tan 2\theta = 2\tan\theta + \frac{1}{3}$$

$$\frac{2\tan\theta}{1 - \tan^2\theta} = 2\tan\theta + \frac{1}{3}$$

$$2\tan\theta = (1 - \tan^2\theta)\left(2\tan\theta + \frac{1}{3}\right)$$

$$2\tan\theta = 2\tan\theta - 2\tan^3\theta + \frac{1}{3} - \frac{1}{3}\tan^2\theta$$

$$2\tan^3\theta + \frac{1}{3}\tan^2\theta - \frac{1}{3} = 0$$

$$2\left(\tan\theta - \frac{1}{2}\right)(3\tan^2\theta + 2\tan\theta + 1) = 0$$

ここで

$$3\tan^2\theta + 2\tan\theta + 1 = 3\left(\tan\theta + \frac{1}{3}\right)^2 + \frac{2}{3} > 0$$

であるから

$$\tan\theta = \frac{1}{2} \quad \cdots\cdots (答)$$

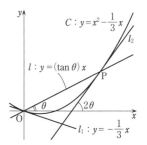

(3)　直線 l_1 と x 軸の正の方向とのなす角 θ_1 と，直線 l_2 と x 軸の正の方向とのなす角 θ_2 を $0 < \theta_2 < \theta_1 < \pi$ を満たすようにとる。

直線 l_1 の傾きが $-\dfrac{1}{3}$ であるから

$$\tan\theta_1 = -\frac{1}{3}$$

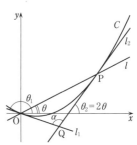

直線 l_2 の傾きが $\tan 2\theta$ であるから，(2)より

$$\tan\theta_2 = \tan 2\theta$$

$$= \frac{2\tan\theta}{1-\tan^2\theta}$$

$$= \frac{1}{1-\left(\dfrac{1}{2}\right)^2}$$

$$= \frac{4}{3}$$

$\angle\mathrm{PQO}=\alpha$ は，$\alpha=\theta_1-\theta_2$ で表すことができるから

$$\tan\alpha = \tan\left(\theta_1-\theta_2\right)$$

$$= \frac{\tan\theta_1-\tan\theta_2}{1+\tan\theta_1\tan\theta_2}$$

$$= \frac{-\dfrac{1}{3}-\dfrac{4}{3}}{1+\left(-\dfrac{1}{3}\right)\dfrac{4}{3}}$$

$$= -3 \quad\cdots\cdots(\text{答})$$

33

$0<\theta<\dfrac{\pi}{2}$ とする。放物線 $y=x^2$ 上に 3 点 O $(0,\ 0)$，A $(\tan\theta,\ \tan^2\theta)$，

B $(-\tan\theta,\ \tan^2\theta)$ をとる。三角形 OAB の内心の y 座標を p とし，外心の y 座標を q とする。また，正の実数 a に対して，直線 $y=a$ と放物線 $y=x^2$ で囲まれた図形の面積を $S(a)$ で表す。

(1)　p，q を $\cos\theta$ を用いて表せ。

(2)　$\dfrac{S(p)}{S(q)}$ が整数であるような $\cos\theta$ の値をすべて求めよ。

ポイント　(1)　三角形の内接円の半径を求めるときには三角形の面積に注目し，三角形を分割して面積の計算をするのが定石である。〔解法〕でもこの方法をもとにして p を求めた。三角形の外心と内心の位置を正しく把握すること。内心は各内角の二等分線の交点である。それは内心から三角形の各辺に下ろした垂線でできる合同な直角三角形に注目することで確認できる。〔参考〕ではこのことを利用して p を求めている。外心とは三角形の各辺の垂直二等分線の交点である。これは辺 OA の垂直二等分線上には点 O，A から等距離の点が，辺 OB の垂直二等分線上には点 O，B から等距離の点が存在し，その交点は 3 点 O，A，B から等距離の点，つまり△OAB の外接円の中心となることによる。

(2)　$S(a)=\dfrac{4}{3}a\sqrt{a}$ を得られたら，あとは(1)で求めた p，q を代入して計算するだけである。〔解法〕では $\dfrac{S(p)}{S(q)}$ がとることのできる値の範囲を求める方法を丁寧に記しておいたので参考にしてほしい。$0<\dfrac{S(p)}{S(q)}<2\sqrt{2}$ であることより整数は 1，2 であることがわかるので，それに対する $\cos\theta$ の値を求めよう。

解 法

(1)　△OAB の内心を点 P，内接円の半径を r，線分 AB の中点を R とおく。

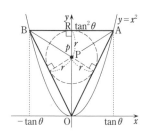

$$\triangle OAB=\frac{1}{2}AB\cdot OR$$

$$=\frac{1}{2}\cdot 2\tan\theta\cdot\tan^2\theta$$

$$=\tan^3\theta \quad\cdots\cdots①$$

一方で，△OAB の面積は次のようにも表せる。

$$\triangle OAB = \triangle OPA + \triangle OPB + \triangle PAB$$

$$= \frac{1}{2}r\,OA + \frac{1}{2}r\,OB + \frac{1}{2}r\,AB$$

ここで，$AB = 2\tan\theta$ であり

$$OA = \sqrt{\tan^2\theta + (\tan^2\theta)^2} = \sqrt{\tan^2\theta\,(1 + \tan^2\theta)}$$

$$= \sqrt{\left(\frac{\sin\theta}{\cos\theta}\right)^2 \frac{1}{\cos^2\theta}} = \frac{\sin\theta}{\cos^2\theta}$$

同様にして，$OB = \dfrac{\sin\theta}{\cos^2\theta}$ となるので

$$\triangle OAB = \frac{1}{2}r\frac{\sin\theta}{\cos^2\theta} + \frac{1}{2}r\frac{\sin\theta}{\cos^2\theta} + \frac{1}{2}r\cdot 2\tan\theta$$

$$= r\frac{\sin\theta + \cos\theta\sin\theta}{\cos^2\theta} \quad \cdots\cdots ②$$

①，②より $\qquad r\dfrac{\sin\theta + \cos\theta\sin\theta}{\cos^2\theta} = \tan^3\theta$

$$r = \frac{\cos^2\theta}{\sin\theta\,(1 + \cos\theta)} \cdot \frac{\sin^3\theta}{\cos^3\theta}$$

$$= \frac{\sin^2\theta}{\cos\theta\,(1 + \cos\theta)}$$

$$= \frac{1 - \cos^2\theta}{\cos\theta\,(1 + \cos\theta)}$$

$$= \frac{1 - \cos\theta}{\cos\theta}$$

よって

$$p = \tan^2\theta - r$$

$$= \frac{\sin^2\theta}{\cos^2\theta} - \frac{1 - \cos\theta}{\cos\theta}$$

$$= \frac{\sin^2\theta - \cos\theta + \cos^2\theta}{\cos^2\theta}$$

$$= \frac{1 - \cos\theta}{\cos^2\theta} \quad \cdots\cdots (答)$$

△OAB の外心を点Qとする。外心は線分 OA の垂直二
等分線と線分 AB の垂直二等分線である y 軸との交点で
ある。

直線 OA の傾きが $\dfrac{\tan^2\theta}{\tan\theta} = \tan\theta$ より，線分 OA の垂直

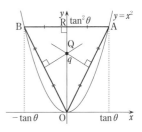

二等分線の傾きは $-\dfrac{1}{\tan\theta}$ であり，線分 OA の中点の座標は $\left(\dfrac{1}{2}\tan\theta,\ \dfrac{1}{2}\tan^2\theta\right)$ であることから，線分 OA の垂直二等分線の方程式は

$$y-\frac{1}{2}\tan^2\theta=-\frac{1}{\tan\theta}\left(x-\frac{1}{2}\tan\theta\right)$$

$$y=-\frac{1}{\tan\theta}x+\frac{1}{2}(1+\tan^2\theta)$$

$$=-\frac{1}{\tan\theta}x+\frac{1}{2\cos^2\theta}$$

よって，$x=0$ として　　$q=\dfrac{1}{2\cos^2\theta}$　……（答）

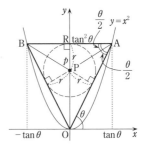

参考　p は次のようにしても求めることができる。

直線 OA の傾きは $\tan\theta$ であり，これは直線 OA と x 軸のなす角が θ であることを表す。それと錯角の関係にある $\angle$BAO も大きさは θ である。△OAB の内心を点 P とするとき，P は $\angle$BAO の二等分線と $\angle$BOA の二等分線である y 軸との交点である。

△OAB において，直線 AP は $\angle$BAO の二等分線であるから，△OAR において

$$\text{RP}:\text{PO}=\text{AR}:\text{AO}$$

が成り立つから

$$(\tan^2\theta-p):p=\tan\theta:\sqrt{\tan^2\theta+\tan^4\theta}$$

$$p\tan\theta=(\tan^2\theta-p)\sqrt{1+\tan^2\theta}\,\tan\theta$$

$0<\theta<\dfrac{\pi}{2}$ であるから，$0<\tan\theta$ より，両辺を $\tan\theta$ で割って

$$p=(\tan^2\theta-p)\frac{1}{\cos\theta}$$

$$(1+\cos\theta)p=\frac{\sin^2\theta}{\cos^2\theta}$$

$$p=\frac{1-\cos^2\theta}{\cos^2\theta}\cdot\frac{1}{1+\cos\theta}=\frac{1-\cos\theta}{\cos^2\theta}$$

また，q は次のようにしても求めることができる。

外接円の半径が q だから，正弦定理より

$$q=\frac{\text{OB}}{2\sin\angle\text{BAO}}=\frac{\left(\dfrac{\sin\theta}{\cos^2\theta}\right)}{2\sin\theta}=\frac{1}{2\cos^2\theta}$$

(2)　$$S(a)=\int_{-\sqrt{a}}^{\sqrt{a}}(a-x^2)\,dx=2\int_0^{\sqrt{a}}(a-x^2)\,dx$$

$$=2\left[ax-\frac{1}{3}x^3\right]_0^{\sqrt{a}}=2\left(a\sqrt{a}-\frac{1}{3}a\sqrt{a}\right)$$

$$= \frac{4}{3} a\sqrt{a}$$

したがって

$$\frac{S(p)}{S(q)} = \frac{\frac{4}{3} p\sqrt{p}}{\frac{4}{3} q\sqrt{q}} = \left(\frac{\frac{1-\cos\theta}{\cos^2\theta}}{\frac{1}{2\cos^2\theta}} \right)^{\frac{3}{2}} = \{2(1-\cos\theta)\}^{\frac{3}{2}}$$

ここで，$0<\theta<\dfrac{\pi}{2}$ であるから

$$0<\cos\theta<1 \qquad 0>-\cos\theta>-1 \qquad 1>1-\cos\theta>0$$

$$1>(1-\cos\theta)^{\frac{3}{2}}>0 \qquad 2\sqrt{2}>\{2(1-\cos\theta)\}^{\frac{3}{2}}>0$$

よって，$\{2(1-\cos\theta)\}^{\frac{3}{2}}$ のとれる整数は，1，2である。

$\{2(1-\cos\theta)\}^{\frac{3}{2}}=1$ のとき

$$2(1-\cos\theta)=1 \qquad 1-\cos\theta=\frac{1}{2}$$

$$\cos\theta=\frac{1}{2}$$

$\{2(1-\cos\theta)\}^{\frac{3}{2}}=2$ のとき

$$2(1-\cos\theta)=2^{\frac{2}{3}} \qquad 1-\cos\theta=2^{-\frac{1}{3}}$$

$$\cos\theta=1-\frac{1}{\sqrt[3]{2}}$$

よって，求める $\cos\theta$ の値は　$\dfrac{1}{2}$，$1-\dfrac{1}{\sqrt[3]{2}}$　……(答)

34

放物線 $C : y = x^2 + ax + b$ が 2 直線 $l_1 : y = px$ $(p > 0)$, $l_2 : y = qx$ $(q < 0)$ と接している。また, C と l_1, l_2 で囲まれた図形の面積を S とする。

(1) a, b を p, q を用いてそれぞれ表せ。

(2) S を p, q を用いて表せ。

(3) l_1, l_2 が直交するように p, q が動くとき, S の最小値を求めよ。

ポイント (1) C と l_1 が接するための条件は, 2 つのグラフの方程式から y を消去した x の 2 次方程式が重解をもつことである。C と l_2 についても同様である。(判別式)$=0$ より得られた 2 式の辺々を引くとまずは a が得られる。続いて b を求める。

(2) C と l_1, l_2 で囲まれた図形の面積を求めるためには, C と l_1 の接点と C と l_2 の接点の x 座標を求める必要がある。また l_1, l_2 の交点の x 座標は 0 であることはわかる。

$$S = \int_{\frac{q-p}{4}}^{0} \{(x^2 + ax + b) - qx\}\,dx + \int_{0}^{\frac{p-q}{4}} \{(x^2 + ax + b) - px\}\,dx$$

$$= \left[\frac{1}{3}x^3 + \frac{1}{2}(a-q)x^2 + bx\right]_{\frac{q-p}{4}}^{0} + \left[\frac{1}{3}x^3 + \frac{1}{2}(a-p)x^2 + bx\right]_{0}^{\frac{p-q}{4}}$$

という方向に計算をもっていかずに〔解法〕のように計算をすること。かなり計算の量が変わってくるし, それに伴い計算ミスの可能性も減る。

(3) $pq = -1$ の関係が成り立つことを受けて, $S = \dfrac{1}{96}(p-q)^3$ において, $p > 0$ である p だけで表すことができ, $p + \dfrac{1}{p}$ の部分で相加平均・相乗平均の関係が利用できる。

解 法

(1) $\begin{cases} y = x^2 + ax + b \\ y = px \end{cases}$ より y を消去して

$\qquad x^2 + ax + b = px$

$\qquad x^2 + (a-p)x + b = 0$ ……①

C と l_1 が接するための条件は, ①が重解をもつ, つまり, ①の判別式を D_1 とするときに $D_1 = 0$ となることであるから

$\qquad D_1 = (a-p)^2 - 4b = 0$ ……②

$\qquad a^2 - 2ap + p^2 - 4b = 0$ ……③

$$\begin{cases} y = x^2 + ax + b \\ y = qx \end{cases} \text{より } y \text{ を消去して}$$

$$x^2 + ax + b = qx$$

$$x^2 + (a-q)x + b = 0 \quad \cdots\cdots ④$$

C と l_2 が接するための条件は，同様にして

$$(a-q)^2 - 4b = 0$$

$$a^2 - 2aq + q^2 - 4b = 0 \quad \cdots\cdots ⑤$$

③－⑤ より

$$2a(p-q) = p^2 - q^2$$

$$2a(p-q) = (p-q)(p+q)$$

$q < 0 < p$ より両辺を 0 ではない $2(p-q)$ で割ると

$$a = \frac{1}{2}(p+q) \quad \cdots\cdots (答)$$

これを②に代入すると

$$b = \frac{1}{4}(a-p)^2 = \frac{1}{4}\left(\frac{p-q}{2}\right)^2$$

$$= \frac{1}{16}(p-q)^2 \quad \cdots\cdots (答)$$

(2)　①の重解は

$$x = \frac{-(a-p)}{2 \cdot 1} = \frac{1}{2}\left\{ p - \frac{1}{2}(p+q) \right\} = \frac{1}{4}(p-q)$$

これが C と l_1 の接点の x 座標である。

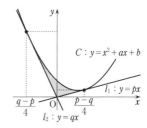

同様に④の重解は　　$x = \frac{1}{4}(q-p)$

これが C と l_2 の接点の x 座標である。

また，l_1, l_2 の交点の x 座標は 0 である。

よって，C と l_1, l_2 で囲まれた図形の面積 S は

$$S = \int_{\frac{q-p}{4}}^{0} \{(x^2 + ax + b) - qx\} \, dx + \int_{0}^{\frac{p-q}{4}} \{(x^2 + ax + b) - px\} \, dx$$

$$= \int_{\frac{q-p}{4}}^{0} \left(x - \frac{q-p}{4}\right)^2 dx + \int_{0}^{\frac{p-q}{4}} \left(x - \frac{p-q}{4}\right)^2 dx$$

$$= \left[\frac{1}{3}\left(x - \frac{q-p}{4}\right)^3\right]_{\frac{q-p}{4}}^{0} + \left[\frac{1}{3}\left(x - \frac{p-q}{4}\right)^3\right]_{0}^{\frac{p-q}{4}}$$

$$= \frac{1}{3}\left(-\frac{q-p}{4}\right)^3 - \frac{1}{3}\left(-\frac{p-q}{4}\right)^3$$

$$= \frac{1}{3}\left(\frac{p-q}{4}\right)^3 + \frac{1}{3}\left(\frac{p-q}{4}\right)^3$$

$$= \frac{2}{3}\left(\frac{p-q}{4}\right)^3$$

$$= \frac{1}{96}(p-q)^3 \quad \cdots\cdots(答)$$

(3) l_1, l_2 が直交するように p, q が動くとき，p，q の関係は

$$pq = -1 \quad より \quad q = -\frac{1}{p}$$

よって，$S = \frac{1}{96}(p-q)^3$ に代入すると

$$S = \frac{1}{96}\left(p + \frac{1}{p}\right)^3$$

ここで，$p > 0$, $\frac{1}{p} > 0$ であるので相加平均・相乗平均の関係から

$$p + \frac{1}{p} \geq 2\sqrt{p \cdot \frac{1}{p}}$$

$$p + \frac{1}{p} \geq 2$$

$$\left(p + \frac{1}{p}\right)^3 \geq 8$$

$$\frac{1}{96}\left(p + \frac{1}{p}\right)^3 \geq \frac{1}{12}$$

$$S \geq \frac{1}{12}$$

等号は，$p > 0$ のもとで $p = \frac{1}{p}$ つまり $p = 1$ のときに成り立つ。

したがって，$p = 1$，$q = -1$ のとき S の最小値は $\frac{1}{12}$ である。 $\cdots\cdots$(答)

> **参考** $\displaystyle\int (x-\alpha)^2 dx = \frac{1}{3}(x-\alpha)^3 + C$ （C は積分定数）
>
> が成り立つことは，理系の受験生にとっては合成関数の微・積分法から簡単に証明できるが，文系の受験生は次のように証明するとよい。
>
> $$\{(x-\alpha)^3\}' = (x^3 - 3\alpha x^2 + 3\alpha^2 x - \alpha^3)' = 3x^2 - 6\alpha x + 3\alpha^2$$
> $$= 3(x-\alpha)^2$$
>
> したがって
>
> $$\left\{\frac{1}{3}(x-\alpha)^3\right\}' = (x-\alpha)^2$$
>
> $$\frac{1}{3}(x-\alpha)^3 + C = \int (x-\alpha)^2 dx \quad （C は積分定数）$$

35

a, b, c を実数とし，β, m をそれぞれ $0<\beta<1$，$m>0$ を満たす実数とする。また，関数 $f(x)=x^3+ax^2+bx+c$ は $x=\beta$，$-\beta$ で極値をとり，$f(-1)=f(\beta)=-m$，$f(1)=f(-\beta)=m$ を満たすとする。

(1) a, b, c，および β, m の値を求めよ。

(2) 関数 $g(x)=x^3+px^2+qx+r$ は，$-1\leqq x\leqq 1$ に対して $f(-1)\leqq g(x)\leqq f(1)$ を満たすとする。$h(x)=f(x)-g(x)$ とおくとき，$h(-1)$，$h(-\beta)$，$h(\beta)$，$h(1)$ それぞれと 0 との大きさを比較することにより，$h(x)$ を求めよ。

ポイント (1) 条件から方程式をつくる。多くの方程式が得られるので，上手く組み合わせて連立方程式を解くのがポイントである。

(2) $h(x)=-px^2-\left(q+\dfrac{3}{4}\right)x-r$ となる。x の係数について $q'=q+\dfrac{3}{4}$ とおくと，以降の処理を簡略化できる。$h(x)=f(x)-g(x)$ の $f(x)$，$g(x)$ に関しては，(1)で $\beta=\dfrac{1}{2}$ なので，

-1，$-\dfrac{1}{2}$，$\dfrac{1}{2}$，1 のすべてが $-1\leqq x\leqq 1$ の範囲にある値であり，$f(-1)\leqq g(x)\leqq f(1)$ の条件を満たす。あとは，「$h(-1)$，$h(-\beta)$，$h(\beta)$，$h(1)$ それぞれと 0 との大きさを比較することにより」と解法が指示されているので，その方針に従う。$f(-1)=f(\beta)=-m$，$f(1)=f(-\beta)=m$ を満たすことも忘れずに利用すること。

$-p+q'-r\leqq 0$，$p+q'+r\leqq 0$ より辺々加えて

$\qquad q'\leqq 0$

$-\dfrac{1}{4}p+\dfrac{1}{2}q'-r\geqq 0$，$\dfrac{1}{4}p+\dfrac{1}{2}q'+r\geqq 0$ より辺々加えて

$\qquad q'\geqq 0$

以上から，$q'=0$ を導いてもよい。

解 法

(1) $f(x)=x^3+ax^2+bx+c$ より

$\qquad f'(x)=3x^2+2ax+b$

となり，$f(x)=x^3+ax^2+bx+c$ が $x=\beta$，$-\beta$ で極値をとることから，$x=\beta$，$-\beta$ は $f'(x)=0$ の解である。

よって，解と係数の関係より $\begin{cases} \beta+(-\beta)=-\dfrac{2}{3}a \\ \beta(-\beta)=\dfrac{1}{3}b \end{cases}$

$\begin{cases} a=0 & \cdots\cdots\text{①} \\ b=-3\beta^2 & \cdots\cdots\text{②} \end{cases}$

したがって $f(x)=x^3-3\beta^2x+c$

これが，$f(-1)=f(\beta)=-m$，$f(1)=f(-\beta)=m$ を満たすことから

$\begin{cases} -1+3\beta^2+c=-2\beta^3+c & \cdots\cdots\text{③} \\ -2\beta^3+c=-m & \cdots\cdots\text{④} \\ 1-3\beta^2+c=2\beta^3+c & \cdots\cdots\text{⑤} \\ 2\beta^3+c=m & \cdots\cdots\text{⑥} \end{cases}$

③と⑤より $2\beta^3+3\beta^2-1=0$

よって

$(\beta+1)(2\beta^2+\beta-1)=0$

$(\beta+1)^2(2\beta-1)=0$

$\beta=-1,\ \dfrac{1}{2}$

このうち，$0<\beta<1$ を満たす β は $\beta=\dfrac{1}{2}$ $\cdots\cdots\text{⑦}$

⑦を②に代入すると $b=-\dfrac{3}{4}$ $\cdots\cdots\text{⑧}$

⑦を④に代入すると $c-\dfrac{1}{4}=-m$ $\cdots\cdots\text{⑨}$

⑦を⑥に代入すると $c+\dfrac{1}{4}=m$ $\cdots\cdots\text{⑩}$

⑨，⑩より $c=0$ $\cdots\cdots\text{⑪}$，$m=\dfrac{1}{4}$ $\cdots\cdots\text{⑫}$

①，⑧，⑪より $f(x)=x^3-\dfrac{3}{4}x$

したがって

$f'(x)=3x^2-\dfrac{3}{4}$

$=3\left(x-\dfrac{1}{2}\right)\left\{x-\left(-\dfrac{1}{2}\right)\right\}$

$f(x)$ の増減表は右のようになる。

x	$\cdots$	$-\dfrac{1}{2}$	$\cdots$	$\dfrac{1}{2}$	$\cdots$
$f'(x)$	$+$	0	$-$	0	$+$
$f(x)$	↗	極大	↘	極小	↗

確かに，$x=-\dfrac{1}{2},\ \dfrac{1}{2}$ すなわち $x=-\beta,\ \beta$ で極値をとる（$\because$ ⑦）。

よって, ①, ⑧, ⑪, ⑦, ⑫より

$$(a,\ b,\ c,\ \beta,\ m) = \left(0,\ -\frac{3}{4},\ 0,\ \frac{1}{2},\ \frac{1}{4}\right) \quad \cdots\cdots(答)$$

(2) $h(x) = f(x) - g(x)$

$$= \left(x^3 - \frac{3}{4}x\right) - (x^3 + px^2 + qx + r)$$

$$= -px^2 - \left(q + \frac{3}{4}\right)x - r$$

ここで, x の係数について $q' = q + \frac{3}{4}$ とおくと

$$h(x) = -px^2 - q'x - r \quad \cdots\cdots⑬$$

$-1 \leqq x \leqq 1$ に対して

$$f(-1) \leqq g(x) \leqq f(1) \quad \cdots\cdots⑭$$

が成り立つことから, 次の⑮〜⑱が成り立つ。

$x = -1$ を⑭に代入して, $f(-1) \leqq g(-1) \leqq f(1)$ が成り立つので

$$f(-1) \leqq g(-1)$$

よって $h(-1) = f(-1) - g(-1) \leqq 0$

⑬より $-p + q' - r \leqq 0$

$$p + r \geqq q' \quad \cdots\cdots⑮$$

$x = -\beta$ つまり $x = -\frac{1}{2}$ を⑭に代入して, $f(-1) \leqq g\left(-\frac{1}{2}\right) \leqq f(1)$ が成り立つので

$$g\left(-\frac{1}{2}\right) \leqq f(1) = f\left(-\frac{1}{2}\right)$$

よって $h\left(-\frac{1}{2}\right) = f\left(-\frac{1}{2}\right) - g\left(-\frac{1}{2}\right) \geqq 0$

⑬より $-\frac{1}{4}p + \frac{1}{2}q' - r \geqq 0$

$$\frac{1}{4}p + r \leqq \frac{1}{2}q' \quad \cdots\cdots⑯$$

$x = \beta$ つまり $x = \frac{1}{2}$ を⑭に代入して, $f(-1) \leqq g\left(\frac{1}{2}\right) \leqq f(1)$ が成り立つので

$$f\left(\frac{1}{2}\right) = f(-1) \leqq g\left(\frac{1}{2}\right)$$

よって $h\left(\frac{1}{2}\right) = f\left(\frac{1}{2}\right) - g\left(\frac{1}{2}\right) \leqq 0$

⑬より $-\frac{1}{4}p - \frac{1}{2}q' - r \leqq 0$

$$\frac{1}{4}p+r\geqq -\frac{1}{2}q' \quad \cdots\cdots ⑰$$

$x=1$ を⑭に代入して，$f(-1)\leqq g(1)\leqq f(1)$ が成り立つので

$$g(1)\leqq f(1)$$

よって　　$h(1)=f(1)-g(1)\geqq 0$

⑬より　　$-p-q'-r\geqq 0$

$$p+r\leqq -q' \quad \cdots\cdots ⑱$$

⑮と⑱より　　$q'\leqq p+r\leqq -q' \quad \cdots\cdots ⑲$

⑯と⑰より　　$-\frac{1}{2}q'\leqq \frac{1}{4}p+r\leqq \frac{1}{2}q' \quad \cdots\cdots ⑳$

⑲より　　$q'\leqq -q'$ すなわち $q'\leqq 0$

⑳より　　$-\frac{1}{2}q'\leqq \frac{1}{2}q'$ すなわち $q'\geqq 0$

$$\therefore \quad q'=0$$

$q'=0$ を⑲に代入して　　$p+r=0$

$q'=0$ を⑳に代入して　　$\frac{1}{4}p+r=0$

よって　　$p=0,\ r=0$

以上より　　$h(x)=0 \quad \cdots\cdots (答)$

36

k を実数とする。xy 平面の曲線 $C_1 : y = x^2$ と $C_2 : y = -x^2 + 2kx + 1 - k^2$ が異なる共有点 P，Q を持つとする。ただし点 P，Q の x 座標は正であるとする。また，原点を O とする。

(1) k のとりうる値の範囲を求めよ。

(2) k が(1)の範囲を動くとき，△OPQ の重心 G の軌跡を求めよ。

(3) △OPQ の面積を S とするとき，S^2 を k を用いて表せ。

(4) k が(1)の範囲を動くとする。△OPQ の面積が最大となるような k の値と，そのときの重心 G の座標を求めよ。

ポイント (1) y を消去して x の 2 次方程式をつくり，それが異なる 2 つの正の解をもつための条件を求める。〔解法1〕と〔解法2〕の 2 つがオーソドックスな解法として考えられる。本問では(2)で解と係数の関係が得られていると都合がよいことから〔解法1〕の方が筋がよい。

(3) 三角形は基本的な図形であるから面積はいろいろな求め方がある。条件の下でどのような方法が効率がよいかを考えて採用するところが腕の見せ所である。

(4) 3 次関数の最大に関する問題である。$\sqrt{}$ の中身を $f(t)$ とおいて $f'(t)$ の状況から，$f(t)$ の増減を求めればよい。

解法 1

(1) $\begin{cases} y = x^2 \\ y = -x^2 + 2kx + 1 - k^2 \end{cases}$

より y を消去して

$$x^2 = -x^2 + 2kx + 1 - k^2$$

$$2x^2 - 2kx + k^2 - 1 = 0 \quad \cdots\cdots ①$$

共有点 P，Q の x 座標をそれぞれ p，q とおくと，p，q は①の解である。曲線 C_1，C_2 が，x 座標が正である異なる共有点 P，Q をもつための条件は，①が異なる 2 つの正の解をもつことであり，次の 3 つの条件が成り立つことである。

(ア) ①の判別式を D とするときに，$D > 0$ が成り立つこと。

つまり

$$\frac{D}{4} = (-k)^2 - 2(k^2 - 1) = -k^2 + 2$$

であることから

$$-k^2 + 2 > 0$$
$$(k - \sqrt{2})(k + \sqrt{2}) < 0$$
$$-\sqrt{2} < k < \sqrt{2}$$

(イ) $p + q > 0$ が成り立つこと。

解と係数の関係より

$$p + q = \frac{2k}{2} = k \quad \cdots\cdots ②$$

なので $k > 0$

(ウ) $pq > 0$ が成り立つこと。

解と係数の関係より

$$pq = \frac{k^2 - 1}{2} \quad \cdots\cdots ③$$

なので

$$\frac{k^2 - 1}{2} > 0$$
$$(k - 1)(k + 1) > 0$$
$$k < -1, \ 1 < k$$

(ア), (イ), (ウ)より

$$1 < k < \sqrt{2} \quad \cdots\cdots (答)$$

(2) 3頂点が O$(0, 0)$, P$(p, \ p^2)$, Q$(q, \ q^2)$ である △OPQ の重心 G の座標は, $\left(\dfrac{p+q}{3}, \ \dfrac{p^2+q^2}{3}\right)$ である。これを $(X, \ Y)$ とおくと

$$\begin{cases} X = \dfrac{p+q}{3} \\ Y = \dfrac{p^2+q^2}{3} \end{cases}$$

であり, ②より

$$X = \frac{p+q}{3} = \frac{k}{3} \quad \cdots\cdots ④$$

また, ②と③より

$$Y = \frac{p^2 + q^2}{3}$$

$$= \frac{(p+q)^2 - 2pq}{3}$$

$$= \frac{1}{3}\left(k^2 - 2 \cdot \frac{k^2-1}{2}\right)$$

$$= \frac{1}{3} \quad \cdots\cdots ⑤$$

k のとりうる値の範囲が，(1)より $1 < k < \sqrt{2}$ であるから，$\frac{1}{3} < \frac{k}{3} < \frac{\sqrt{2}}{3}$ より

$$\frac{1}{3} < X < \frac{\sqrt{2}}{3}$$

よって，△OPQ の重心 G の軌跡は，直線 $y = \frac{1}{3}$ の $\frac{1}{3} < x < \frac{\sqrt{2}}{3}$ の部分である。

$\cdots\cdots$(答)

(3)
$$S^2 = \left(\frac{1}{2}|p^2 q - p q^2|\right)^2$$

$$= \frac{1}{4}\{pq(p-q)\}^2$$

$$= \frac{1}{4}(pq)^2\{(p+q)^2 - 4pq\}$$

$$= \frac{1}{4}\left(\frac{k^2-1}{2}\right)^2\left(k^2 - 4 \cdot \frac{k^2-1}{2}\right) \quad (\because \quad ②, ③)$$

$$= \frac{1}{16}(k^2-1)^2(-k^2+2) \quad \cdots\cdots(答)$$

(4) $1 < k < \sqrt{2}$ なので，$t = k^2$ とおくと，$1 < t < 2$ となり，このとき

$$S = \frac{1}{4}\sqrt{(t-1)^2(-t+2)}$$

ここで，$f(t) = (t-1)^2(-t+2)$ とおくと

$$f'(t) = 2(t-1)(-t+2) - (t-1)^2$$
$$= (t-1)(-2t+4-t+1)$$
$$= -(3t-5)(t-1)$$

$1 < t < 2$ の範囲で，$f'(t) = 0$ とするとき $t = \frac{5}{3}$

よって，$1 < t < 2$ における $f(t)$ の増減は次のようになる。

t	(1)	$\cdots$	$\frac{5}{3}$	$\cdots$	(2)
$f'(t)$		+	0	−	
$f(t)$	(0)	↗	極大（最大）	↘	(0)

したがって, $t=\dfrac{5}{3}$ のときに $S=\dfrac{1}{4}\sqrt{f(t)}$ が最大となり, このとき

$$k=\sqrt{t}=\sqrt{\dfrac{5}{3}}=\dfrac{\sqrt{15}}{3} \quad \cdots\cdots(答)$$

④, ⑤より, 重心 G の座標は $\left(\dfrac{\sqrt{15}}{9},\ \dfrac{1}{3}\right) \quad \cdots\cdots(答)$

解法 2

(1) $\begin{cases} y=x^2 \\ y=-x^2+2kx+1-k^2 \end{cases}$

より y を消去して

$$x^2=-x^2+2kx+1-k^2$$
$$2x^2-2kx+k^2-1=0 \quad \cdots\cdots①$$

$f(x)=2x^2-2kx+k^2-1$ とおくと

$$\begin{aligned} f(x) &= 2(x^2-kx)+k^2-1 \\ &= 2\left\{\left(x-\dfrac{k}{2}\right)^2-\dfrac{k^2}{4}\right\}+k^2-1 \\ &= 2\left(x-\dfrac{k}{2}\right)^2+\dfrac{k^2}{2}-1 \end{aligned}$$

$y=f(x)$ のグラフは, 頂点の座標が $\left(\dfrac{k}{2},\ \dfrac{k^2}{2}-1\right)$, 軸の方程式が $x=\dfrac{k}{2}$ で下に凸の放物線である。

曲線 C_1, C_2 が, x 座標が正である異なる共有点 P, Q をもつための条件は, ①が異なる 2 つの正の解をもつことであり, それは, $y=f(x)$ のグラフが x 軸の正の部分と 2 点で交わることである。さらにそれは, 次の 3 つの条件を満たすことである。

㋐ 頂点の y 座標について

$$\dfrac{k^2}{2}-1<0$$

が成り立つこと。つまり

$$k^2-2<0$$
$$(k-\sqrt{2})(k+\sqrt{2})<0$$
$$-\sqrt{2}<k<\sqrt{2}$$

㋑ 軸の方程式 $x=\dfrac{k}{2}$ について

$$\dfrac{k}{2}>0$$

が成り立つこと。つまり

$k>0$

(ウ) $f(0)>0$ が成り立つこと。つまり

$k^2-1>0$

$(k-1)(k+1)>0$

$k<-1,\ 1<k$

(ア), (イ), (ウ)より

$1<k<\sqrt{2}$　……(答)

37

xy 平面の直線 $y=(\tan 2\theta)\,x$ を l とする。ただし $0<\theta<\dfrac{\pi}{4}$ とする。図で示すように，円 C_1, C_2 を以下の(i)～(iv)で定める。

(i)　円 C_1 は直線 l および x 軸の正の部分と接する。

(ii)　円 C_1 の中心は第 1 象限にあり，原点 O から中心までの距離 d_1 は $\sin 2\theta$ である。

(iii)　円 C_2 は直線 l，x 軸の正の部分，および円 C_1 と接する。

(iv)　円 C_2 の中心は第 1 象限にあり，原点 O から中心までの距離 d_2 は $d_1>d_2$ を満たす。

　円 C_1 と円 C_2 の共通接線のうち，x 軸，直線 l と異なる直線を m とし，直線 m と直線 l，x 軸との交点をそれぞれ P，Q とする。

⑴　円 C_1, C_2 の半径を $\sin\theta$，$\cos\theta$ を用いて表せ。

⑵　θ が $0<\theta<\dfrac{\pi}{4}$ の範囲を動くとき，線分 PQ の長さの最大値を求めよ。

⑶　⑵の最大値を与える θ について直線 m の方程式を求めよ。

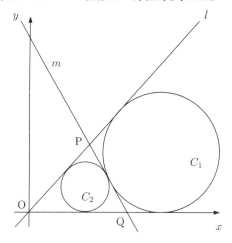

> **ポイント** 本問では全体を通して適切な直角三角形を見つけるところがポイントになる。
> (1) 直角三角形 AOS に注目し，$\sin\theta$ を導く式から r_1 を求める。また，直角三角形
> ABU に注目し，これも $\sin\theta$ を導く式から r_2 を $\sin\theta$ と r_1 で表した後に $\sin\theta$，$\cos\theta$ で
> 表す。
> (2) 直角三角形 OQR に注目する。この三角形の1辺である QR を用いて PQ＝2QR と
> 表すことができる。PQ を $\sin\theta$ だけで表すことができたから，$\sin\theta = t$ とおいて，t の
> 3次関数として増減を調べて最大値を求める。
> (3) 直線 m の傾きと通る1点の座標を求めることができれば方程式を導くことができ
> る。傾きは OR⊥m であることから求めることができる。直角三角形 OQR に注目し，
> 斜辺である OQ の長さを求めることで点Qの座標がわかり，直線 m の方程式を求める
> ことができる。

解法

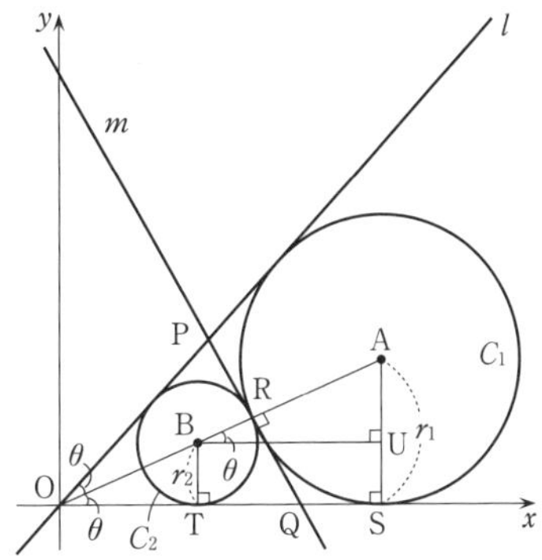

(1) 右図のように，円 C_1，C_2 の中心をそれぞ
れ A，B，半径を r_1，r_2 とおき，x 軸との接点
を S，T とおく。直線 AB と PQ の交点，つま
り円 C_1 と C_2 の接点を R とおき，また，B か
ら線分 AS に垂線 BU を下ろす。
直線 OA は∠POQ＝2θ を二等分するから

$$\angle\mathrm{AOS} = \theta$$

直角三角形 AOS において

$$\sin\theta = \frac{\mathrm{AS}}{\mathrm{OA}}$$

よって

$$\begin{aligned}
r_1 &= \mathrm{OA}\sin\theta \\
&= \sin 2\theta\sin\theta \quad (\because \ \text{(ii)より } \mathrm{OA}=d_1=\sin 2\theta) \\
&= 2\sin^2\theta\cos\theta \quad \cdots\cdots(\text{答})
\end{aligned}$$

直角三角形 ABU において

$$\sin\theta = \frac{\mathrm{AU}}{\mathrm{AB}}$$

よって

$$\sin\theta = \frac{r_1 - r_2}{r_1 + r_2}$$

$$(r_1 + r_2)\sin\theta = r_1 - r_2$$

$$(1+\sin\theta)\,r_2 = (1-\sin\theta)\,r_1$$

$$r_2 = \frac{1-\sin\theta}{1+\sin\theta}r_1$$

$$= \frac{2\sin^2\theta\cos\theta\,(1-\sin\theta)}{1+\sin\theta} \quad \cdots\cdots(答)$$

(2)　　PQ = 2QR

であり，直角三角形 OQR において

$$\tan\theta = \frac{QR}{OR}$$

よって

$$QR = OR\tan\theta$$

であるから

$$\begin{aligned}
PQ &= 2OR\tan\theta \\
&= 2\,(OA - AR)\tan\theta \\
&= 2\,(\sin2\theta - 2\sin^2\theta\cos\theta)\tan\theta \\
&= 2\,(2\sin\theta\cos\theta - 2\sin^2\theta\cos\theta)\cdot\frac{\sin\theta}{\cos\theta} \\
&= 4\sin^2\theta\,(1-\sin\theta)
\end{aligned}$$

ここで，$\sin\theta = t$ として，PQ $= f(t)$ とおくと

$$f(t) = 4t^2(1-t) = 4t^2 - 4t^3$$

と表せて，$0 < \theta < \dfrac{\pi}{4}$ より $t = \sin\theta$ のとりうる値の範囲は，$0 < t < \dfrac{\sqrt{2}}{2}$ である。

$$f'(t) = 8t - 12t^2 = -12t\left(t - \frac{2}{3}\right)$$

$0 < t < \dfrac{\sqrt{2}}{2}$ の範囲で，$f'(t) = 0$ とするとき　　$t = \dfrac{2}{3}$

よって，$0 < t < \dfrac{\sqrt{2}}{2}$ における $f(t)$ の増減は右のようになる。

したがって，線分 PQ の長さの最大値は

$$\frac{16}{27} \quad \cdots\cdots(答)$$

t	(0)	$\cdots$	$\dfrac{2}{3}$	$\cdots$	$\left(\dfrac{\sqrt{2}}{2}\right)$
$f'(t)$		$+$	0	$-$	
$f(t)$		$\nearrow$	$\dfrac{16}{27}$	$\searrow$	

(3) (2)の最大値を与える θ とは

$$\sin\theta = \frac{2}{3},\quad \cos\theta = \sqrt{1 - \left(\frac{2}{3}\right)^2} = \frac{\sqrt{5}}{3}$$

を満たす角であり，このとき $\tan\theta = \dfrac{\sin\theta}{\cos\theta} = \dfrac{2}{\sqrt{5}}$ となる。

　　直線 $m \perp$ 直線 OR

であり，直線 OR の傾きは $\tan\theta$ であるから，直線 m の傾きは $-\dfrac{1}{\tan\theta}=-\dfrac{\sqrt{5}}{2}$ となる。

直線 m が通る点のうち点 Q の座標を求める。

直角三角形 OQR において

$$\sin\theta=\frac{QR}{OQ}$$

$$OQ=\frac{QR}{\sin\theta}=\frac{PQ}{2\sin\theta}=\frac{\dfrac{16}{27}}{2\cdot\dfrac{2}{3}}=\frac{4}{9}$$

よって，点 Q の座標は $\left(\dfrac{4}{9},\ 0\right)$ である。

したがって，直線 m は傾きが $-\dfrac{\sqrt{5}}{2}$ で点 Q $\left(\dfrac{4}{9},\ 0\right)$ を通る直線なので，その方程式は

$$y=-\frac{\sqrt{5}}{2}\left(x-\frac{4}{9}\right)$$

すなわち

$$y=-\frac{\sqrt{5}}{2}x+\frac{2\sqrt{5}}{9}\quad\cdots\cdots(\text{答})$$

38

$f(x) = x^3 - x$ とする。$y = f(x)$ のグラフに点 P (a, b) から引いた接線は 3 本ある
とする。3 つの接点 A $(\alpha, f(\alpha))$, B $(\beta, f(\beta))$, C $(\gamma, f(\gamma))$ を頂点とする三角形
の重心を G とする。

⑴　$\alpha + \beta + \gamma$, $\alpha\beta + \beta\gamma + \gamma\alpha$ および $\alpha\beta\gamma$ を a, b を用いて表せ。

⑵　点 G の座標を a, b を用いて表せ。

⑶　点 G の x 座標が正で, y 座標が負となるような点 P の範囲を図示せよ。

ポイント　⑴　曲線 $C : y = f(x)$ 上 の 点 $(t, f(t))$ に お け る 接 線 l の 方 程 式 は,
$y - f(t) = f'(t)(x - t)$ である。これが点 (a, b) を通ると考える。接線が 3 本あるのを
前提として結果だけを得るのではなく, 3 本の接線をもつ条件を求めた上で答えるのが
数学的には正しい。結局, その条件は⑶で必要な条件となる。

⑵　△ABC の重心の座標は $\left(\dfrac{\alpha + \beta + \gamma}{3}, \dfrac{f(\alpha) + f(\beta) + f(\gamma)}{3} \right)$ である。y 座標を求める
のは多少面倒であるが, ⑴の結果が利用できるように上手に変形しながら計算を進めて
いく。

⑶　⑵で求めた点 G の座標についての条件に加えて, ⑴で求めた条件も忘れないように
しよう。

解 法

⑴　$f(x) = x^3 - x$ より
$$f'(x) = 3x^2 - 1$$
$y = f(x)$ 上 の 点 $(t, t^3 - t)$ に お け る $y = f(x)$ のグラフの接線の傾きは $f'(t) = 3t^2 - 1$
より, 接線の方程式は
$$y - (t^3 - t) = (3t^2 - 1)(x - t)$$
$$y = (3t^2 - 1) x - 2t^3$$
これは点 P (a, b) から引いた接線なので
$$b = (3t^2 - 1) a - 2t^3$$
$$2t^3 - 3at^2 + a + b = 0 \quad \cdots\cdots ①$$
①の実数解は接点の x 座標であるから, $y = f(x)$ のグラフに点 (a, b) から引いた接
線が 3 本あるとき, ①は異なる 3 つの実数解をもつ。

$$g(t) = 2t^3 - 3at^2 + a + b$$

とおくと

$$g'(t) = 6t^2 - 6at$$

①が異なる3つの実数解をもつための条件は，$g(t)$ が極大値と極小値をもち，
（極大値）>0 かつ（極小値）<0 となることである。

$g'(t) = 0$ のとき $6t(t-a) = 0$ より

$$t = 0, \quad a$$

求める条件は $a \neq 0$ のときに $g(0)g(a) < 0$ つまり

$$(a+b)(-a^3 + a + b) < 0$$

$$\{b - (-a)\}\{b - (a^3 - a)\} < 0$$

が成り立つことである。これは

$a > 0$ のとき $-a < a^3 - a$ となるから
$$\begin{cases} b > -a \\ b < a^3 - a \end{cases}$$

$a < 0$ のとき $a^3 - a < -a$ となるから
$$\begin{cases} b < -a \\ b > a^3 - a \end{cases} \quad \cdots\cdots②$$

と表せて，a, b が②を満たすときに $y = f(x)$ のグラフに点 (a, b) から3本の接線が引けて，①の異なる3つの実数解が α, β, γ であるから，解と係数の関係より

$$\begin{cases} \alpha + \beta + \gamma = \dfrac{3}{2}a \\ \alpha\beta + \beta\gamma + \gamma\alpha = 0 \quad \cdots\cdots(答) \\ \alpha\beta\gamma = -\dfrac{1}{2}(a+b) \end{cases}$$

(2)　点 G の座標は $\left(\dfrac{1}{3}(\alpha + \beta + \gamma), \ \dfrac{1}{3}\{f(\alpha) + f(\beta) + f(\gamma)\}\right)$ である。

$$\frac{1}{3}(\alpha + \beta + \gamma) = \frac{1}{2}a$$

$$\frac{1}{3}\{f(\alpha) + f(\beta) + f(\gamma)\}$$

$$= \frac{1}{3}\{(\alpha^3 - \alpha) + (\beta^3 - \beta) + (\gamma^3 - \gamma)\}$$

$$= \frac{1}{3}\{(\alpha^3 + \beta^3 + \gamma^3) - (\alpha + \beta + \gamma)\}$$

$$= \frac{1}{3}\{(\alpha + \beta + \gamma)(\alpha^2 + \beta^2 + \gamma^2 - \alpha\beta - \beta\gamma - \gamma\alpha) + 3\alpha\beta\gamma - (\alpha + \beta + \gamma)\}$$

$$= \frac{1}{3}\left[(\alpha + \beta + \gamma)\{(\alpha + \beta + \gamma)^2 - 3(\alpha\beta + \beta\gamma + \gamma\alpha)\} + 3\alpha\beta\gamma - (\alpha + \beta + \gamma)\right]$$

$$= \frac{1}{3} \left[\frac{3}{2} a \left\{ \left(\frac{3}{2} a \right)^2 - 3 \cdot 0 \right\} + 3 \left\{ -\frac{1}{2} (a+b) \right\} - \frac{3}{2} a \right]$$

$$= \frac{1}{3} \left(\frac{27}{8} a^3 - 3a - \frac{3}{2} b \right)$$

$$= \frac{9}{8} a^3 - a - \frac{1}{2} b$$

したがって，点 G の座標は　　$\left(\dfrac{1}{2} a, \ \dfrac{9}{8} a^3 - a - \dfrac{1}{2} b \right)$ ……(答)

(3) $\begin{cases} X = \dfrac{1}{2} a \\ Y = \dfrac{9}{8} a^3 - a - \dfrac{1}{2} b \end{cases}$

とおく。

点 G について $X > 0$，$Y < 0$ であるとき

$\begin{cases} \dfrac{1}{2} a > 0 \\ \dfrac{9}{8} a^3 - a - \dfrac{1}{2} b < 0 \end{cases}$

$\begin{cases} a > 0 \\ b > \dfrac{9}{4} a^3 - 2a \end{cases}$ ……③

が成り立つから，②，③を満たす (a, b) を求め，点 P の範囲は下図の網かけ部分である。境界線は含まない。

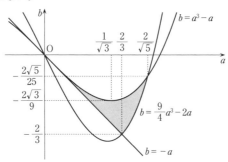

39 2010年度 〔1〕 Ⅱ Level A

$f(x) = \dfrac{1}{3}x^3 - \dfrac{1}{2}ax^2$ とおく。ただし $a>0$ とする。

(1) $f(-1) \leqq f(3)$ となる a の範囲を求めよ。

(2) $f(x)$ の極小値が $f(-1)$ 以下となる a の範囲を求めよ。

(3) $-1 \leqq x \leqq 3$ における $f(x)$ の最小値を a を用いて表せ。

ポイント (1) 結果を $a \leqq \dfrac{7}{3}$ としてはいけない。$0<a$ を忘れないように。

(2) $a>0$ であるから $f(a)$ が極小値となる。なお、$a<0$ であれば極小値は $f(0)$、$a=0$ のときは $f(x)$ は極値をもたない単調増加関数である。

$g(a) = a^3 - 3a - 2$ とおくと、$g(-1) = g(2) = 0$ となることから、因数定理により、$g(a)$ は $(a+1)(a-2)$ を因数にもつことがわかる。このように、$g(a)$ の因数分解はすぐにできるから、3次不等式 $g(a) \geqq 0$ を解くことは難しくない。

(3) $y=f(x)$ のグラフの概形を描いてみると、$f(x)$ の極値を与える x が $-1 \leqq x \leqq 3$ の範囲に含まれるか否かで場合分けをしなくてはならないことに気づくであろう。$f(-1)$ と極小値の大小は(2)で、$f(-1)$ と $f(3)$ の大小は(1)で調べてある。

解 法

$$f(x) = \frac{1}{3}x^3 - \frac{1}{2}ax^2 \quad (a>0)$$

(1) $f(-1) = -\dfrac{1}{2}a - \dfrac{1}{3}$，$f(3) = -\dfrac{9}{2}a + 9$ であるから、$f(-1) \leqq f(3)$ が成り立つとき

$$-\frac{1}{2}a - \frac{1}{3} \leqq -\frac{9}{2}a + 9$$

$$a \leqq \frac{7}{3}$$

$a>0$ であるから、求める a の範囲は

$$0 < a \leqq \frac{7}{3} \quad \cdots\cdots(答)$$

(2) $f'(x) = x^2 - ax = x(x-a)$

$a > 0$ であるから，$f(x)$ の増減表は右のようになり，極小値は

x	$\cdots$	0	$\cdots$	a	$\cdots$
$f'(x)$	$+$	0	$-$	0	$+$
$f(x)$	$\nearrow$	0	$\searrow$	極小	$\nearrow$

$$f(a) = \frac{1}{3}a^3 - \frac{1}{2}a^3 = -\frac{1}{6}a^3$$

となる。極小値が $f(-1)$ 以下となるのは

$$-\frac{1}{6}a^3 \leqq -\frac{1}{2}a - \frac{1}{3}$$

$$a^3 - 3a - 2 \geqq 0$$

$$(a+1)^2(a-2) \geqq 0$$

$a > 0$ より，$(a+1)^2 > 0$ であるから，この3次不等式は $a - 2 \geqq 0$ と同値。したがって，求める a の範囲は

$$a \geqq 2 \quad \cdots\cdots(答)$$

(3) $0 < a \leqq 3$ のとき，$y = f(x)$ のグラフは図1のようになる。(2)で調べたように，$f(a) \leqq f(-1)$ となるのは $a \geqq 2$ のとき，$f(a) > f(-1)$ となるのは $0 < a < 2$ のときであるから，$f(x)$ の最小値は

$0 < a < 2$ のとき　　$f(-1) = -\frac{1}{2}a - \frac{1}{3}$

$2 \leqq a \leqq 3$ のとき　　$f(a) = -\frac{1}{6}a^3$

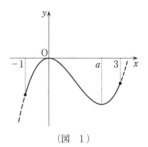

（図 1）

$a > 3$ のとき，$y = f(x)$ のグラフは図2のようになる。(1)の結果から，$a > 3$ のときには $f(-1) > f(3)$ であるから，$f(x)$ の最小値は

$$f(3) = -\frac{9}{2}a + 9$$

以上をまとめて，$f(x)$ の最小値は

$0 < a < 2$ のとき　　　$-\frac{1}{2}a - \frac{1}{3}$

$2 \leqq a \leqq 3$ のとき　　　$-\frac{1}{6}a^3$ $\quad\Bigg\}\cdots\cdots(答)$

$3 < a$ のとき　　　$-\frac{9}{2}a + 9$

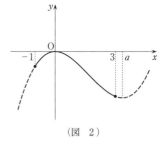

（図 2）

40

a, b を実数とし, $f(x) = x + a\sin x$, $g(x) = b\cos x$ とする。

(1) 定積分 $\displaystyle\int_{-\pi}^{\pi} f(x)g(x)\,dx$ を求めよ。

(2) 不等式

$$\int_{-\pi}^{\pi} \{f(x) + g(x)\}^2 dx \geqq \int_{-\pi}^{\pi} \{f(x)\}^2 dx$$

が成り立つことを示せ。

(3) 曲線 $y = |f(x) + g(x)|$, 2直線 $x = -\pi$, $x = \pi$, および x 軸で囲まれた図形を x 軸の周りに1回転させてできる回転体の体積を V とする。このとき不等式

$$V \geqq \frac{2}{3}\pi^2(\pi^2 - 6)$$

が成り立つことを示せ。さらに, 等号が成立するときの a, b を求めよ。

ポイント (1) $\displaystyle\int_{-\pi}^{\pi} f(x)g(x)\,dx$ の積分区間が $-\pi \leqq x \leqq \pi$ であることと, $f(x)g(x)$ を構成する $f(x)$ と $g(x)$ の性質に注目する。$f(x)g(x)$ は奇関数であり, 奇関数, 偶関数の性質に注目すると実際に計算することなく簡単に求めることができる。〔参考1〕にその証明を示している。奇関数であることに気づかなければ, 〔参考2〕のように計算することになる。積分区間が原点に関して対称な定積分の計算をする際には, 奇関数, 偶関数について意識することが肝心である。

(2) $\displaystyle\int_{-\pi}^{\pi} \{f(x) + g(x)\}^2 dx = \int_{-\pi}^{\pi} \{f(x)\}^2 dx + 2\int_{-\pi}^{\pi} f(x)g(x)\,dx + \int_{-\pi}^{\pi} \{g(x)\}^2 dx$

となり, (1)の結果を利用する。また, $\displaystyle\int_{-\pi}^{\pi} \{g(x)\}^2 dx$ について, $\{g(x)\}^2$ は 0 以上の値をとり, その定積分の結果は $\displaystyle\int_{-\pi}^{\pi} \{g(x)\}^2 dx \geqq 0$ となる。ここでは, あえて等号が成り立つときの条件を求める必要はない。

(3) $V = \pi\displaystyle\int_{-\pi}^{\pi} |f(x) + g(x)|^2 dx = \pi\int_{-\pi}^{\pi} \{f(x) + g(x)\}^2 dx$

$\geqq \pi\displaystyle\int_{-\pi}^{\pi} \{f(x)\}^2 dx = 2\pi\int_{0}^{\pi} \{f(x)\}^2 dx$

なので, $\displaystyle\int_{0}^{\pi} \{f(x)\}^2 dx$ の計算をし, 最小値を求めればよい。$\{f(x)\}^2$ が偶関数であることから, 偶関数の定積分の性質を利用している。〔参考1〕でその証明を示している。$V \geqq \frac{2}{3}\pi^2(\pi^2 - 6)$ が成り立つことの証明をするので, その値が出てくるように意識しな

がら計算しよう。

面積を求めるよりもある意味，回転体の体積を求める方が簡単ともいえる。〔参考2〕でグラフの概形を示したが，それを考えなくても，体積を求められる。

解法

(1) $f(x) = x + a\sin x$ より

$$f(-x) = (-x) + a\sin(-x) = -x + a(-\sin x)$$
$$= -(x + a\sin x) = -f(x)$$

$g(x) = b\cos x$ より

$$g(-x) = b\cos(-x) = b\cos x = g(x)$$

である。よって

$$f(-x)g(-x) = -f(x)g(x)$$

となるので，$f(x)g(x)$ は奇関数である。

以上より

$$\int_{-\pi}^{\pi} f(x)g(x)\,dx = 0 \quad \cdots\cdots(\text{答})$$

参考1 $f(x)g(x)$ が奇関数のとき

$$\int_{-\pi}^{\pi} f(x)g(x)\,dx = 0$$

となることは次のように証明できる。

$$\int_{-\pi}^{\pi} f(x)g(x)\,dx = \int_{-\pi}^{0} f(x)g(x)\,dx + \int_{0}^{\pi} f(x)g(x)\,dx$$

ここで，$\displaystyle\int_{-\pi}^{0} f(x)g(x)\,dx$ について考える。

$t = -x$ とおき，両辺を x で微分すると，$\dfrac{dt}{dx} = -1$ となるので

$$dx = -dt$$

積分区間の対応は

x	$-\pi \to 0$
t	$\pi \to 0$

よって

$$\int_{-\pi}^{0} f(x)g(x)\,dx = \int_{\pi}^{0} f(-t)g(-t)(-dt)$$
$$= \int_{\pi}^{0} -f(t)g(t)(-dt)$$
$$= \int_{\pi}^{0} f(t)g(t)\,dt$$
$$= -\int_{0}^{\pi} f(t)g(t)\,dt$$
$$= -\int_{0}^{\pi} f(x)g(x)\,dx$$

したがって

$$\int_{-\pi}^{\pi} f(x)g(x)\,dx = -\int_{0}^{\pi} f(x)g(x)\,dx + \int_{0}^{\pi} f(x)g(x)\,dx = 0$$

が成り立つ。

参考2 $f(x)g(x)$ が奇関数であることに気づかなければ，次のように直接計算すること
になる。

$$\int_{-\pi}^{\pi} (x + a\sin x)\, b\cos x\, dx$$

$$= \int_{-\pi}^{\pi} (bx\cos x + ab\sin x\cos x)\, dx$$

$$= b\int_{-\pi}^{\pi} x\cos x\, dx + ab\int_{-\pi}^{\pi} \sin x\cos x\, dx$$

ここで

$$\int_{-\pi}^{\pi} x\cos x\, dx = \int_{-\pi}^{\pi} x\,(\sin x)'\, dx$$

$$= \Big[x\sin x\Big]_{-\pi}^{\pi} - \int_{-\pi}^{\pi} \sin x\, dx$$

$$= \Big[\cos x\Big]_{-\pi}^{\pi}$$

$$= (-1) - (-1)$$

$$= 0$$

$$\int_{-\pi}^{\pi} \sin x\cos x\, dx = \int_{-\pi}^{\pi} \frac{\sin 2x}{2}\, dx$$

$$= \Big[-\frac{1}{4}\cos 2x\Big]_{-\pi}^{\pi}$$

$$= -\frac{1}{4}(1 - 1)$$

$$= 0$$

よって

$$\int_{-\pi}^{\pi} (x + a\sin x)\, b\cos x\, dx = b\cdot 0 + ab\cdot 0 = 0$$

(2) $$\int_{-\pi}^{\pi} \{f(x) + g(x)\}^2\, dx = \int_{-\pi}^{\pi} \{f(x)\}^2\, dx + 2\int_{-\pi}^{\pi} f(x)\,g(x)\, dx + \int_{-\pi}^{\pi} \{g(x)\}^2\, dx$$

ここで，(1)より $\displaystyle\int_{-\pi}^{\pi} f(x)\,g(x)\, dx = 0$ であり，また，$\displaystyle\int_{-\pi}^{\pi} \{g(x)\}^2\, dx \geqq 0$ であるから

$$\int_{-\pi}^{\pi} \{f(x) + g(x)\}^2\, dx \geqq \int_{-\pi}^{\pi} \{f(x)\}^2\, dx \qquad\qquad (証明終)$$

参考 $\displaystyle\int_{-\pi}^{\pi} \{f(x) + g(x)\}^2\, dx \geqq \int_{-\pi}^{\pi} \{f(x)\}^2\, dx$ の等号が成り立つのは，$\displaystyle\int_{-\pi}^{\pi} \{g(x)\}^2\, dx = 0$ のと
きである。これは $\{g(x)\}^2 \geqq 0$ であることから，$-\pi \leqq x \leqq \pi$ において常に $\{g(x)\}^2 = 0$ つ
まり $b^2\cos^2 x = 0$ が成り立つときである。すなわち $b = 0$ のとき。

(2)では不等式を証明するだけなので，等号が成り立つ条件を求めることは不要である。
しかし，〔解法〕のように(3)では等号が成り立つ条件を求めることになる。(3)の展開が
読めれば，(2)で等号が成り立つ条件を求めておくのも手ではある。

(3)　$\displaystyle V = \pi \int_{-\pi}^{\pi} |f(x) + g(x)|^2 dx$

$\displaystyle = \pi \int_{-\pi}^{\pi} \{f(x) + g(x)\}^2 dx$

$\displaystyle \geqq \pi \int_{-\pi}^{\pi} \{f(x)\}^2 dx \quad (\because \ \ (2))$

$\{f(x)\}^2$ について，$\{f(-x)\}^2 = \{-f(x)\}^2 = \{f(x)\}^2$ となるので，$\{f(x)\}^2$ は偶関数である。

よって

$$\pi \int_{-\pi}^{\pi} \{f(x)\}^2 dx = 2\pi \int_{0}^{\pi} \{f(x)\}^2 dx$$

となる。したがって

$\displaystyle V \geqq 2\pi \int_{0}^{\pi} \{f(x)\}^2 dx$

$\displaystyle = 2\pi \int_{0}^{\pi} (x + a\sin x)^2 dx$

$\displaystyle = 2\pi \int_{0}^{\pi} x^2 dx + 4a\pi \int_{0}^{\pi} x\sin x dx + 2a^2\pi \int_{0}^{\pi} \sin^2 x dx$

ここで

$\displaystyle \int_{0}^{\pi} x^2 dx = \left[\frac{1}{3}x^3\right]_{0}^{\pi} = \frac{\pi^3}{3}$

$\displaystyle \int_{0}^{\pi} x\sin x dx = \int_{0}^{\pi} x(-\cos x)' dx$

$\displaystyle \qquad\qquad = \left[x(-\cos x)\right]_{0}^{\pi} - \int_{0}^{\pi} x'(-\cos x) dx$

$\displaystyle \qquad\qquad = \pi + \int_{0}^{\pi} \cos x dx$

$\displaystyle \qquad\qquad = \pi + \left[\sin x\right]_{0}^{\pi}$

$\displaystyle \qquad\qquad = \pi$

$\displaystyle \int_{0}^{\pi} \sin^2 x dx = \int_{0}^{\pi} \frac{1 - \cos 2x}{2} dx$

$\displaystyle \qquad\qquad = \frac{1}{2}\left[x - \frac{1}{2}\sin 2x\right]_{0}^{\pi}$

$\displaystyle \qquad\qquad = \frac{\pi}{2}$

よって

$\displaystyle V \geqq 2\pi \cdot \frac{\pi^3}{3} + 4a\pi \cdot \pi + 2a^2\pi \cdot \frac{\pi}{2} \quad \cdots\cdots①$

$\displaystyle = \frac{2}{3}\pi^2\left(\pi^2 + 6a + \frac{3}{2}a^2\right)$

$$=\frac{2}{3}\pi^2\left\{\frac{3}{2}(a^2+4a)+\pi^2\right\}$$

$$=\frac{2}{3}\pi^2\left\{\frac{3}{2}(a+2)^2-6+\pi^2\right\}$$

$$\geqq\frac{2}{3}\pi^2(\pi^2-6)\quad\cdots\cdots②$$

(証明終)

$V=\dfrac{2}{3}\pi^2(\pi^2-6)$ となるのは，①，②において等号が成り立つときである。

①の等号が成り立つのは，$\displaystyle\int_{-\pi}^{\pi}\{f(x)+g(x)\}^2dx\geqq\int_{-\pi}^{\pi}\{f(x)\}^2dx$ の等号が成り立つ $\displaystyle\int_{-\pi}^{\pi}\{g(x)\}^2dx=0$ のときである。これは $\{g(x)\}^2\geqq0$ であることから，$-\pi\leqq x\leqq\pi$ において常に $\{g(x)\}^2=0$ つまり $b^2\cos^2x=0$ が成り立つ $b=0$ のときである。

②の等号が成り立つのは，$a=-2$ のときである。

以上より，求める a, b の条件は　　$a=-2$　かつ　$b=0$　……(答)

参考1 $\{f(x)\}^2$ は偶関数である。

$\{f(x)\}^2$ が偶関数のとき

$$\int_{-\pi}^{\pi}\{f(x)\}^2dx=2\int_{0}^{\pi}\{f(x)\}^2dx$$

となることは次のように証明できる。

$$\int_{-\pi}^{\pi}\{f(x)\}^2dx=\int_{-\pi}^{0}\{f(x)\}^2dx+\int_{0}^{\pi}\{f(x)\}^2dx$$

ここで，$\displaystyle\int_{-\pi}^{0}\{f(x)\}^2dx$ について考える。

$t=-x$ とおき，両辺を x で微分すると，$\dfrac{dt}{dx}=-1$ となるので　　$dx=-dt$

積分区間の対応は

x	$-\pi\to0$
t	$\pi\to0$

よって

$$\int_{-\pi}^{0}\{f(x)\}^2dx=\int_{\pi}^{0}\{f(-t)\}^2(-dt)$$

$$=\int_{\pi}^{0}\{f(t)\}^2(-dt)$$

$$=-\int_{\pi}^{0}\{f(t)\}^2dt$$

$$=\int_{0}^{\pi}\{f(t)\}^2dt$$

$$=\int_{0}^{\pi}\{f(x)\}^2dx$$

したがって

$$\int_{-\pi}^{\pi}\{f(x)\}^2dx=\int_{0}^{\pi}\{f(x)\}^2dx+\int_{0}^{\pi}\{f(x)\}^2dx=2\int_{0}^{\pi}\{f(x)\}^2dx$$

が成り立つ。

参考2 参考に描いてみると，$y = x + a\sin x$，
$y = b\cos x$，$y = |f(x) + g(x)|$ のグラフは右のよ
うになる（$a = 0.8$，$b = 1.8$ のときのグラフ）。
面積を求めるときは，右のグラフを見て x 軸と
の関係を読み取る必要があるが，x 軸を回転軸
とする回転体の体積のときには，右のようなグ
ラフになっていることを意識することなく，

$\displaystyle\int_{-\pi}^{\pi} \pi |f(x) + g(x)|^2 dx$ を計算していくだけで求

めることができる。

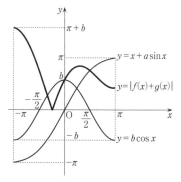

41

$f(x) = x^{-2}e^x$ $(x>0)$ とし,曲線 $y=f(x)$ を C とする。また h を正の実数とする。さらに,正の実数 t に対して,曲線 C,2直線 $x=t$,$x=t+h$,および x 軸で囲まれた図形の面積を $g(t)$ とする。

(1) $g'(t)$ を求めよ。

(2) $g(t)$ を最小にする t がただ1つ存在することを示し,その t を h を用いて表せ。

(3) (2)で得られた t を $t(h)$ とする。このとき極限値 $\displaystyle\lim_{h\to+0} t(h)$ を求めよ。

ポイント (1)〔解法〕のように計算すると要領がよいが,それは,〔参考3〕のような合成関数の微分を含む仕組みからきていることを意識しておこう。本問では $(t+h)' = 1$ なので,合成関数であることに気づいていなくても,偶然に正しい結果が得られるが,t の係数が1でなければ正しい結果は得られない。また,〔参考1〕でも述べたが,$x>0$ において $f(x)>0$ であることを記しておくこと。

(2) $g(t)$ の最小値を考えるにあたって $g(t)$ の増減についての考察が必要なので,$g'(t)$ の符号について調べることになる。

$g'(t) = \dfrac{e^t\{(e^h-1)t^2 - 2ht - h^2\}}{(t+h)^2t^2}$ を構成する式について,符号を確認していこう。$g'(t)$ の正負は t の2次式 $(e^h-1)t^2 - 2ht - h^2$ の符号によることがわかればよい。

(3) e に関わる極限値を求める問題である。本問を解答する際にグラフを意識する必要はないが,(1)の〔参考2〕のグラフより,$t(h)$ について $\displaystyle\lim_{h\to+0} t(h) = 2$ となることは次図を考察すると明らかである。

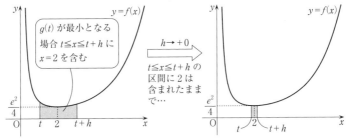

〔解法〕では計算の過程も含めて解答を作成したが,e に関する極限の公式として扱えるものは利用して構わない。

解 法

(1)　$x>0$ において $f(x)=x^{-2}e^x>0$ であるので

$$g(t)=\int_t^{t+h}f(x)\,dx=\int_t^{t+h}x^{-2}e^x\,dx$$

両辺を t で微分すると

$$g'(t)=(t+h)^{-2}e^{t+h}(t+h)'-t^{-2}e^t=(t+h)^{-2}e^{t+h}-t^{-2}e^t \quad \cdots\cdots(答)$$

> **参考1**　$f(x)<0$ となる部分があると，面積 $g(t)$ を $g(t)=\int_t^{t+h}f(x)\,dx$ と表すことができ
> ないので，$x>0$ において $f(x)>0$ であることを記しておくこと。

> **参考2**　$f(x)=x^{-2}e^x$ の両辺を x で微分すると
> $$\begin{aligned} f'(x)&=(x^{-2})'e^x+(x^{-2})(e^x)' \\ &=-2x^{-3}e^x+x^{-2}e^x \\ &=e^x x^{-3}(x-2) \end{aligned}$$
> $x>0$ における $f(x)$ の増減は右のようになる。
>
> $\displaystyle\lim_{x\to+0}x^{-2}e^x=\lim_{x\to+0}\frac{e^x}{x^2}$ において分母は正の方から 0 に近
>
> づき，分子は 1 に近づくので，$\displaystyle\lim_{x\to+0}\frac{e^x}{x^2}=+\infty$ となる。
>
> また，$\displaystyle\lim_{x\to+\infty}\frac{e^x}{x^2}=+\infty$ となるので，$C:y=f(x)$
>
> $(x>0)$ のグラフの概形は右のようになる。

x	(0)	$\cdots$	2	$\cdots$
$f'(x)$		$-$	0	$+$
$f(x)$		$\searrow$	$\dfrac{e^2}{4}$	$\nearrow$

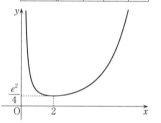

> **参考3**　$f(x)=x^{-2}e^x$ の不定積分を $F(x)$ とおく。
> $$\int_t^{t+h}x^{-2}e^x\,dx=\Big[F(x)\Big]_t^{t+h}=F(t+h)-F(t)$$
> t で微分すると
> $$\begin{aligned} \{F(t+h)-F(t)\}'&=F'(t+h)-F'(t)=f(t+h)(t+h)'-f(t) \\ &\qquad (F'(t+h)\ は合成関数\ F(t+h)\ の\ t\ での微分である) \\ &=f(t+h)-f(t)=(t+h)^{-2}e^{t+h}-t^{-2}e^t \end{aligned}$$

(2)　$$\begin{aligned} g'(t)&=\frac{e^{t+h}}{(t+h)^2}-\frac{e^t}{t^2}=\frac{e^{t+h}t^2-e^t(t+h)^2}{(t+h)^2t^2} \\ &=\frac{e^t\{e^h t^2-(t+h)^2\}}{(t+h)^2t^2}=\frac{e^t\{e^h t^2-(t^2+2th+h^2)\}}{(t+h)^2t^2} \\ &=\frac{e^t\{(e^h-1)t^2-2ht-h^2\}}{(t+h)^2t^2} \end{aligned}$$

$t>0$ のとき $(t+h)^2t^2>0$，$e^t>e^0=1>0$ であるから，$g'(t)$ の符号と $(e^h-1)t^2-2ht$
$-h^2$ の符号は一致する。

$e^h-1>e^0-1=1-1=0$ であり

$$(e^h - 1) t^2 - 2ht - h^2 = 0$$

は t の 2 次方程式である。これを解くと

$$t = \frac{-(-h) \pm \sqrt{(-h)^2 - (e^h - 1)(-h^2)}}{e^h - 1} = \frac{h \pm \sqrt{e^h h^2}}{e^h - 1} = \frac{h \pm e^{\frac{h}{2}} h}{e^h - 1} \quad (\because \quad h > 0)$$

$$= \frac{h(1 - e^{\frac{h}{2}})}{e^h - 1}, \ \frac{h(1 + e^{\frac{h}{2}})}{e^h - 1} = \frac{h(1 - e^{\frac{h}{2}})}{(e^{\frac{h}{2}} - 1)(e^{\frac{h}{2}} + 1)}, \ \frac{h(1 + e^{\frac{h}{2}})}{(e^{\frac{h}{2}} - 1)(e^{\frac{h}{2}} + 1)}$$

$$= -\frac{h}{e^{\frac{h}{2}} + 1}, \ \frac{h}{e^{\frac{h}{2}} - 1}$$

このうち，$t > 0$ を満たすものは $t = \dfrac{h}{e^{\frac{h}{2}} - 1}$ である。

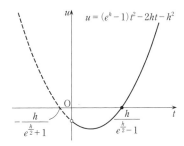

t	(0)	$\cdots$	$\dfrac{h}{e^{\frac{h}{2}} - 1}$	$\cdots$
$g'(t)$		$-$	0	$+$
$g(t)$		$\searrow$	極小・最小	$\nearrow$

よって，$t > 0$ における $g(t)$ の増減は上のようになり，$g(t)$ を最小にする t がただ 1 つ存在する。　　　　　　　　　　　　　　　　　　　　　　（証明終）

その t の値は $\dfrac{h}{e^{\frac{h}{2}} - 1}$ である。　……（答）

(3)　(2)より $t(h) = \dfrac{h}{e^{\frac{h}{2}} - 1}$ である。

$$\lim_{h \to +0} t(h) = \lim_{h \to +0} \frac{h}{e^{\frac{h}{2}} - 1} = \lim_{h \to +0} \frac{1}{\dfrac{e^{\frac{h}{2}} - 1}{h}} = \lim_{h \to +0} \frac{1}{\dfrac{e^{\frac{h}{2}} - 1}{\dfrac{h}{2}} \cdot \dfrac{1}{2}}$$

ここで，$l = e^{\frac{h}{2}} - 1$ とおくと，$h \to +0$ のとき $l \to +0$ であり，$e^{\frac{h}{2}} = l + 1$ の両辺の自然対数をとると $\dfrac{h}{2} = \log(l + 1)$ となるので

$$\lim_{h \to +0} \frac{e^{\frac{h}{2}} - 1}{\dfrac{h}{2}} = \lim_{l \to +0} \frac{l}{\log(l + 1)} = \lim_{l \to +0} \frac{1}{\dfrac{1}{l} \log(l + 1)} = \lim_{l \to +0} \frac{1}{\log(l + 1)^{\frac{1}{l}}} = \frac{1}{\log e} = 1$$

であるから

$$\lim_{h \to +0} t(h) = \frac{1}{1 \cdot \dfrac{1}{2}} = 2 \quad ……（答）$$

42

$0<a<4$ とする。曲線

$$C_1 : y=4\cos^2 x \quad \left(-\frac{\pi}{2}<x<\frac{\pi}{2}\right)$$

$$C_2 : y=a-\tan^2 x \quad \left(-\frac{\pi}{2}<x<\frac{\pi}{2}\right)$$

は，ちょうど2つの共有点をもつとする。

(1)　a の値を求めよ。

(2)　C_1 と C_2 で囲まれた部分の面積を求めよ。

ポイント　(1)　C_1 と C_2 がちょうど2つの共有点をもつことをどのように同値な条件に言い換えればよいのかを考える。それは，$4\cos^2 x+\tan^2 x=a$ がちょうど2つの異なる実数解をもつことであり，さらに，それは $y=4\cos^2 x+\tan^2 x$ のグラフと直線 $y=a$ がちょうど2つの共有点をもつことである。ほとんどの場合，実際に方程式を解いて，その解について考えるのではなく，グラフをもとにして図形的な意味から，解についての情報に迫っていく手法をとる。〔解法2〕のように $\cos$ と $\tan$ の関係を用いることもできる。
(2)　$y=f(x)$ を $y=4\cos^2 x$ のグラフと $y=3-\tan^2 x$ のグラフの関係に戻して，考察する。ただし，これらのグラフがどのようなものかわからない場合，〔参考〕のように差をとり0と比較することで2つのグラフの上下関係を求める。等号が成り立つときに接することになる。$x=\pm\frac{\pi}{4}$ に対応する点で2つのグラフが接することがわかり，面積を求める定積分の計算はとても簡単なものである。

解法 1

(1)　$\begin{cases} y=4\cos^2 x \\ y=a-\tan^2 x \end{cases}$

より，y を消去して

$$4\cos^2 x=a-\tan^2 x$$

$$4\cos^2 x+\tan^2 x=a \quad \cdots\cdots①$$

ここで

$$f(x)=4\cos^2 x+\tan^2 x \quad \left(-\frac{\pi}{2}<x<\frac{\pi}{2}\right)$$

とおく。①の実数解は，曲線 C_1，C_2 の共有点の x 座標であるから，C_1 と C_2 がちょ

うど2つの共有点をもつための条件は，①がちょうど2つの異なる実数解をもつことであり，それは $y=f(x)$ のグラフと直線 $y=a$ がちょうど2つの共有点をもつことである。

$$f'(x) = -8\cos x\sin x + 2\tan x \cdot \frac{1}{\cos^2 x}$$

$$= \frac{2\sin x\,(1-4\cos^4 x)}{\cos^3 x}$$

$$= \frac{2\,(1+2\cos^2 x)\,(1+\sqrt{2}\,\cos x)\,(1-\sqrt{2}\,\cos x)\,\sin x}{\cos^3 x}$$

ここで，$-\dfrac{\pi}{2}<x<\dfrac{\pi}{2}$ において，$\cos^3 x>0$，$1+2\cos^2 x>0$，$1+\sqrt{2}\,\cos x>0$ であるから，$f'(x)=0$ のとき，$\sin x=0$，$1-\sqrt{2}\,\cos x=0$ より

$$x=0,\ -\frac{\pi}{4},\ \frac{\pi}{4}$$

よって，$-\dfrac{\pi}{2}<x<\dfrac{\pi}{2}$ における $f(x)$ の増減は次のようになる。

x	$\left(-\dfrac{\pi}{2}\right)$	$\cdots$	$-\dfrac{\pi}{4}$	$\cdots$	0	$\cdots$	$\dfrac{\pi}{4}$	$\cdots$	$\left(\dfrac{\pi}{2}\right)$
$f'(x)$		$-$	0	$+$	0	$-$	0	$+$	
$f(x)$		↘	3	↗	4	↘	3	↗	

$$\lim_{x\to\frac{\pi}{2}-0} f(x) = +\infty,\quad \lim_{x\to-\frac{\pi}{2}+0} f(x) = +\infty$$

したがって，$y=f(x)$ のグラフは右のようになる。
$0<a<4$ を満たす直線 $y=a$ のグラフと $y=f(x)$ のグラフの共有点がちょうど2つになる a の値は

$$a=3 \quad \cdots\cdots(\text{答})$$

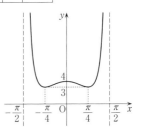

(2) $a=3$ より，C_2 の方程式は，$y=3-\tan^2 x$ となる。
このとき，C_1 と C_2 の共有点の x 座標は $x=\pm\dfrac{\pi}{4}$ で，求めるものは，右図の網かけ部分の面積である。y 軸に関する対称性を考えて，その面積は

$$\int_{-\frac{\pi}{4}}^{\frac{\pi}{4}} \{4\cos^2 x - (3-\tan^2 x)\}\,dx$$

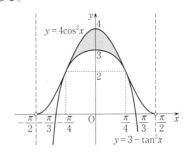

$$= 2\int_0^{\frac{\pi}{4}} \left(4 \cdot \frac{1 + \cos 2x}{2} + \frac{\sin^2 x}{\cos^2 x} - 3 \right) dx$$

$$= 2\int_0^{\frac{\pi}{4}} \left(4 \cdot \frac{1 + \cos 2x}{2} + \frac{1 - \cos^2 x}{\cos^2 x} - 3 \right) dx$$

$$= 2\int_0^{\frac{\pi}{4}} \left(2\cos 2x + \frac{1}{\cos^2 x} - 2 \right) dx$$

$$= 2\left[\sin 2x + \tan x - 2x \right]_0^{\frac{\pi}{4}}$$

$$= 2\left(1 + 1 - \frac{\pi}{2} \right)$$

$$= 4 - \pi \quad \cdots\cdots(\text{答})$$

参考　$a = 3$ のとき

$$4\cos^2 x - (3 - \tan^2 x) = \frac{4}{1 + \tan^2 x} - (3 - \tan^2 x)$$

$$= \frac{(\tan^2 x - 1)^2}{\tan^2 x + 1} \geqq 0$$

であるから $4\cos^2 x \geqq 3 - \tan^2 x$ で，C_1 と C_2 の共有点の x 座標は，$\tan x = \pm 1$

$\left(-\dfrac{\pi}{2} < x < \dfrac{\pi}{2} \right)$ より $x = \pm\dfrac{\pi}{4}$ であるので，求める面積は

$$\int_{-\frac{\pi}{4}}^{\frac{\pi}{4}} \{ 4\cos^2 x - (3 - \tan^2 x) \} dx$$

解 法 2

(1)　$\begin{cases} y = 4\cos^2 x \\ y = a - \tan^2 x \end{cases}$

より，y を消去して

$$4\cos^2 x = a - \tan^2 x$$

$$4\cos^2 x + \tan^2 x - a = 0$$

$$4\cos^2 x + \frac{1}{\cos^2 x} - 1 - a = 0$$

$\cos^2 x = t$ とおくと

$$4t + \frac{1}{t} - (1 + a) = 0 \quad \cdots\cdots ②$$

$-\dfrac{\pi}{2} < x < \dfrac{\pi}{2}$ より，$0 < t \leqq 1$ であるので，②の両辺に t をかけて

$$4t^2 - (1 + a)t + 1 = 0$$

$g(t) = 4t^2 - (1 + a)t + 1$ とおく。

C_1 と C_2 がちょうど 2 つの共有点をもつための条件は，$g(t) = 0$ が $0 < t \leqq 1$ に実数解

を1つもち，かつ $g(1) \neq 0$ となることである。

（$t=1$ には1つの x，$0<t<1$ を満たす t には2つの x が対応するため）

$g(t)=0$ の判別式を D とおく。

(ⅰ) $D>0$ のとき

$g(0)=1>0$ より

$g(1)<0$ を解いて

$\qquad 4-(1+a)+1<0$

$\qquad 4<a \quad （0<a<4$ を満たさない）

(ⅱ) $D=0$ のとき

$\qquad D=(1+a)^2-4\cdot4\cdot1=0$

$\qquad 1+a=\pm4 \qquad a=3,\ -5$

$y=g(t)$ の軸について

軸の方程式は $\qquad t=\dfrac{1+a}{8}$

$0<\dfrac{1+a}{8}<1$ を解いて

$\qquad -1<a<7$

よって $\qquad a=3 \quad （0<a<4$ を満たす） ……（答）

43

2022 年度 〔5〕　　　　　　　　　　　　　　　　**Level C**

　曲線 $C : y = (x+1)e^{-x}$ $(x > -1)$ 上の点 P における法線と x 軸との交点を Q とする。点 P の x 座標を t とし，点 Q と点 R $(t, 0)$ との距離を $d(t)$ とする。

(1)　$d(t)$ を t を用いて表せ。

(2)　$x \geqq 0$ のとき $e^x \geqq 1 + x + \dfrac{x^2}{2}$ であることを示せ。

(3)　点 P が曲線 C 上を動くとき，$d(t)$ の最大値を求めよ。

ポイント　(1)　曲線 C 上の点 P における法線とは，点 P で接線と直交する直線のことである。まず，接線の傾きを求め，積が -1 となる傾きが法線の傾きとなる。点 Q と点 R はともに x 軸上の点なので，点 Q と点 R との距離 $d(t)$ は x 座標の差をとればよい。

(2)　不等式 $e^x \geqq 1 + x + \dfrac{x^2}{2}$ には数学的な背景があるのだが，大学入試問題ではよくあることで，ほとんどの受験生は，その背景はわからないまま解くことになる。大学で学ぶ微・積分法で初めてわかる。

$f(x) = e^x - \dfrac{x^2}{2} - x - 1$ とおいて，$x \geqq 0$ のとき $f(x) \geqq 0$ となることを証明する。

証明したこの不等式は(3)でどのように使うかを考えながら，(3)を解答していこう。

(3)　(1)で求めた $d(t)$ の増減を調べることになる。2 つの区間でのそれぞれの最大値が求まったので，どちらが大きいかを調べる。大きい方が最大値である。定数ではない変数 t を変化させているので，$-1 < t < 0$, $0 \leqq t$ それぞれの場合の最大値というように場合分けして答えないこと。その比較の際に出てくる不等式の中に(2)で証明した不等式が利用できそうである。変形し整理した式を観察しつつ，$e^x \geqq 1 + x + \dfrac{x^2}{2}$ の x に $x = 2\sqrt{2}$ を代入すればよいと考える。不等式を利用するためには，どのような形に持ち込めばよいかを考えて進めている。

解法

(1)　　$y = (x+1)e^{-x}$

　　　　$y' = (x+1)'e^{-x} + (x+1)(e^{-x})'$

　　　　　$= e^{-x} - (x+1)e^{-x}$

　　　　　$= -xe^{-x}$

よって，曲線 C 上の点 P $(t, (t+1)e^{-t})$ における接線の傾きは $-te^{-t}$ なので，これ

に垂直な法線の傾きは，傾きの積が-1になることから，$\dfrac{1}{te^{-t}}$ であり，法線の方程式は

$$y-(t+1)\,e^{-t}=\dfrac{1}{te^{-t}}\,(x-t)$$

$$\therefore \quad y=\dfrac{1}{te^{-t}}x-\dfrac{1}{e^{-t}}+(t+1)\,e^{-t}$$

$y=0$ として　　$x=t-t(t+1)\,e^{-2t}$

したがって，x軸との交点 Q の座標は $(t-t(t+1)\,e^{-2t},\ 0)$ である。

よって，$t>-1$ であることを考えると，$d(t)$ は

$$\begin{aligned}
d(t)&=|t-\{t-t(t+1)\,e^{-2t}\}|\\
&=|t(t+1)\,e^{-2t}|\\
&=\begin{cases}-t(t+1)\,e^{-2t} & (-1<t<0 \text{ のとき})\\ t(t+1)\,e^{-2t} & (0\leqq t \text{ のとき})\end{cases} \quad\cdots\cdots(\text{答})
\end{aligned}$$

と表すことができる。

(2)　$f(x)=e^x-\dfrac{x^2}{2}-x-1$ とおく。

$$f'(x)=e^x-x-1$$
$$f''(x)=e^x-1$$

$x\geqq0$ のとき $e^x\geqq1$ なので，$f''(x)\geqq0$ であるから，$f'(x)$ は単調に増加する。$f'(0)=0$ なので，$f'(x)\geqq0$ となる。

よって，$x\geqq0$ のとき $f(x)$ は単調に増加して，$f(0)=0$ なので

$$f(x)\geqq0$$

したがって，$x\geqq0$ のとき

$$e^x\geqq1+x+\dfrac{x^2}{2}$$

である。　　　　　　　　　　　　　　　　　　　　　　　　　　（証明終）

(3)　点 P が曲線 C 上を動くとき，点 P の x 座標は t なので，曲線 C の定義域 $x>-1$ に従い，$t>-1$ の範囲で考えればよい。

(ア)　$-1<t<0$ のとき

$$d(t)=-t(t+1)\,e^{-2t}$$
$$\begin{aligned}
d'(t)&=-\{(t^2+t)'e^{-2t}+(t^2+t)\,(e^{-2t})'\}\\
&=-\{(2t+1)\,e^{-2t}-2(t^2+t)\,e^{-2t}\}\\
&=(2t^2-1)\,e^{-2t}
\end{aligned}$$

$-1<t<0$ において，$d'(t)=0$ とするとき　　$t=-\dfrac{\sqrt{2}}{2}$

よって，$-1<t<0$ における $d(t)$ の増減は次のようになる。

t	(-1)	$\cdots$	$-\dfrac{\sqrt{2}}{2}$	$\cdots$	(0)
$d'(t)$		$+$	0	$-$	
$d(t)$	(0)	$\nearrow$	$e^{\sqrt{2}}\cdot\dfrac{-1+\sqrt{2}}{2}$	$\searrow$	(0)

(イ)　$0\leqq t$ のとき

　　　$d(t)=t(t+1)e^{-2t}$

　　　$d'(t)=-(2t^2-1)e^{-2t}$

$0\leqq t$ において，$d'(t)=0$ とするとき　　$t=\dfrac{\sqrt{2}}{2}$

よって，$0\leqq t$ における $d(t)$ の増減は次のようになる。

t	0	$\cdots$	$\dfrac{\sqrt{2}}{2}$	$\cdots$
$d'(t)$		$+$	0	$-$
$d(t)$	0	$\nearrow$	$e^{-\sqrt{2}}\cdot\dfrac{1+\sqrt{2}}{2}$	$\searrow$

$-1<t$ における $d(t)$ の最大値を求めるために，(ア)での $d\left(-\dfrac{\sqrt{2}}{2}\right)=e^{\sqrt{2}}\cdot\dfrac{-1+\sqrt{2}}{2}$ と

(イ)での $d\left(\dfrac{\sqrt{2}}{2}\right)=e^{-\sqrt{2}}\cdot\dfrac{1+\sqrt{2}}{2}$ とを比較し，大小関係を調べる。

$$d\left(-\dfrac{\sqrt{2}}{2}\right)-d\left(\dfrac{\sqrt{2}}{2}\right)=e^{\sqrt{2}}\cdot\dfrac{-1+\sqrt{2}}{2}-e^{-\sqrt{2}}\cdot\dfrac{1+\sqrt{2}}{2}$$

$$=\dfrac{e^{-\sqrt{2}}(\sqrt{2}-1)}{2}\left(e^{2\sqrt{2}}-\dfrac{\sqrt{2}+1}{\sqrt{2}-1}\right)$$

$\dfrac{e^{-\sqrt{2}}(\sqrt{2}-1)}{2}>0$ であるので

$$e^{2\sqrt{2}}-\dfrac{\sqrt{2}+1}{\sqrt{2}-1}=e^{2\sqrt{2}}-(\sqrt{2}+1)^2　\cdots\cdots①$$

の符号を調べればよい。

ここで，$x\geqq0$ のとき $e^x\geqq1+x+\dfrac{x^2}{2}$ が成り立つことを(2)で証明したので，$x=2\sqrt{2}$ を代入すると

$$e^{2\sqrt{2}}\geqq1+2\sqrt{2}+\dfrac{(2\sqrt{2})^2}{2}=5+2\sqrt{2}$$

が成り立つ。よって，①は
$$e^{2\sqrt{2}} - (\sqrt{2}+1)^2 \geqq (5+2\sqrt{2}) - (3+2\sqrt{2})$$
$$= 2 > 0$$

したがって，$d\left(-\dfrac{\sqrt{2}}{2}\right) > d\left(\dfrac{\sqrt{2}}{2}\right)$ より，$-1 < t$ における $d(t)$ の最大値は

$$d\left(-\frac{\sqrt{2}}{2}\right) = e^{\sqrt{2}} \cdot \frac{-1+\sqrt{2}}{2} \quad \cdots\cdots(\text{答})$$

|参考| $y = (x+1)e^{-x}$ $(x > -1)$ および $y = d(t)$ $(t > -1)$ のグラフはそれぞれ次のようになる。

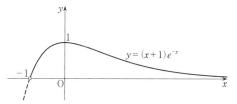
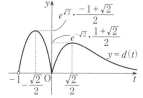

44

2021 年度 〔4〕　　　　　　　　　　　　　　　　　　**Level B**

p, q を定数とし，$0<p<1$ とする。

　曲線 $C_1：y=px^{\frac{1}{p}}$ $(x>0)$ と

　曲線 $C_2：y=\log x+q$ $(x>0)$

が，ある 1 点 (a, b) において同じ直線に接するとする。曲線 C_1，直線 $x=a$，直線 $x=e^{-q}$ および x 軸で囲まれた図形の面積を S_1 とする。また，曲線 C_2，直線 $x=a$ および x 軸で囲まれた図形の面積を S_2 とする。

(1)　q を p を用いて表せ。

(2)　S_1，S_2 を p を用いて表せ。

(3)　$\dfrac{S_2}{S_1}\geqq\dfrac{3}{4}$ であることを示せ。ただし，$2.5<e<3$ を用いてよい。

ポイント　(1)　2 曲線 $y=f(x)$，$y=g(x)$ が点 (a, b) で共通の接線をもつための条件は

$$\begin{cases} f(a)=g(a) \\ f'(a)=g'(a) \end{cases}$$

が成り立つことである。

(2)　(1)で点 (a, b) の x 座標 a の具体的な値がわかり，q も p で表せたので，定積分の計算から S_1，S_2 の 2 つの面積を求める準備が整った。S_1，S_2 を定積分で表して計算する。どちらも基本的な計算であるので正確に処理しよう。

(3)　$\dfrac{S_2}{S_1}\geqq\dfrac{3}{4}$ のままでは証明しにくいので，$4S_2-3S_1\geqq0$ となることを証明する。順に切り分け置き換えていくところがポイントとなる。符号がどのようになるのかを調べる。

$$4S_2-3S_1=\frac{1}{p+1}\{p^2+e^{-p}(3e^{-1}p^2+4p+4)-4\}$$

$$=\frac{1}{p+1}f(p)$$

とおき，さらに

$$f'(p)=pe^{-p-1}(2e^{p+1}-3p-4e+6)$$

$$=pe^{-p-1}g(p)$$

とおく。くくった $\dfrac{1}{p+1}$，pe^{-p-1} が正より，$f(p)$，$g(p)$ が正であると示すことで，単調増加を示すことができる。まとめたままで計算を続けていくのが難しい場合は，このような手順で解答を進めていくことを覚えておこう。

解 法

(1) $y = px^{\frac{1}{p}}$ より $\quad y' = x^{\frac{1}{p}-1}$

$y = \log x + q$ より $\quad y' = \dfrac{1}{x}$

曲線 C_1, C_2 が点 (a, b) において, 同じ直線に接するための条件は

$$\begin{cases} pa^{\frac{1}{p}} = \log a + q \ (= b) \quad \cdots\cdots ① \\ a^{\frac{1}{p}-1} = \dfrac{1}{a} \quad \cdots\cdots ② \end{cases}$$

が成り立つことである。

②の両辺に a をかけると $\quad a^{\frac{1}{p}} = 1$

両辺を p 乗して $\quad a = 1 \quad \cdots\cdots ②'$

②′ を①に代入して $\quad q = p \quad \cdots\cdots$(答)

(2) (1)より C_2 の方程式は $y = \log x + p$ となり, C_1 と C_2 は点 $(1, p)$ において同じ直線に接する。下図の太線で囲まれた部分の面積が S_1 で, 網かけ部分の面積が S_2 である。

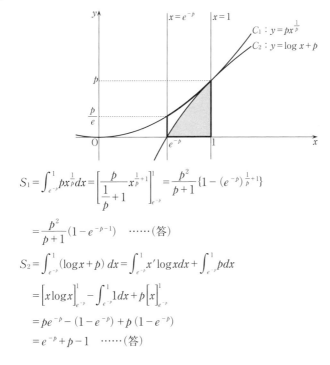

$$S_1 = \int_{e^{-p}}^{1} px^{\frac{1}{p}} dx = \left[\frac{p}{\frac{1}{p}+1} x^{\frac{1}{p}+1} \right]_{e^{-p}}^{1} = \frac{p^2}{p+1} \{ 1 - (e^{-p})^{\frac{1}{p}+1} \}$$

$$= \frac{p^2}{p+1} (1 - e^{-p-1}) \quad \cdots\cdots(答)$$

$$S_2 = \int_{e^{-p}}^{1} (\log x + p) \, dx = \int_{e^{-p}}^{1} x' \log x \, dx + \int_{e^{-p}}^{1} p \, dx$$

$$= \left[x \log x \right]_{e^{-p}}^{1} - \int_{e^{-p}}^{1} 1 \, dx + p \left[x \right]_{e^{-p}}^{1}$$

$$= pe^{-p} - (1 - e^{-p}) + p(1 - e^{-p})$$

$$= e^{-p} + p - 1 \quad \cdots\cdots(答)$$

(3)　　$4S_2 - 3S_1 = 4(e^{-p} + p - 1) - 3 \cdot \dfrac{p^2}{p+1}(1 - e^{-p-1})$

$$= \frac{1}{p+1}\{p^2 + e^{-p}(3e^{-1}p^2 + 4p + 4) - 4\} \quad \cdots\cdots③$$

$f(p) = p^2 + e^{-p}(3e^{-1}p^2 + 4p + 4) - 4$ とおく。

$\quad f'(p) = 2p - e^{-p}(3e^{-1}p^2 + 4p + 4) + e^{-p}(6e^{-1}p + 4)$

$\quad\quad = pe^{-p-1}(2e^{p+1} - 3p - 4e + 6) \quad \cdots\cdots④$

$g(p) = 2e^{p+1} - 3p - 4e + 6$ とおく。

$\quad g'(p) = 2e^{p+1} - 3$

ここで，$0 < p < 1$ より　　$g'(p) > 2e - 3 > 0$　　$(2.5 < e < 3$ による$)$

よって，$g(p)$ は $0 < p < 1$ で単調に増加して $g(0) = 6 - 2e > 0$ であるから $g(p) > 0$ である。

これに加えて，④において，$0 < p < 1$ より　　$p > 0$，$e^{-p-1} > 0$

よって，$pe^{-p-1} > 0$ でもあるから，$f'(p) > 0$ となる。

したがって，$0 < p < 1$ において，$f(p)$ は単調に増加する。

$\quad\quad f(0) = 4 - 4 = 0$

より　　$f(p) > 0$

これに加えて，③において，$0 < p < 1$ より　　$\dfrac{1}{p+1} > 0$

ゆえに，$\dfrac{1}{p+1} \cdot f(p) > 0$ となり

$\quad\quad 4S_2 - 3S_1 \geqq 0$　　　$4S_2 \geqq 3S_1$

両辺を正の $4S_1$ で割って　　$\dfrac{S_2}{S_1} \geqq \dfrac{3}{4}$ 　　　　　　　　　　　（証明終）

45

O を原点とする xy 平面において，点 A$(-1, 0)$ と点 B$(2, 0)$ をとる。円 $x^2+y^2=1$ の，$x \geqq 0$ かつ $y \geqq 0$ を満たす部分を C とし，また点 B を通り y 軸に平行な直線を l とする。2 以上の整数 n に対し，曲線 C 上に点 P，Q を

$$\angle \text{POB} = \frac{\pi}{n}, \quad \angle \text{QOB} = \frac{\pi}{2n}$$

を満たすようにとる。直線 AP と直線 l の交点を V とし，直線 AQ と直線 l の交点を W とする。線分 AP，線分 AQ および曲線 C で囲まれた図形の面積を $S(n)$ とする。また線分 PV，線分 QW，曲線 C および線分 VW で囲まれた図形の面積を $T(n)$ とする。

(1) $\displaystyle \lim_{n \to \infty} n\{S(n) + T(n)\}$ を求めよ。

(2) $\displaystyle \lim_{n \to \infty} \frac{T(n)}{S(n)}$ を求めよ。

ポイント (1) 面積の和 $S(n)+T(n)$ について，$S(n)$ は(2)のように上手く分割して求めることができるが，$T(n)$ だけを単独では求めにくいから，分割せずに，$S(n)+T(n)$ のまままとめて求めるとよい。求め方はいろいろ考えられ，〔参考〕のようにしてもよいが，いずれにしても $\displaystyle \lim_{x \to 0} \frac{\sin x}{x} = 1$ を利用する形に持ち込んで計算していくことになる。

(2) $T(n)$ を単独で求めないことと(1)で求めたことを利用することを方針とすれば，変形の仕方が見えてくる。

$\displaystyle \lim_{n \to \infty} \left[\frac{n\{S(n) + T(n)\}}{nS(n)} - 1 \right]$ と変形して求めることに決めたら，$\displaystyle \lim_{n \to \infty} nS(n)$ を求めることにしよう。$S(n)$ は分割して求めることができる。このように逆算していき，何を求めればよいかを考えると方針が立てやすい。

解 法

(1) 直線 l の方程式は $x=2$ である。

点 $(1, 0)$ を R とおく。

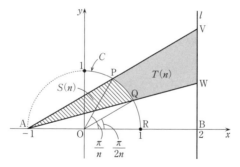

点 P の座標は $\left(\cos\dfrac{\pi}{n},\ \sin\dfrac{\pi}{n}\right)$，点 Q の座標は $\left(\cos\dfrac{\pi}{2n},\ \sin\dfrac{\pi}{2n}\right)$ である。

$$S(n) + T(n) = \triangle\mathrm{AVW} = \frac{1}{2}\cdot\mathrm{AB}\cdot\mathrm{VW} \quad \cdots\cdots\text{①}$$

ここで　　$\mathrm{AB} = 3$

直線 AP の方程式は

$$y = \frac{\sin\dfrac{\pi}{n}}{\cos\dfrac{\pi}{n}-(-1)}\{x-(-1)\} = \frac{\sin\dfrac{\pi}{n}}{\cos\dfrac{\pi}{n}+1}x + \frac{\sin\dfrac{\pi}{n}}{\cos\dfrac{\pi}{n}+1}$$

よって，$x=2$ を代入したときの y の値を求めて

$$\mathrm{BV} = \frac{3\sin\dfrac{\pi}{n}}{\cos\dfrac{\pi}{n}+1}$$

同様にして

$$\mathrm{BW} = \frac{3\sin\dfrac{\pi}{2n}}{\cos\dfrac{\pi}{2n}+1}$$

したがって

$$\mathrm{VW} = \mathrm{BV} - \mathrm{BW} = \frac{3\sin\dfrac{\pi}{n}}{\cos\dfrac{\pi}{n}+1} - \frac{3\sin\dfrac{\pi}{2n}}{\cos\dfrac{\pi}{2n}+1}$$

これを①に代入して

$$S(n) + T(n) = \frac{1}{2}\cdot 3\left(\frac{3\sin\dfrac{\pi}{n}}{\cos\dfrac{\pi}{n}+1} - \frac{3\sin\dfrac{\pi}{2n}}{\cos\dfrac{\pi}{2n}+1}\right)$$

ゆえに

$$\lim_{n\to\infty} n\{S(n) + T(n)\}$$

$$=\lim_{n\to\infty} n \cdot \frac{1}{2} \cdot 3 \left(\frac{3\sin\frac{\pi}{n}}{\cos\frac{\pi}{n}+1} - \frac{3\sin\frac{\pi}{2n}}{\cos\frac{\pi}{2n}+1} \right)$$

$$=\lim_{n\to\infty} \frac{3}{2} \left(\frac{3}{\cos\frac{\pi}{n}+1} \cdot \frac{\sin\frac{\pi}{n}}{\frac{\pi}{n}} \cdot \pi - \frac{3}{\cos\frac{\pi}{2n}+1} \cdot \frac{\sin\frac{\pi}{2n}}{\frac{\pi}{2n}} \cdot \frac{\pi}{2} \right)$$

$$=\frac{3}{2} \left(\frac{3}{1+1} \cdot 1 \cdot \pi - \frac{3}{1+1} \cdot 1 \cdot \frac{\pi}{2} \right)$$

$$=\frac{3}{2} \left(\frac{3}{2}\pi - \frac{3}{4}\pi \right)$$

$$=\frac{9}{8}\pi \quad \cdots\cdots(\text{答})$$

> **参考** 円周角は中心角の $\frac{1}{2}$ 倍なので
>
> $$\angle \text{PAB} = \frac{1}{2}\angle \text{POB} = \frac{\pi}{2n}$$
>
> $$\angle \text{QAB} = \frac{1}{2}\angle \text{QOB} = \frac{\pi}{4n}$$
>
> したがって，直角三角形 ABV において
>
> $$\tan\frac{\pi}{2n} = \frac{\text{BV}}{\text{AB}} \qquad \text{BV} = 3\tan\frac{\pi}{2n}$$
>
> 直角三角形 ABW において
>
> $$\tan\frac{\pi}{4n} = \frac{\text{BW}}{\text{AB}} \qquad \text{BW} = 3\tan\frac{\pi}{4n}$$
>
> よって
>
> $$\text{VW} = \text{BV} - \text{BW} = 3\tan\frac{\pi}{2n} - 3\tan\frac{\pi}{4n}$$
>
> としてももちろんよい。ただし，$\displaystyle\lim_{x\to0}\frac{\sin x}{x} = 1$ を利用するために，tan を $\frac{\sin}{\cos}$ と変形することになる。

(2) $$\lim_{n\to\infty} \frac{T(n)}{S(n)} = \lim_{n\to\infty} \frac{S(n) + T(n) - S(n)}{S(n)}$$

$$= \lim_{n\to\infty} \left[\frac{n\{S(n) + T(n)\}}{nS(n)} - 1 \right]$$

ここで，$\displaystyle\lim_{n\to\infty} nS(n)$ を求める。

$$S(n) = [\triangle\text{OAP の面積}] + [\text{扇形 OPQ の面積}] - [\triangle\text{OAQ の面積}]$$

$$= \frac{1}{2} \cdot 1 \cdot 1 \cdot \sin\left(\pi - \frac{\pi}{n}\right) + \frac{1}{2} \cdot 1 \cdot 1 \cdot \left(\frac{\pi}{n} - \frac{\pi}{2n}\right) - \frac{1}{2} \cdot 1 \cdot 1 \cdot \sin\left(\pi - \frac{\pi}{2n}\right)$$

$$= \frac{1}{2}\sin\frac{\pi}{n} + \frac{\pi}{4n} - \frac{1}{2}\sin\frac{\pi}{2n}$$

したがって

$$\lim_{n \to \infty} nS(n) = \lim_{n \to \infty} n\left(\frac{1}{2}\sin\frac{\pi}{n} + \frac{\pi}{4n} - \frac{1}{2}\sin\frac{\pi}{2n}\right)$$

$$= \lim_{n \to \infty}\left(\frac{1}{2} \cdot \frac{\sin\dfrac{\pi}{n}}{\dfrac{\pi}{n}} \cdot \pi + \frac{\pi}{4} - \frac{1}{2} \cdot \frac{\sin\dfrac{\pi}{2n}}{\dfrac{\pi}{2n}} \cdot \frac{\pi}{2}\right)$$

$$= \frac{1}{2} \cdot 1 \cdot \pi + \frac{\pi}{4} - \frac{1}{2} \cdot 1 \cdot \frac{\pi}{2}$$

$$= \frac{\pi}{2}$$

ゆえに $\displaystyle\lim_{n \to \infty}\frac{T(n)}{S(n)} = \frac{\dfrac{9}{8}\pi}{\dfrac{\pi}{2}} - 1 = \frac{5}{4}$ ……(答)

46

関数 $f(\theta)$, $g(\theta)$ を

$$f(\theta) = \sin\theta - \frac{\sqrt{2}}{2}, \quad g(\theta) = \sin 2\theta$$

と定める。xy 平面上の曲線 C が，媒介変数 θ を用いて

$$x = f(\theta), \quad y = g(\theta) \quad \left(0 \leqq \theta \leqq \frac{\pi}{4}\right)$$

で表されている。

(1) 次の定積分 I_1, I_2, I_3 の値を求めよ。

$$I_1 = \int_0^{\frac{\pi}{4}} \cos 2\theta\, d\theta, \quad I_2 = \int_0^{\frac{\pi}{4}} \sin\theta \cos 2\theta\, d\theta, \quad I_3 = \int_0^{\frac{\pi}{4}} \sin^2\theta \cos 2\theta\, d\theta$$

(2) $\dfrac{dy}{dx}$ を θ の関数として表し，曲線 C の概形を xy 平面上に描け。

(3) 曲線 C，x 軸および y 軸で囲まれた図形を，y 軸のまわりに1回転してできる立体の体積を求めよ。

ポイント (1) 三角関数の基本的な定積分であるが，大問全体を見通してみると，計算結果をこの後に利用する可能性が高い。ここで誤ると芋づる式に失点しかねないので，確実に計算したい。I_2 の求め方に関しては，まずは〔参考〕の置換積分法を忠実になぞって計算する方法で計算できるようにし，その後は〔解法〕のように要領のよい計算方法を目指すとよい。

(2) $\dfrac{dy}{dx} = \dfrac{\dfrac{dy}{d\theta}}{\dfrac{dx}{d\theta}}$ であることから，$\dfrac{dy}{dx}$ を θ の関数として表そう。$\dfrac{dx}{d\theta}$, $\dfrac{dy}{d\theta}$ の符号に注目し，

x, y ともに $0 \leqq \theta \leqq \dfrac{\pi}{4}$ において単調に増加することを確認しよう。これより，xy 平面において曲線 C は右上がりのグラフであり，グラフ自体は単純なものであるとわかる。

(3) 媒介変数で表される曲線で囲まれる図形を y 軸のまわりに1回転してできる回転体の体積を定積分の計算で求める。置換積分法を利用して計算する。苦手意識をもっている受験生もいるかもしれないが，コツを覚えれば必ずできるようになる。(1)の I_1, I_2, I_3 の式が出てくることを確認しておくこと。出てこなければ計算が間違っている可能性が高い。体積を I_1, I_2, I_3 で表したら(1)で求めた計算結果を代入する。

解 法

(1) $\quad I_1 = \displaystyle\int_0^{\frac{\pi}{4}} \cos 2\theta d\theta = \left[\frac{1}{2}\sin 2\theta\right]_0^{\frac{\pi}{4}}$

$\qquad = \dfrac{1}{2}\left(\sin\dfrac{\pi}{2} - \sin 0\right) = \dfrac{1}{2}(1-0)$

$\qquad = \dfrac{1}{2}$ ……(答)

$\quad I_2 = \displaystyle\int_0^{\frac{\pi}{4}} \sin\theta\cos 2\theta d\theta = \int_0^{\frac{\pi}{4}} \sin\theta(2\cos^2\theta - 1)\,d\theta$

$\qquad = -\displaystyle\int_0^{\frac{\pi}{4}} (2\cos^2\theta - 1)(\cos\theta)'\,d\theta = \left[-\frac{2}{3}\cos^3\theta + \cos\theta\right]_0^{\frac{\pi}{4}}$

$\qquad = -\dfrac{2}{3}\left\{\left(\dfrac{\sqrt{2}}{2}\right)^3 - 1^3\right\} + \left(\dfrac{\sqrt{2}}{2} - 1\right)$

$\qquad = \dfrac{1}{3}(\sqrt{2} - 1)$ ……(答)

$\quad I_3 = \displaystyle\int_0^{\frac{\pi}{4}} \sin^2\theta\cos 2\theta d\theta = \int_0^{\frac{\pi}{4}} \frac{1-\cos 2\theta}{2}\cos 2\theta d\theta$

$\qquad = \dfrac{1}{2}\displaystyle\int_0^{\frac{\pi}{4}} (\cos 2\theta - \cos^2 2\theta)\,d\theta = \dfrac{1}{2}\int_0^{\frac{\pi}{4}}\left\{\cos 2\theta - \dfrac{1}{2}(1 + \cos 4\theta)\right\}d\theta$

$\qquad = \dfrac{1}{4}\displaystyle\int_0^{\frac{\pi}{4}} (2\cos 2\theta - \cos 4\theta - 1)\,d\theta = \dfrac{1}{4}\left[\sin 2\theta - \dfrac{1}{4}\sin 4\theta - \theta\right]_0^{\frac{\pi}{4}}$

$\qquad = \dfrac{1}{4}\left(\sin\dfrac{\pi}{2} - \dfrac{1}{4}\sin\pi - \dfrac{\pi}{4}\right)$

$\qquad = \dfrac{1}{16}(4 - \pi)$ ……(答)

参考 $I_2 = \displaystyle\int_0^{\frac{\pi}{4}} \sin\theta\cos 2\theta d\theta$ の計算は, 入試本番では〔解法〕のように要領よく直接計算できるようにしておくこと。合成関数の微分法の逆演算をしていることになる。
置換積分法で計算すると次のようになる。

$\qquad I_2 = \displaystyle\int_0^{\frac{\pi}{4}} \sin\theta\cos 2\theta d\theta = \int_0^{\frac{\pi}{4}} (2\cos^2\theta - 1)\sin\theta d\theta$

$t = \cos\theta$ とおき, 両辺を θ で微分すると

$\qquad \dfrac{dt}{d\theta} = (\cos\theta)' = -\sin\theta$

$\qquad \sin\theta d\theta = -dt$

積分区間は右のように対応する。

θ	$0 \to \dfrac{\pi}{4}$
t	$1 \to \dfrac{\sqrt{2}}{2}$

よって

$$I_2 = \int_0^{\frac{\pi}{4}} (2\cos^2\theta - 1) \sin\theta d\theta$$

$$= \int_1^{\frac{\sqrt{2}}{2}} (2t^2 - 1)(-dt)$$

$$= -\int_1^{\frac{\sqrt{2}}{2}} (2t^2 - 1) dt$$

$$= -\left[\frac{2}{3}t^3 - t\right]_1^{\frac{\sqrt{2}}{2}}$$

$$= -\frac{2}{3}\left\{\left(\frac{\sqrt{2}}{2}\right)^3 - 1^3\right\} + \left(\frac{\sqrt{2}}{2} - 1\right)$$

となり，〔解法〕と同じ式が得られる。

(2)
$$\begin{cases} f(\theta) = \sin\theta - \dfrac{\sqrt{2}}{2} \\ g(\theta) = \sin 2\theta \end{cases}$$

より

$$\begin{cases} \dfrac{dx}{d\theta} = \cos\theta \\ \dfrac{dy}{d\theta} = 2\cos 2\theta \end{cases}$$

したがって

$$\frac{dy}{dx} = \frac{\dfrac{dy}{d\theta}}{\dfrac{dx}{d\theta}} = \frac{2\cos 2\theta}{\cos\theta} \quad \cdots\cdots(答)$$

$0 < \theta < \dfrac{\pi}{4}$ において

$$\begin{cases} \dfrac{dx}{d\theta} > 0 \\ \dfrac{dy}{d\theta} > 0 \end{cases}$$

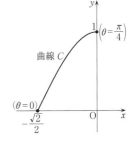

θ の増加に伴い，x，y ともに単調に増加し，$\theta = 0$ のとき $(x,\ y) = \left(-\dfrac{\sqrt{2}}{2},\ 0\right)$，$\theta = \dfrac{\pi}{4}$ のとき $(x,\ y) = (0,\ 1)$ であるから，xy 平面上で曲線 C の概形は右のようになる。

(3)　求めるものは次図の網かけ部分を y 軸のまわりに1回転してできる立体の体積である。

求める体積は $\displaystyle\int_0^1 \pi x^2 dy$ で求めることができ，ここで

$$x = \sin\theta - \frac{\sqrt{2}}{2}$$

曲線 C

である。また

$$y = \sin 2\theta$$

であることから，これを θ で微分すると

$$\frac{dy}{d\theta} = 2\cos 2\theta$$

$$dy = 2\cos 2\theta d\theta$$

また，積分区間の対応は右のようになる。

y	$0 \to 1$
θ	$0 \to \dfrac{\pi}{4}$

したがって

$$\int_0^1 \pi x^2 dy = \int_0^{\frac{\pi}{4}} \pi \left(\sin\theta - \frac{\sqrt{2}}{2}\right)^2 \cdot 2\cos 2\theta d\theta$$

$$= \pi \int_0^{\frac{\pi}{4}} \left(\sin^2\theta - \sqrt{2}\sin\theta + \frac{1}{2}\right) \cdot 2\cos 2\theta d\theta$$

$$= \pi \left(2\int_0^{\frac{\pi}{4}} \sin^2\theta \cos 2\theta d\theta - 2\sqrt{2}\int_0^{\frac{\pi}{4}} \sin\theta \cos 2\theta d\theta + \int_0^{\frac{\pi}{4}} \cos 2\theta d\theta\right)$$

$$= \pi\,(2I_3 - 2\sqrt{2}\,I_2 + I_1)$$

$$= \pi \left\{2 \cdot \frac{1}{16}(4 - \pi) - 2\sqrt{2} \cdot \frac{1}{3}(\sqrt{2} - 1) + \frac{1}{2}\right\}$$

$$= \pi \left(\frac{-1 + 2\sqrt{2}}{3} - \frac{\pi}{8}\right) \quad \cdots\cdots(\text{答})$$

47

2020 年度 〔5〕
Level A

数列 $\{a_n\}$ が

$$a_1 = \frac{c}{1+c}, \quad a_{n+1} = \frac{1}{2-a_n} \quad (n=1, \ 2, \ 3, \ \cdots)$$

を満たすとする。ただし，c は正の実数である。

(1) $a_2, \ a_3$ を求めよ。

(2) 数列 $\{a_n\}$ の一般項 a_n を求めよ。

(3) $\displaystyle \sum_{n=1}^{\infty} \left(\frac{a_{n+1}}{a_n} - 1 \right)$ を求めよ。

ポイント (1) 漸化式から $a_2, \ a_3$ を計算して求めよう。

(2) (1)は(2)で数列 $\{a_n\}$ の一般項 a_n を求める際の推測を促す誘導である。推測しやすい形なので一般項 a_n を表すことができ，数学的帰納法で証明する。

(3) 無限級数の和を求める。分母が積の形で表された分数なので，部分分数分解を行い「『差で表した式』の和」の形をつくり，途中の項が消去されるように表して計算しよう。

解 法

(1) 与えられた漸化式より

$$a_2 = \frac{1}{2-a_1} = \frac{1}{2 - \dfrac{c}{1+c}}$$

$$= \frac{1+c}{2(1+c)-c}$$

$$= \frac{1+c}{2+c} \quad \cdots\cdots (答)$$

$$a_3 = \frac{1}{2-a_2} = \frac{1}{2 - \dfrac{1+c}{2+c}}$$

$$= \frac{2+c}{2(2+c)-(1+c)}$$

$$= \frac{2+c}{3+c} \quad \cdots\cdots (答)$$

(2) (1)より数列 $\{a_n\}$ の一般項 a_n は

$$a_n = \frac{(n-1)+c}{n+c}$$

であると推測できる。すべての自然数 n において

$$a_n = \frac{(n-1)+c}{n+c} \quad \cdots\cdots ①$$

が成り立つことを数学的帰納法で証明する。

[I] $n=1$ のとき

$$a_1 = \frac{(1-1)+c}{1+c} = \frac{c}{1+c}$$

となり，①は成り立つ。

[II] $n=k$ のとき①が成り立つ，つまり

$$a_k = \frac{(k-1)+c}{k+c}$$

が成り立つと仮定する。このとき

$$a_{k+1} = \frac{1}{2-a_k} = \frac{1}{2-\dfrac{(k-1)+c}{k+c}}$$

$$= \frac{k+c}{2(k+c)-\{(k-1)+c\}}$$

$$= \frac{\{(k+1)-1\}+c}{(k+1)+c}$$

よって，$n=k+1$ のときにも①は成り立つ。

[I]，[II] よりすべての自然数 n に対して

$$a_n = \frac{(n-1)+c}{n+c}$$

が成り立つ。したがって

$$a_n = \frac{(n-1)+c}{n+c} \quad \cdots\cdots (答)$$

(3) $\displaystyle\sum_{n=1}^{\infty}\left(\frac{a_{n+1}}{a_n}-1\right) = \lim_{n\to\infty}\sum_{k=1}^{n}\left(\frac{a_{k+1}}{a_k}-1\right)$

$$= \lim_{n\to\infty}\sum_{k=1}^{n}\left\{\frac{\dfrac{k+c}{(k+1)+c}}{\dfrac{(k-1)+c}{k+c}}-1\right\}$$

$$= \lim_{n\to\infty}\sum_{k=1}^{n}\left[\frac{(k+c)^2}{\{(k-1)+c\}\{(k+1)+c\}}-1\right]$$

$$= \lim_{n \to \infty} \sum_{k=1}^{n} \frac{(k+c)^2 - \{(k-1)+c\}\{(k+1)+c\}}{\{(k-1)+c\}\{(k+1)+c\}}$$

$$= \lim_{n \to \infty} \sum_{k=1}^{n} \frac{(k+c)^2 - \{(k+c)-1\}\{(k+c)+1\}}{\{(k-1)+c\}\{(k+1)+c\}}$$

$$= \lim_{n \to \infty} \sum_{k=1}^{n} \frac{(k+c)^2 - \{(k+c)^2-1\}}{\{(k-1)+c\}\{(k+1)+c\}}$$

$$= \lim_{n \to \infty} \sum_{k=1}^{n} \frac{1}{\{(k-1)+c\}\{(k+1)+c\}}$$

$$= \lim_{n \to \infty} \sum_{k=1}^{n} \frac{1}{2}\left\{\frac{1}{(k-1)+c} - \frac{1}{(k+1)+c}\right\}$$

$$= \lim_{n \to \infty} \frac{1}{2}\left[\left(\frac{1}{c} - \frac{1}{2+c}\right) + \left(\frac{1}{1+c} - \frac{1}{3+c}\right) + \cdots \right.$$
$$\left. + \left\{\frac{1}{(n-2)+c} - \frac{1}{n+c}\right\} + \left\{\frac{1}{(n-1)+c} - \frac{1}{(n+1)+c}\right\}\right]$$

$$= \lim_{n \to \infty} \frac{1}{2}\left[\left(\frac{1}{c} + \frac{1}{1+c}\right) - \left\{\frac{1}{n+c} + \frac{1}{(n+1)+c}\right\}\right]$$

$$= \frac{1}{2}\left(\frac{1}{c} + \frac{1}{1+c}\right) \quad \cdots\cdots(答)$$

48 2019 年度 〔4〕 Level A

$0 \leqq x \leqq \pi$ の範囲において，関数 $f(x)$，$g(x)$ を
$$f(x) = 1 + \sin x, \quad g(x) = -1 - \cos x$$
と定める。

⑴ $0 \leqq x \leqq \pi$ の範囲において，$|f(x)| = |g(x)|$ を満たす x を求めよ。

⑵ 曲線 $y = f(x)$，曲線 $y = g(x)$，直線 $x = 0$ および直線 $x = \pi$ で囲まれる部分を，x 軸のまわりに 1 回転してできる立体の体積を求めよ。

ポイント　$y = f(x)$，$y = g(x)$ のグラフの関係は図 1 のようになる。本問は網かけ部分の図形を x 軸のまわりに 1 回転させてできる立体の体積を求める問題であるが，それは図 2 の網かけ部分の図形を x 軸のまわりに 1 回転させてできる立体の体積と同じである。このような場合には，x 軸の上側にまとめて $y = f(x)$，$y = -g(x)$ の 2 つのグラフの交点の x 座標を求めればよい。これを⑴で求めていることになる。2 つのグラフの交点の x 座標がわかれば，あとは回転体の体積を定積分で表して計算しよう。

解 法

⑴ $0 \leqq x \leqq \pi$ であるから
$$0 \leqq \sin x \leqq 1 \qquad 1 \leqq 1 + \sin x \leqq 2$$
$$1 \leqq f(x) \leqq 2$$
であり，また
$$-1 \leqq \cos x \leqq 1 \qquad 1 \geqq -\cos x \geqq -1$$
$$0 \geqq -1 - \cos x \geqq -2$$
$$-2 \leqq g(x) \leqq 0$$
となるので
$$|f(x)| = |g(x)|$$
$$f(x) = -g(x)$$
$$1 + \sin x = -(-1 - \cos x)$$
$$\sin x - \cos x = 0$$
$$\sqrt{2}\left\{ (\sin x)\frac{1}{\sqrt{2}} - (\cos x)\frac{1}{\sqrt{2}} \right\} = 0$$
$$\sqrt{2}\left(\sin x \cos \frac{\pi}{4} - \cos x \sin \frac{\pi}{4} \right) = 0$$

$$\sqrt{2}\sin\left(x-\frac{\pi}{4}\right)=0$$

$0\leqq x\leqq\pi$ より，$-\dfrac{\pi}{4}\leqq x-\dfrac{\pi}{4}\leqq\dfrac{3}{4}\pi$ の範囲で考えて

$$x-\frac{\pi}{4}=0$$

よって，$|f(x)|=|g(x)|$ を満たす x の値は

$$x=\frac{\pi}{4} \quad\cdots\cdots（答）$$

(2) $y=f(x)$，$y=g(x)$ のグラフは図 1 のようになり，
求めるものは網かけ部分を x 軸のまわりに 1 回転させて
できる立体の体積である。

図 1 の網かけ部分を x 軸のまわりに 1 回転させてできる
立体の体積は，図 2 の網かけ部分を x 軸のまわりに 1 回
転させてできる立体の体積に等しい。

求める体積は

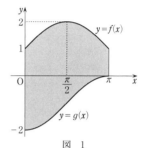

図　1

$$\int_0^{\frac{\pi}{4}}\pi\{-g(x)\}^2dx+\int_{\frac{\pi}{4}}^{\pi}\pi\{f(x)\}^2dx$$

$$=\int_0^{\frac{\pi}{4}}\pi(1+\cos x)^2dx+\int_{\frac{\pi}{4}}^{\pi}\pi(1+\sin x)^2dx$$

$$=\pi\int_0^{\frac{\pi}{4}}(1+2\cos x+\cos^2x)\,dx$$

$$\qquad\qquad+\pi\int_{\frac{\pi}{4}}^{\pi}(1+2\sin x+\sin^2x)\,dx$$

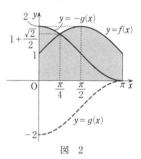

図　2

$$=\pi\int_0^{\frac{\pi}{4}}\left\{1+2\cos x+\frac{1}{2}(1+\cos 2x)\right\}dx$$

$$\qquad\qquad+\pi\int_{\frac{\pi}{4}}^{\pi}\left\{1+2\sin x+\frac{1}{2}(1-\cos 2x)\right\}dx$$

$$=\pi\int_0^{\frac{\pi}{4}}\left(\frac{3}{2}+2\cos x+\frac{1}{2}\cos 2x\right)dx+\pi\int_{\frac{\pi}{4}}^{\pi}\left(\frac{3}{2}+2\sin x-\frac{1}{2}\cos 2x\right)dx$$

$$=\pi\left[\frac{3}{2}x+2\sin x+\frac{1}{4}\sin 2x\right]_0^{\frac{\pi}{4}}+\pi\left[\frac{3}{2}x-2\cos x-\frac{1}{4}\sin 2x\right]_{\frac{\pi}{4}}^{\pi}$$

$$=\pi\left(\frac{3}{8}\pi+\sqrt{2}+\frac{1}{4}+\frac{3}{2}\pi+2-\frac{3}{8}\pi+\sqrt{2}+\frac{1}{4}\right)$$

$$=\pi\left(\frac{5}{2}+2\sqrt{2}+\frac{3}{2}\pi\right) \quad\cdots\cdots（答）$$

49

数列 $\{a_n\}$ を $a_n = \dfrac{1}{2^n}$ $(n = 1, 2, 3, \cdots)$ で定める。以下の問いに答えよ。

(1) $t > 0$ のとき，$1 \leqq \dfrac{e^t - 1}{t} \leqq e^t$ であることを示せ。

(2) 数列 $\{x_n\}$, $\{y_n\}$, $\{z_n\}$ を

$$\begin{cases} x_n = \log(e^{a_n} + 1) \\ y_n = \log(e^{a_n} - 1) \quad (n = 1, 2, 3, \cdots) \\ z_n = y_n + \displaystyle\sum_{k=1}^{n} x_k \end{cases}$$

で定める。z_n は n によらない定数であることを示せ。

(3) $\displaystyle\sum_{k=1}^{\infty} \log\left(\dfrac{e^{a_k} + 1}{2}\right)$ を求めよ。

ポイント (1) $1 \leqq \dfrac{e^t - 1}{t} \leqq e^t$ は直接証明せずに，正の t をかけた $t \leqq e^t - 1 \leqq te^t$ を証明するとよい。$f(t) = te^t - (e^t - 1)$, $g(t) = (e^t - 1) - t$ とおいて，$f(t) > 0$, $g(t) > 0$ となることを示すプロセスは典型的なものであるので，証明できるようにしておこう。

(2) z_n は n によらない定数であることの証明なので，z_n を計算していき，n が消えて定数として表せることを示す。$z_n = y_n + \displaystyle\sum_{k=1}^{n} x_k$ の右辺に x_n, y_n の式を代入して計算し，整理していく。数列 $\{a_n\}$ の定義 $a_n = \dfrac{1}{2^n}$ を用いて適宜置き換える式変形をしていく。

(3) (1)・(2)の誘導に従い，うまく対処すること。無限級数の和を求める問題なので，部分和 $\displaystyle\sum_{k=1}^{n} \log\dfrac{e^{a_k} + 1}{2}$ を求めた上で $n \to \infty$ で極限をとる。

解 法

(1) $1 \leqq \dfrac{e^t - 1}{t} \leqq e^t$ の各辺に正の t をかけると

$$t \leqq e^t - 1 \leqq te^t$$

となるので，これを証明すればよい。ここで

$$\begin{cases} f(t) = te^t - (e^t - 1) \\ g(t) = (e^t - 1) - t \end{cases}$$

とおく。

$$f(t) = te^t - e^t + 1$$

の両辺を t で微分すると

$$f'(t) = (t+1)e^t - e^t = te^t$$

となり，$t>0$ において $te^t>0$ であるから　　$f'(t)>0$

よって，$t>0$ で $f(t)$ は単調に増加する。

そして $f(0)=0$ より　　$f(t)>0$

よって

$$e^t - 1 < te^t \quad \cdots\cdots①$$

また

$$g(t) = e^t - t - 1$$

の両辺を t で微分すると

$$g'(t) = e^t - 1$$

となり，$t>0$ において $e^t>1$ であるから　　$g'(t)>0$

よって，$t>0$ で $g(t)$ は単調に増加する。

そして $g(0)=0$ より　　$g(t)>0$

よって

$$t < e^t - 1 \quad \cdots\cdots②$$

①，②より

$$t < e^t - 1 < te^t$$

が成り立つので

$$1 \leqq \frac{e^t - 1}{t} \leqq e^t$$
　　　　　　　　　　　　　　　　　　　　　　　　　　　　（証明終）

参考　この証明より2つの等号は成り立つことはないが「≦」は「＜または＝」のことなので「＜」が成り立つという意味において $1 \leqq \dfrac{e^t - 1}{t} \leqq e^t$ が成り立つとして問題ない。

(2)　　$z_n = y_n + \sum_{k=1}^{n} x_k$

$$= \log(e^{a_n} - 1) + \sum_{k=1}^{n} \log(e^{a_k} + 1)$$

$$= \log(e^{a_n} - 1) + \log(e^{a_1} + 1) + \log(e^{a_2} + 1) + \log(e^{a_3} + 1)$$
$$+ \cdots + \log(e^{a_{n-1}} + 1) + \log(e^{a_n} + 1)$$

$$= \log(e^{a_1} + 1)(e^{a_2} + 1)(e^{a_3} + 1)\cdots(e^{a_{n-1}} + 1)(e^{a_n} + 1)(e^{a_n} - 1)$$

$$= \log (e^{a_1}+1)(e^{a_2}+1)(e^{a_3}+1)\cdots(e^{a_{n-1}}+1)(e^{2a_n}-1)$$

$$= \log (e^{a_1}+1)(e^{a_2}+1)(e^{a_3}+1)\cdots(e^{a_{n-1}}+1)(e^{a_{n-1}}-1)$$

$$\left(a_n = \frac{1}{2^n} \text{ の両辺に } 2 \text{ をかけると } 2a_n = \frac{1}{2^{n-1}} = a_{n-1}\right)$$

$$= \log (e^{a_1}+1)(e^{a_2}+1)(e^{a_3}+1)\cdots(e^{a_{n-2}}+1)(e^{2a_{n-1}}-1)$$

$$= \log (e^{a_1}+1)(e^{a_2}+1)(e^{a_3}+1)\cdots(e^{a_{n-2}}+1)(e^{a_{n-2}}-1)$$

$$\left(a_{n-1} = \frac{1}{2^{n-1}} \text{ の両辺に } 2 \text{ をかけると } 2a_{n-1} = \frac{1}{2^{n-2}} = a_{n-2}\right)$$

（以下，この変形を繰り返して）

$$= \log (e^{a_1}+1)(e^{a_1}-1)$$

$$= \log (e^{2a_1}-1)$$

$$= \log (e^{2 \cdot \frac{1}{2}}-1) \quad \left(\because \quad a_1 = \frac{1}{2}\right)$$

$$= \log (e-1)$$

$\log (e-1)$ は n によらない定数である。

したがって，z_n は n によらない定数である。 　　　　　　　　（証明終）

| 参考 | z_n が定数とあることから

$$z_n = z_1 = \log (e-1)$$

であると推測することができる。このことを数学的帰納法によって証明してもよいだろう。方針は以下の通り。

(ⅰ) $n=1$ のとき 　　$z_1 = \log (e-1)$

(ⅱ) $n=l$ で，$z_l = \log (e-1)$ と仮定して

　　　$n=l+1$ のとき 　　　$z_{l+1} = \log (e-1)$

となることを示す。

(3) $\displaystyle\sum_{k=1}^{n} \log \frac{e^{a_k}+1}{2} = \log \frac{e^{a_1}+1}{2} + \log \frac{e^{a_2}+1}{2} + \log \frac{e^{a_3}+1}{2} + \cdots + \log \frac{e^{a_n}+1}{2}$

$$= \log \left(\frac{e^{a_1}+1}{2}\right)\left(\frac{e^{a_2}+1}{2}\right)\left(\frac{e^{a_3}+1}{2}\right)\cdots\left(\frac{e^{a_n}+1}{2}\right)$$

両辺に $\log \dfrac{e^{a_n}-1}{2}$ を加えて

$$\sum_{k=1}^{n} \log \frac{e^{a_k}+1}{2} + \log \frac{e^{a_n}-1}{2} = \log \left(\frac{e^{a_1}+1}{2}\right)\left(\frac{e^{a_2}+1}{2}\right)\left(\frac{e^{a_3}+1}{2}\right)\cdots\left(\frac{e^{a_n}+1}{2}\right) + \log \frac{e^{a_n}-1}{2}$$

$$= \log \left(\frac{e^{a_1}+1}{2}\right)\left(\frac{e^{a_2}+1}{2}\right)\left(\frac{e^{a_3}+1}{2}\right)\cdots\left(\frac{e^{a_n}+1}{2}\right)\left(\frac{e^{a_n}-1}{2}\right)$$

$$= \log \frac{e-1}{2^{n+1}} \quad (\because \quad (2))$$

$$\sum_{k=1}^{n} \log \frac{e^{a_k}+1}{2} = \log \frac{e-1}{2^{n+1}} - \log \frac{e^{a_n}-1}{2} = \log \frac{\dfrac{e-1}{2^{n+1}}}{\dfrac{e^{a_n}-1}{2}}$$

$$= \log \left(\frac{1}{2^n} \cdot \frac{e-1}{e^{a_n}-1} \right)$$

$$= \log \left(a_n \cdot \frac{e-1}{e^{a_n}-1} \right)$$

$$= \log \frac{e-1}{\dfrac{e^{a_n}-1}{a_n}}$$

ここで，$a_n > 0$ なので(1)から $1 \leqq \dfrac{e^{a_n}-1}{a_n} \leqq e^{a_n}$ が成り立つから，逆数をとり

$$1 \geqq \frac{1}{\dfrac{e^{a_n}-1}{a_n}} \geqq \frac{1}{e^{a_n}}$$

各辺に $e-1$（>0）をかけて

$$e-1 \geqq \frac{e-1}{\dfrac{e^{a_n}-1}{a_n}} \geqq \frac{e-1}{e^{a_n}}$$

各辺の自然対数をとり

$$\log(e-1) \geqq \log \frac{e-1}{\dfrac{e^{a_n}-1}{a_n}} \geqq \log \frac{e-1}{e^{a_n}}$$

$$\log(e-1) \geqq \sum_{k=1}^{n} \log \frac{e^{a_k}+1}{2} \geqq \log \frac{e-1}{e^{a_n}}$$

ここで，$\lim_{n \to \infty} a_n = \lim_{n \to \infty} \dfrac{1}{2^n} = 0$ より

$$\lim_{n \to \infty} \log \frac{e-1}{e^{a_n}} = \log \frac{e-1}{e^0} = \log(e-1)$$

となるので，はさみうちの原理より

$$\sum_{k=1}^{\infty} \log \frac{e^{a_k}+1}{2} = \lim_{n \to \infty} \sum_{k=1}^{n} \log \frac{e^{a_k}+1}{2} = \log(e-1) \quad \cdots\cdots(\text{答})$$

50

Level B

2つの曲線

$$C_1 : y = \frac{1}{\sqrt{2}\sin x} \qquad (0 < x < \pi)$$

$$C_2 : y = \sqrt{2}(\sin x - \cos x) \quad (0 < x < \pi)$$

について以下の問いに答えよ。

(1) 曲線 C_1 と曲線 C_2 の共有点の x 座標を求めよ。

(2) 曲線 C_1 と曲線 C_2 とで囲まれた図形を x 軸のまわりに1回転させてできる回転体の体積 V が π^2 であることを示せ。

ポイント (2)での積分区間を求めるために(1)では2つの曲線 C_1, C_2 の共有点の x 座標を求める。(2)では共有点の間でどちらの曲線が上にあるのかを考える。グラフを描いてみるとよい。C_2 は $y = 2\sin\left(x - \dfrac{\pi}{4}\right)$ であるから,$y = \sin x$ のグラフをもとにして,y 軸の方向に拡大,平行移動で描くことができる。C_1 に関しては,導関数を求めて増減を調べることまでしなくてもよいので,$y = \sqrt{2}\sin x$ のグラフをもとにしてその逆数であることから増減を調べる程度のことができればよい。体積 V を求めるところでは,プロセスは基本的なものであるから,丁寧に計算を進めていこう。

解 法

(1) $\begin{cases} y = \dfrac{1}{\sqrt{2}\sin x} \\ y = \sqrt{2}(\sin x - \cos x) \end{cases}$ より y を消去して

$$\frac{1}{\sqrt{2}\sin x} = \sqrt{2}(\sin x - \cos x)$$

$$1 = 2\sin x(\sin x - \cos x)$$

$$1 - 2\sin^2 x = -2\sin x \cos x$$

$$\cos 2x = -\sin 2x$$

$$\cos 2x + \sin 2x = 0$$

$$\sqrt{2}\left\{(\sin 2x) \cdot \frac{1}{\sqrt{2}} + (\cos 2x) \cdot \frac{1}{\sqrt{2}}\right\} = 0$$

$$\sqrt{2}\left(\sin 2x\cos\frac{\pi}{4}+\cos 2x\sin\frac{\pi}{4}\right)=0$$

$$\sqrt{2}\sin\left(2x+\frac{\pi}{4}\right)=0 \quad \cdots\cdots\textcircled{1}$$

$0<x<\pi$ より $0<2x<2\pi$，よって $\dfrac{\pi}{4}<2x+\dfrac{\pi}{4}<\dfrac{9}{4}\pi$ となるので，この範囲で①を解く

と

$$2x+\frac{\pi}{4}=\pi,\ 2\pi$$

よって $\qquad 2x=\dfrac{3}{4}\pi,\ \dfrac{7}{4}\pi$

ゆえに $\qquad x=\dfrac{3}{8}\pi,\ \dfrac{7}{8}\pi \quad \cdots\cdots(答)$

(2) $y=\sqrt{2}\sin x$ のグラフは図1のようになるから，その逆数である曲線 C_1 の概形は図2のようになる。

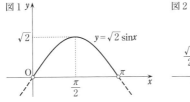

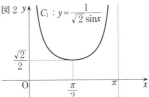

また，$y=\sqrt{2}\,(\sin x-\cos x)=2\sin\left(x-\dfrac{\pi}{4}\right)$ より，曲線 C_2 の概形は図3のようになる。

よって，体積 V とは図4の網かけ部分の図形を x 軸のまわりに1回転させてできる回転体の体積である。

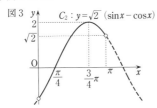

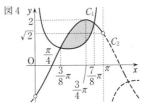

したがって

$$V=\int_{\frac{3}{8}\pi}^{\frac{7}{8}\pi}\left[\pi\{\sqrt{2}\,(\sin x-\cos x)\}^2-\pi\left(\frac{1}{\sqrt{2}\sin x}\right)^2\right]dx$$

$$=\pi\int_{\frac{3}{8}\pi}^{\frac{7}{8}\pi}\left\{2\,(\sin^2 x-2\sin x\cos x+\cos^2 x)-\frac{1}{2\sin^2 x}\right\}dx$$

$$= \pi \int_{\frac{3}{8}\pi}^{\frac{7}{8}\pi} \left\{ 2\left(1 - 2\sin x \cos x\right) - \frac{1}{2\sin^2 x}\right\} dx$$

$$= \pi \int_{\frac{3}{8}\pi}^{\frac{7}{8}\pi} \left\{ 2\left(1 - \sin 2x\right) - \frac{1}{2\sin^2 x}\right\} dx$$

$$= \pi \left[2\left(x + \frac{1}{2}\cos 2x\right) - \frac{1}{2}\left(-\frac{1}{\tan x}\right)\right]_{\frac{3}{8}\pi}^{\frac{7}{8}\pi}$$

$$\left(\left(\frac{1}{\tan x}\right)' = \left(\frac{\cos x}{\sin x}\right)' = \frac{-\sin^2 x - \cos^2 x}{\sin^2 x} = -\frac{1}{\sin^2 x} \text{ を用いた}\right)$$

$$= \pi \left[2\left\{\left(\frac{7}{8}\pi - \frac{3}{8}\pi\right) + \frac{1}{2}\left(\cos\frac{7}{4}\pi - \cos\frac{3}{4}\pi\right)\right\} + \frac{1}{2}\left(\frac{1}{\tan\frac{7}{8}\pi} - \frac{1}{\tan\frac{3}{8}\pi}\right)\right]$$

$$= \pi \left[\pi + \left\{\frac{\sqrt{2}}{2} - \left(-\frac{\sqrt{2}}{2}\right)\right\} + \frac{1}{2}\left(\frac{1}{-\tan\frac{\pi}{8}} - \tan\frac{\pi}{8}\right)\right]$$

$$= \pi \left\{ \pi + \sqrt{2} - \frac{1}{2}\left(\frac{\cos\frac{\pi}{8}}{\sin\frac{\pi}{8}} + \frac{\sin\frac{\pi}{8}}{\cos\frac{\pi}{8}}\right)\right\}$$

$$= \pi \left\{ \pi + \sqrt{2} - \frac{1}{2}\left(\frac{\sin^2\frac{\pi}{8} + \cos^2\frac{\pi}{8}}{\sin\frac{\pi}{8}\cos\frac{\pi}{8}}\right)\right\}$$

$$= \pi \left(\pi + \sqrt{2} - \frac{1}{2} \cdot \frac{1}{\frac{1}{2}\sin\frac{\pi}{4}}\right)$$

$$= \pi \left(\pi + \sqrt{2} - \frac{1}{2 \cdot \frac{1}{2} \cdot \frac{\sqrt{2}}{2}}\right)$$

$$= \pi^2 \hspace{4cm} \text{(証明終)}$$

51

$f(x) = \displaystyle\int_0^x \frac{4\pi}{t^2 + \pi^2} dt$ とし，$c \geq \pi$ とする。数列 $\{a_n\}$ を $a_1 = c$,

$a_{n+1} = f(a_n)$ （$n = 1, 2, \cdots$）で定める。

(1) $f(\pi)$ を求めよ。また，$x \geq \pi$ のとき，$0 < f'(x) \leq \dfrac{2}{\pi}$ が成り立つことを示せ。

(2) すべての自然数 n に対して，$a_n \geq \pi$ が成り立つことを示せ。

(3) すべての自然数 n に対して，$|a_{n+1} - \pi| \leq \dfrac{2}{\pi}|a_n - \pi|$ が成り立つことを示せ。また，$\displaystyle\lim_{n \to \infty} a_n$ を求めよ。

ポイント (1) $f(\pi) = \displaystyle\int_0^\pi \frac{4\pi}{t^2 + \pi^2} dt$ において分母の $t^2 + \pi^2$ の部分に注目することで，$t = \pi \tan\theta$ とおく典型的な置換積分法の問題である。後半は $f'(x)$ についての範囲を求める問題であるから，$f'(x) = \dfrac{4\pi}{x^2 + \pi^2}$ を求めた上で，これが $x \geq \pi$ の範囲のときにどういう範囲をとるのか丁寧に求めていこう。

(2) 数学的帰納法を利用する証明問題である。$f(a_n) = a_{n+1}$，(1)で求めた $f(\pi) = \pi$ であることを利用し式をつなげていこう。

(3) (2)より $a_n \geq \pi$ であることはわかったが，ここでは $a_n = \pi$，$a_n > \pi$ の場合に分けて考えよう。$a_n > \pi$ の場合分けについては平均値の定理を利用する。「不等式の証明→極限値を求める」という手順の問題であり，はさみうちの原理を使うことになる。

解法

(1) $f(\pi) = \displaystyle\int_0^\pi \frac{4\pi}{t^2 + \pi^2} dt$

において，$t = \pi \tan\theta \left(-\dfrac{\pi}{2} < \theta < \dfrac{\pi}{2} \right)$ とおく。両辺を θ で微分すると

$\dfrac{dt}{d\theta} = \dfrac{\pi}{\cos^2\theta}$

$dt = \dfrac{\pi}{\cos^2\theta} d\theta$

また，積分区間の対応は $\begin{array}{c|c} t & 0 \to \pi \\ \hline \theta & 0 \to \dfrac{\pi}{4} \end{array}$ となるので

$$\int_0^\pi \frac{4\pi}{t^2+\pi^2}dt = \int_0^{\frac{\pi}{4}} \frac{4\pi}{\pi^2\tan^2\theta+\pi^2} \cdot \frac{\pi}{\cos^2\theta}d\theta$$

$$= \int_0^{\frac{\pi}{4}} \frac{4}{(\tan^2\theta+1)\cos^2\theta}d\theta$$

$$= \int_0^{\frac{\pi}{4}} 4d\theta = \Big[4\theta\Big]_0^{\frac{\pi}{4}}$$

$$= \pi \quad \cdots\cdots(答)$$

また，$f(x) = \displaystyle\int_0^x \frac{4\pi}{t^2+\pi^2}dt$ を x で微分して

$$f'(x) = \frac{4\pi}{x^2+\pi^2}$$

ここで，$x \geqq \pi$ であるから

$$x^2 \geqq \pi^2$$

$$x^2 + \pi^2 \geqq 2\pi^2$$

$$0 < \frac{1}{x^2+\pi^2} \leqq \frac{1}{2\pi^2}$$

$$0 < \frac{4\pi}{x^2+\pi^2} \leqq \frac{2}{\pi}$$

ゆえに，$0 < f'(x) \leqq \dfrac{2}{\pi}$ が成り立つ。 （証明終）

(2) すべての自然数 n に対して

$$a_n \geqq \pi \quad \cdots\cdots①$$

が成り立つことを数学的帰納法で証明する。

[Ⅰ] $n=1$ のとき

$a_1 = c \geqq \pi$ であるから，①は成り立つ。

[Ⅱ] $n=k$ のとき

①が成り立つ，つまり $a_k \geqq \pi$ が成り立つと仮定する。

このとき，(1)より $f'(x) > 0$ であることから，$f(x)$ は単調に増加するので

$$f(a_k) \geqq f(\pi)$$

よって $a_{k+1} = f(a_k) \geqq f(\pi) = \pi$

したがって，$n=k+1$ のときにも，①は成り立つ。

[Ⅰ]，[Ⅱ] より，すべての自然数 n に対して，$a_n \geqq \pi$ が成り立つ。 （証明終）

(3) (ア) $a_n = \pi$ のとき $a_{n+1} = f(a_n) = f(\pi) = \pi$

よって，$|a_{n+1} - \pi| = 0$, $|a_n - \pi| = 0$ となり

$$|a_{n+1} - \pi| \leqq \frac{2}{\pi}|a_n - \pi|$$

は成り立つ。

(イ) $a_n > \pi$ のとき，平均値の定理より

$$\frac{f(a_n) - f(\pi)}{a_n - \pi} = f'(d) \quad (\pi < d < a_n)$$

を満たす実数 d が存在する。

$\pi < d$ である d においては(1)より $0 < f'(d) \leqq \frac{2}{\pi}$ が成り立つから

$$0 < \frac{a_{n+1} - \pi}{a_n - \pi} \leqq \frac{2}{\pi}$$

よって $\left|\dfrac{a_{n+1} - \pi}{a_n - \pi}\right| \leqq \dfrac{2}{\pi}$

両辺に正の $|a_n - \pi|$ をかけて

$$|a_{n+1} - \pi| \leqq \frac{2}{\pi}|a_n - \pi|$$

が成り立つ。

(ア), (イ)より，すべての自然数 n に対して

$$|a_{n+1} - \pi| \leqq \frac{2}{\pi}|a_n - \pi|$$

が成り立つ。 (証明終)

$n \to \infty$ を考えるので，$n \geqq 2$ としてよく

$$|a_n - \pi| \leqq \frac{2}{\pi}|a_{n-1} - \pi|$$

が成り立ち，これを繰り返し用いると

$$|a_n - \pi| \leqq \frac{2}{\pi}|a_{n-1} - \pi| \leqq \left(\frac{2}{\pi}\right)^2|a_{n-2} - \pi| \leqq \cdots \leqq \left(\frac{2}{\pi}\right)^{n-1}|a_1 - \pi|$$

よって $0 \leqq |a_n - \pi| \leqq \left(\frac{2}{\pi}\right)^{n-1}|c - \pi|$

ここで，$0 < \dfrac{2}{\pi} < 1$ より $\displaystyle\lim_{n \to \infty}\left(\frac{2}{\pi}\right)^{n-1}|c - \pi| = 0$

はさみうちの原理より，$\displaystyle\lim_{n \to \infty}|a_n - \pi| = 0$ となるから

$$\lim_{n \to \infty} a_n = \pi \quad \cdots\cdots(答)$$

52 2017 年度 〔4〕 Level B

関数

$$f(x) = 2x^2 - 9x + 14 - \frac{9}{x} + \frac{2}{x^2} \quad (x>0)$$

について以下の問いに答えよ。

⑴ 方程式 $f(x)=0$ の解をすべて求めよ。

⑵ 関数 $f(x)$ のすべての極値を求めよ。

⑶ 曲線 $y=f(x)$ と x 軸とで囲まれた部分の面積を求めよ。

ポイント ⑴ $ax^4 + bx^3 + cx^2 + bx + a = 0 \ (a \neq 0)$ の形の方程式を相反方程式といい，相反方程式を解くときには，まず両辺を 0 ではない x^2 で割り

$$ax^2 + bx + c + \frac{b}{x} + \frac{a}{x^2} = 0 \quad (\text{本問はこの形の方程式が与えられている})$$

とし，さらに次のように変形する。

$$a\left(x^2 + \frac{1}{x^2}\right) + b\left(x + \frac{1}{x}\right) + c = 0$$

$$a\left(x + \frac{1}{x}\right)^2 + b\left(x + \frac{1}{x}\right) - 2a + c = 0$$

$x + \dfrac{1}{x} = t$ とおいて，t の 2 次方程式に置き換えてから解く。相反方程式は，解法を知っていると簡潔な方程式を用いて解答できるので，解法をマスターしておくこと。

$ax^5 + bx^4 + cx^3 + cx^2 + bx + a = 0 \ (a \neq 0)$ のように 5 次の場合は，x^5 の係数 a で両辺を割り，$x^5 + dx^4 + ex^3 + ex^2 + dx + 1 = 0$ の形にする。この方程式の解の 1 つが $x = -1$ となることから，$(x+1)\{x^4 + (d-1)x^3 + (e-d+1)x^2 + (d-1)x + 1\} = 0$ と変形できるので，上に示した解法に持ち込めばよい。

⑵ $f'(x) = \dfrac{4x^4 - 9x^3 + 9x - 4}{x^3}$ である。ここで，$x>0$ なので，分母は $x^3 > 0$ である。よって，分子を $h(x) = 4x^4 - 9x^3 + 9x - 4$ とおき，その符号を調べることで $f(x)$ の増減，極値を求める。$g(t)$ に上手く絡め工夫して値を求めるとよい。

⑶ ⑴・⑵より，$y=f(x)$ のグラフの概形はわかるので，求める面積がどのような図形のものかを確認する。

　〔解法〕では，$g(t)$，$h(x)$ は自分で定義しているが，3 つの関数を扱うので，各小問の中で，いま考察しているのはどの関数についてか，そしてその関数からどのようなことがわかるのかを間違えないようにすること。

解 法

(1)　$f(x) = 2x^2 - 9x + 14 - \dfrac{9}{x} + \dfrac{2}{x^2}$

$\qquad = 2\left(x^2 + \dfrac{1}{x^2}\right) - 9\left(x + \dfrac{1}{x}\right) + 14$

$\qquad = 2\left\{\left(x + \dfrac{1}{x}\right)^2 - 2\right\} - 9\left(x + \dfrac{1}{x}\right) + 14$

$\qquad = 2\left(x + \dfrac{1}{x}\right)^2 - 9\left(x + \dfrac{1}{x}\right) + 10$

ここで，$x + \dfrac{1}{x} = t$ とおくと，$x > 0$，$\dfrac{1}{x} > 0$ より，相加平均・相乗平均の関係から

$\qquad t = x + \dfrac{1}{x} \geqq 2\sqrt{x \cdot \dfrac{1}{x}} = 2$

等号は，$x = \dfrac{1}{x}$，$x > 0$ より，$x = 1$ のときに成り立つ。

そして　　$f(x) = 2t^2 - 9t + 10$

ここで，$g(t) = 2t^2 - 9t + 10$ $(t \geqq 2)$ とおく。

$f(x) = g(t) = 0$ より　　$2t^2 - 9t + 10 = 0$

$\qquad (2t - 5)(t - 2) = 0 \qquad t = \dfrac{5}{2},\ 2$

これらは $t \geqq 2$ を満たす。

次に $t = \dfrac{5}{2}$，2 に対応する x を求める。

(i)　$t = \dfrac{5}{2}$ のとき

$\qquad x + \dfrac{1}{x} = \dfrac{5}{2} \qquad 2x^2 - 5x + 2 = 0$

$\qquad (2x - 1)(x - 2) = 0 \qquad x = \dfrac{1}{2},\ 2$

(ii)　$t = 2$ のとき

$\qquad x + \dfrac{1}{x} = 2 \qquad x^2 - 2x + 1 = 0$

$\qquad (x - 1)^2 = 0 \qquad x = 1$

(i)，(ii)より，$f(x) = 0$ $(x > 0)$ の解は　　$x = \dfrac{1}{2},\ 1,\ 2$　……(答)

(2)　$f(x) = 2x^2 - 9x + 14 - \dfrac{9}{x} + \dfrac{2}{x^2}$ より

$$f'(x) = 4x - 9 + \dfrac{9}{x^2} - \dfrac{4}{x^3} = \dfrac{4x^4 - 9x^3 + 9x - 4}{x^3}$$

$x > 0$ なので，分母の x^3 は　　$x^3 > 0$

$h(x) = 4x^4 - 9x^3 + 9x - 4$ とおく。

$$h(x) = (x+1)(4x^3 - 13x^2 + 13x - 4)$$
$$= (x+1)(x-1)(4x^2 - 9x + 4)$$

$h(x) = 0$ とするとき，$x > 0$ より

$$x = 1, \ \dfrac{9 \pm \sqrt{17}}{8}$$

ここで，$\alpha = \dfrac{9 - \sqrt{17}}{8}$, $\beta = \dfrac{9 + \sqrt{17}}{8}$ とおいて，$x = 1$, α, β

の 3 つの値で区切られる各区間での $h(x)$ の符号を考察することにより，$y = h(x)$ の概形は右のようになる。

よって，$y = h(x)$ のグラフをもとにして，$f(x)$ の増減表は次のようになる。

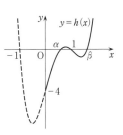

x	(0)	$\cdots$	α	$\cdots$	1	$\cdots$	β	$\cdots$
$f'(x)$		$-$	0	$+$	0	$-$	0	$+$
$f(x)$		$\searrow$	極小	$\nearrow$	極大	$\searrow$	極小	$\nearrow$

ここで，$x = \alpha$, β はともに，$4x^2 - 9x + 4 = 0$ を満たす値であり，$x = \alpha$, β とすると $4x^2 - 9x + 4 = 0$ より

$$4x - 9 + \dfrac{4}{x} = 0 \quad (\because \ x \neq 0)$$

$$4\left(x + \dfrac{1}{x}\right) = 9 \qquad x + \dfrac{1}{x} = \dfrac{9}{4}$$

よって　　$t = \dfrac{9}{4}$

$$f(x) = g\left(\dfrac{9}{4}\right) = 2\left(\dfrac{9}{4}\right)^2 - 9 \cdot \dfrac{9}{4} + 10 = -\dfrac{1}{8}$$

であるから　　$f(\alpha) = f(\beta) = -\dfrac{1}{8}$

また，$x = 1$ のとき

$$f(1) = 2 \cdot 1^2 - 9 \cdot 1 + 14 - \dfrac{9}{1} + \dfrac{2}{1^2} = 0$$

したがって，$f(x)$ の極値は

$$極小値 -\frac{1}{8} \quad \left(x = \frac{9 \pm \sqrt{17}}{8} \text{ のとき}\right)$$
$$極大値 0 \quad (x = 1 \text{ のとき})$$
......(答)

(3) (1)・(2)より, 曲線 $y = f(x)$ は次のようになり, 求めるものは図の網かけ部分の面積である。

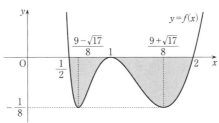

$$\int_{\frac{1}{2}}^{2} \{-f(x)\}\, dx = \int_{\frac{1}{2}}^{2} \left(-2x^2 + 9x - 14 + \frac{9}{x} - \frac{2}{x^2}\right) dx$$

$$= \left[-\frac{2}{3}x^3 + \frac{9}{2}x^2 - 14x + 9\log|x| + \frac{2}{x} \right]_{\frac{1}{2}}^{2}$$

$$= -\frac{2}{3}\left\{2^3 - \left(\frac{1}{2}\right)^3\right\} + \frac{9}{2}\left\{2^2 - \left(\frac{1}{2}\right)^2\right\} - 14\left(2 - \frac{1}{2}\right)$$
$$+ 9\left(\log 2 - \log \frac{1}{2}\right) + (1 - 4)$$

$$= 18\log 2 - \frac{99}{8} \quad \cdots\cdots(答)$$

53 2017 年度 〔5〕 Level B

xy 平面において，x 座標と y 座標がともに整数である点を格子点という。また，実数 a に対して，a 以下の最大の整数を [a] で表す。記号 [ ] をガウス記号という。以下の問いでは N を自然数とする。

(1) n を $0 \leq n \leq N$ を満たす整数とする。点 $(n,\ 0)$ と点 $\left(n,\ N\sin\left(\dfrac{\pi n}{2N}\right)\right)$ を結ぶ線分上にある格子点の個数をガウス記号を用いて表せ。

(2) 直線 $y = x$ と，x 軸，および直線 $x = N$ で囲まれた領域（境界を含む）にある格子点の個数を $A(N)$ とおく。このとき $A(N)$ を求めよ。

(3) 曲線 $y = N\sin\left(\dfrac{\pi x}{2N}\right)$ $(0 \leq x \leq N)$ と，x 軸，および直線 $x = N$ で囲まれた領域（境界を含む）にある格子点の個数を $B(N)$ とおく。(2)の $A(N)$ に対して $\displaystyle\lim_{N \to \infty}\dfrac{B(N)}{A(N)}$ を求めよ。

ポイント (1) 領域内で x 軸に垂直な直線に何個の格子点が存在しているかを求める問題である。曲線との交点がちょうど格子点であるというわけではないので，ガウス記号の利用を考えることになる。

(2) (1)と同じ要領で領域内の格子点の個数を求める。$x = k$（k は整数）と境界である直線 $y = x$ の交点はちょうど格子点であることから，(1)のようなガウス記号の利用は不要である。

(3) (1)・(2)より

$$A(N) = \frac{1}{2}(N+1)(N+2)$$

$$B(N) = \sum_{n=0}^{N}\left\{\left[N\sin\left(\frac{\pi n}{2N}\right)\right] + 1\right\}$$

$B(N)$ はガウス記号で表されているから，この $B(N)$ を挟み込む形で不等式をつくることができ，正である $A(N)$ で各辺を割ることによってはさみうちの原理に持ち込む。

極限値は区分求積法 $\displaystyle\lim_{N \to \infty}\frac{1}{N}\sum_{n=1}^{N}f\left(\frac{n}{N}\right) = \int_0^1 f(x)\,dx$ により定積分を計算して求める。

　極限値を求める際に不等式をつくる，もしくは不等式を証明して，はさみうちの原理を利用することは典型的な手法の一つであるので，プロセスをよく理解しておこう。

解法

(1) $0 \leqq n \leqq N$ より

$$0 \leqq \frac{n}{N} \leqq 1 \qquad 0 \leqq \frac{\pi n}{2N} \leqq \frac{\pi}{2}$$

このような角の範囲では

$$0 \leqq \sin\left(\frac{\pi n}{2N}\right) \qquad 0 \leqq N\sin\left(\frac{\pi n}{2N}\right)$$

よって，点 $(n,\ 0)$ と点 $\left(n,\ N\sin\left(\frac{\pi n}{2N}\right)\right)$ を結ぶ線分上には，点 $(n,\ 0)$，$(n,\ 1)$，

$(n,\ 2)$，…，$\left(n,\ \left[N\sin\left(\frac{\pi n}{2N}\right)\right]\right)$ の $\left[N\sin\left(\frac{\pi n}{2N}\right)\right]+1$ 個の格子点が存在する。 ……(答)

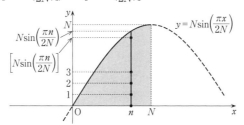

(2) 直線 $y=x$ と，x 軸および直線 $x=N$ で囲まれた領域
（境界を含む）において，直線 $x=k$ 上に $(k=0,\ 1,\ 2,\ \cdots,\ N)$ には，点 $(k,\ 0)$，$(k,\ 1)$，$(k,\ 2)$，…，$(k,\ k)$ の $k+1$ 個の格子点が存在する。
よって

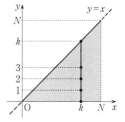

$$A(N) = \sum_{k=0}^{N} (k+1)$$
$$= 1 + 2 + \cdots + N + (N+1)$$
$$= \frac{1}{2}(N+1)(N+2) \quad \cdots\cdots(答)$$

(3) (1)より $\quad B(N) = \sum_{n=0}^{N} \left\{ \left[N\sin\left(\frac{\pi n}{2N}\right) \right] + 1 \right\}$

ここで，$N\sin\left(\dfrac{\pi n}{2N}\right) = x_n$ とおくと

$$B(N) = \sum_{n=0}^{N} ([x_n] + 1)$$

ガウス記号の定義から $\quad x_n - 1 < [x_n] \leqq x_n$

$$x_n < [x_n] + 1 \leq x_n + 1$$

$$\sum_{n=0}^{N} x_n < \sum_{n=0}^{N} ([x_n]+1) \leq \sum_{n=0}^{N} (x_n+1)$$

$$\sum_{n=0}^{N} x_n < B(N) \leq \sum_{n=0}^{N} x_n + (N+1)$$

$$\sum_{n=1}^{N} x_n < B(N) \leq \sum_{n=1}^{N} x_n + (N+1) \quad (\because \quad x_0 = N\sin 0 = 0)$$

各辺を $A(N)$ (>0) で割ると

$$\frac{1}{A(N)} \sum_{n=1}^{N} x_n < \frac{B(N)}{A(N)} \leq \frac{1}{A(N)} \sum_{n=1}^{N} x_n + \frac{N+1}{A(N)}$$

ここで，左辺について，$N \to \infty$ とすると

$$\lim_{N \to \infty} \frac{1}{A(N)} \sum_{n=1}^{N} x_n$$

$$= \lim_{N \to \infty} \frac{2}{(N+1)(N+2)} \sum_{n=1}^{N} N\sin\left(\frac{\pi n}{2N}\right)$$

$$= \lim_{N \to \infty} \frac{2N^2}{(N+1)(N+2)} \cdot \frac{1}{N} \sum_{n=1}^{N} \sin\left(\frac{\pi n}{2N}\right)$$

$$= \lim_{N \to \infty} \frac{2}{\left(1+\frac{1}{N}\right)\left(1+\frac{2}{N}\right)} \cdot \frac{1}{N} \sum_{n=1}^{N} \sin\left(\frac{\pi}{2} \cdot \frac{n}{N}\right)$$

$$= 2\int_0^1 \sin\left(\frac{\pi}{2}x\right) dx$$

$$= 2\left[-\frac{2}{\pi}\cos\left(\frac{\pi}{2}x\right) \right]_0^1$$

$$= -\frac{4}{\pi}(0-1) = \frac{4}{\pi}$$

また，右辺について，$N \to \infty$ とすると

$$\lim_{N \to \infty} \left\{ \frac{1}{A(N)} \sum_{n=1}^{N} x_n + \frac{N+1}{A(N)} \right\} = \lim_{N \to \infty} \left\{ \frac{1}{A(N)} \sum_{n=1}^{N} x_n + \frac{2}{N+2} \right\} = \frac{4}{\pi}$$

よって，はさみうちの原理より　　$\displaystyle\lim_{N \to \infty} \frac{B(N)}{A(N)} = \frac{4}{\pi}$　……(答)

54

関数 $f(x) = 2\sqrt{x}\, e^{-x}$ $(x \geqq 0)$ について次の問いに答えよ。

(1) $f'(a) = 0$, $f''(b) = 0$ を満たす a, b を求め，$y = f(x)$ のグラフの概形を描け。ただし，$\displaystyle\lim_{x \to \infty} \sqrt{x}\, e^{-x} = 0$ であることは証明なしで用いてよい。

(2) $k \geqq 0$ のとき $V(k) = \displaystyle\int_0^k x e^{-2x} dx$ を k を用いて表せ。

(3) (1)で求めた a, b に対して曲線 $y = f(x)$ と x 軸および 2 直線 $x = a$, $x = b$ で囲まれた図形を x 軸のまわりに 1 回転してできる回転体の体積を求めよ。

ポイント (1) 増減を調べるために第 1 次導関数 $f'(x)$ を，凹凸を調べるために第 2 次導関数 $f''(x)$ を求める。1 つ 1 つの部分の計算は基本的なものであるが，特に $f''(x)$ については全体としては大がかりなものになるので，正確に計算したい。

(2) 部分積分法の計算問題である。ここで求めたものは(3)で利用することになる。

(3) (2)の結果が利用できるように変形する。つまり

$$\int_a^b x e^{-2x} dx = \int_0^b x e^{-2x} dx - \int_0^a x e^{-2x} dx$$

と変形するということである。あとは(1)で求めた a, b の値と(2)の結果を代入すればよい。

標準レベルの問題に丁寧に誘導がついている親切な問題といえる。

解 法

(1) $f(x) = 2\sqrt{x}\, e^{-x}$ より

$$f'(x) = 2\left\{ \frac{1}{2\sqrt{x}} e^{-x} + \sqrt{x}\, (-e^{-x}) \right\}$$

$$= \frac{e^{-x}}{\sqrt{x}} (1 - 2x)$$

$x > 0$ の範囲で $f'(x) = 0$ とするとき，$x = \dfrac{1}{2}$ である。

ゆえに $a = \dfrac{1}{2}$ ……(答)

$$f''(x) = \frac{\{e^{-x}(1-2x)\}' \sqrt{x} - e^{-x}(1-2x)(\sqrt{x})'}{x}$$

$$= \frac{\{(e^{-x})'(1-2x) + e^{-x}(1-2x)'\}\sqrt{x} - \frac{1}{2\sqrt{x}}e^{-x}(1-2x)}{x}$$

$$= \frac{\{-e^{-x}(1-2x) - 2e^{-x}\}\sqrt{x} - \frac{1}{2\sqrt{x}}e^{-x}(1-2x)}{x}$$

$$= \frac{e^{-x}}{2x\sqrt{x}}(4x^2 - 4x - 1)$$

$x>0$ の範囲で $f''(x)=0$ とするとき，$x=\dfrac{1+\sqrt{2}}{2}$ である。

ゆえに　　$b = \dfrac{1+\sqrt{2}}{2}$ ……(答)

$f(x)$ の増減と凹凸は次のようになる。

x	0	$\cdots$	$\dfrac{1}{2}$	$\cdots$	$\dfrac{1+\sqrt{2}}{2}$	$\cdots$
$f'(x)$		$+$	0	$-$	$-$	$-$
$f''(x)$		$-$	$-$	$-$	0	$+$
$f(x)$	0	↗	$\dfrac{\sqrt{2e}}{e}$	↘	$\dfrac{\sqrt{2+2\sqrt{2}}}{e^{\frac{1+\sqrt{2}}{2}}}$	↘

$$\lim_{x \to \infty} f(x) = \lim_{x \to \infty} 2\sqrt{x}\,e^{-x} = 0$$

$y = f(x)$ のグラフは次のようになる。

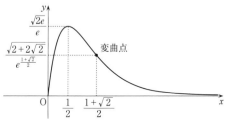

$$(2) \quad V(k) = \int_0^k x e^{-2x} dx$$

$$= \int_0^k x \left(-\frac{1}{2}e^{-2x}\right)' dx$$

$$= \left[x\left(-\frac{1}{2}e^{-2x}\right)\right]_0^k - \int_0^k \left(-\frac{1}{2}e^{-2x}\right) dx$$

$$= -\frac{1}{2}ke^{-2k} + \frac{1}{2}\left[-\frac{1}{2}e^{-2x}\right]_0^k$$

$$= -\frac{1}{2}ke^{-2k} - \frac{1}{4}(e^{-2k} - 1)$$

$$= -\frac{1}{4}(2k+1)e^{-2k} + \frac{1}{4} \quad \cdots\cdots(答)$$

(3) 求める体積は

$$\int_a^b \pi\{f(x)\}^2 dx = \int_a^b \pi(2\sqrt{x}\,e^{-x})^2 dx$$

$$= 4\pi\int_a^b xe^{-2x}dx$$

$$= 4\pi\left(\int_a^0 xe^{-2x}dx + \int_0^b xe^{-2x}dx\right)$$

$$= 4\pi\left(\int_0^b xe^{-2x}dx - \int_0^a xe^{-2x}dx\right)$$

$$= 4\pi\left\{-\frac{1}{4}(2b+1)e^{-2b} + \frac{1}{4}(2a+1)e^{-2a}\right\} \quad (\because \quad (2))$$

$$= \pi\left\{-\left(2\cdot\frac{1+\sqrt{2}}{2} + 1\right)e^{-2\cdot\frac{1+\sqrt{2}}{2}} + \left(2\cdot\frac{1}{2} + 1\right)e^{-2\cdot\frac{1}{2}}\right\}$$

$$= \pi\left(\frac{2}{e} - \frac{2+\sqrt{2}}{e^{1+\sqrt{2}}}\right) \quad \cdots\cdots(答)$$

55 2016年度 〔5〕 Level B

$\triangle \mathrm{PQR}$ において $\angle \mathrm{RPQ} = \theta$, $\angle \mathrm{PQR} = \dfrac{\pi}{2}$ とする。点 P_n $(n = 1,\ 2,\ 3,\ \cdots)$ を次で定める。

$$\mathrm{P}_1 = \mathrm{P}, \quad \mathrm{P}_2 = \mathrm{Q}, \quad \mathrm{P}_n \mathrm{P}_{n+2} = \mathrm{P}_n \mathrm{P}_{n+1}$$

ただし，点 P_{n+2} は線分 $\mathrm{P}_n \mathrm{R}$ 上にあるものとする。実数 θ_n $(n = 1,\ 2,\ 3,\ \cdots)$ を

$$\theta_n = \angle \mathrm{P}_{n+1} \mathrm{P}_n \mathrm{P}_{n+2} \quad (0 < \theta_n < \pi)$$

で定める。

(1) θ_2, θ_3 を θ を用いて表せ。

(2) $\theta_{n+1} + \dfrac{\theta_n}{2}$ $(n = 1,\ 2,\ 3,\ \cdots)$ は n によらない定数であることを示せ。

(3) $\displaystyle\lim_{n \to \infty} \theta_n$ を求めよ。

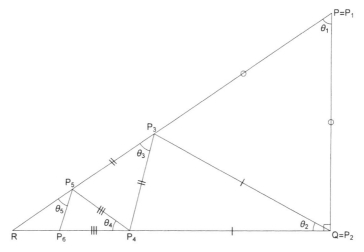

ポイント (1) $\triangle \mathrm{P}_1 \mathrm{P}_2 \mathrm{P}_3$, $\triangle \mathrm{P}_2 \mathrm{P}_3 \mathrm{P}_4$ が二等辺三角形であることに注意して，底角が等しいことより θ_2, θ_3 を求めていく。

(2) 点 P_{n+2} に関わる角度に注目すると

$$\angle \mathrm{P}_{n+3} \mathrm{P}_{n+2} \mathrm{P}_{n+4} + \angle \mathrm{P}_{n+3} \mathrm{P}_{n+2} \mathrm{P}_{n+1} + \angle \mathrm{P}_{n+1} \mathrm{P}_{n+2} \mathrm{P}_n = \pi$$

が成り立ち，これより θ_{n+2}, θ_{n+1}, θ_n の 3 項間の漸化式が得られる。それを変形すると，

$\theta_{n+1} + \dfrac{1}{2}\theta_n$ が定数になるということが示せる。すると，2項間の漸化式を求めたことになる。

(3) (2)で2項間の漸化式が得られたので，そこから数列 $\{\theta_n\}$ の一般項を求め，最後に数列の極限を求める。

解 法

(1) $\triangle P_1P_2P_3$ において，$P_1P_2 = P_1P_3$ であるから

$$\angle P_1P_2P_3 = \angle P_1P_3P_2 = \frac{1}{2}(\pi - \theta_1)$$

よって

$$\theta_2 = \angle P_1P_2R - \angle P_1P_2P_3$$

$$= \frac{1}{2}\pi - \frac{1}{2}(\pi - \theta_1)$$

$$= \frac{1}{2}\theta \quad \cdots\cdots(\text{答})$$

$\triangle P_2P_3P_4$ において，$P_2P_3 = P_2P_4$ であるから

$$\angle P_2P_3P_4 = \angle P_2P_4P_3 = \frac{1}{2}(\pi - \theta_2)$$

よって

$$\theta_3 = \pi - (\angle P_1P_3P_2 + \angle P_2P_3P_4)$$

$$= \pi - \left\{\frac{1}{2}(\pi - \theta_1) + \frac{1}{2}(\pi - \theta_2)\right\}$$

$$= \frac{1}{2}(\theta_1 + \theta_2)$$

$$= \frac{1}{2}\left(\theta_1 + \frac{1}{2}\theta_1\right)$$

$$= \frac{3}{4}\theta \quad \cdots\cdots(\text{答})$$

(2) $n = 1, 2, 3, \cdots$ において

$$\angle P_{n+3}P_{n+2}P_{n+4} + \angle P_{n+3}P_{n+2}P_{n+1} + \angle P_{n+1}P_{n+2}P_n = \pi$$

が成り立つから

$$\theta_{n+2} + \frac{1}{2}(\pi - \theta_{n+1}) + \frac{1}{2}(\pi - \theta_n) = \pi$$

$$\theta_{n+2} - \frac{1}{2}\theta_{n+1} - \frac{1}{2}\theta_n = 0 \quad \cdots\cdots\text{①}$$

この等式が

$$\theta_{n+2} - \alpha\theta_{n+1} = \beta(\theta_{n+1} - \alpha\theta_n)$$

と表されるとする。これは

$$\theta_{n+2} - (\alpha+\beta)\theta_{n+1} + \alpha\beta\theta_n = 0$$

と変形できて，①と比較して

$$\begin{cases} \alpha+\beta = \dfrac{1}{2} \\ \alpha\beta = -\dfrac{1}{2} \end{cases}$$

となるから，これを解いて

$$\begin{cases} \alpha = 1 \\ \beta = -\dfrac{1}{2} \end{cases} \quad \text{または} \quad \begin{cases} \alpha = -\dfrac{1}{2} \\ \beta = 1 \end{cases}$$

となる。したがって，$\alpha = -\dfrac{1}{2}$，$\beta = 1$ のとき，①は

$$\theta_{n+2} + \frac{1}{2}\theta_{n+1} = \theta_{n+1} + \frac{1}{2}\theta_n$$

となる。これを繰り返すと

$$\theta_{n+1} + \frac{1}{2}\theta_n = \theta_n + \frac{1}{2}\theta_{n-1} = \theta_{n-1} + \frac{1}{2}\theta_{n-2} = \cdots = \theta_2 + \frac{1}{2}\theta_1 = \frac{1}{2}\theta + \frac{1}{2}\theta = \theta$$

ゆえに，$\theta_{n+1} + \dfrac{1}{2}\theta_n = \theta$ $(n=1,\ 2,\ 3,\ \cdots)$ は n によらない定数 θ である。

(証明終)

(3) (2)より

$$\theta_{n+1} + \frac{1}{2}\theta_n = \theta$$

$$\theta_{n+1} - \frac{2}{3}\theta = -\frac{1}{2}\left(\theta_n - \frac{2}{3}\theta\right)$$

よって，数列 $\left\{\theta_n - \dfrac{2}{3}\theta\right\}$ は初項 $\theta_1 - \dfrac{2}{3}\theta = \theta - \dfrac{2}{3}\theta = \dfrac{1}{3}\theta$，公比 $-\dfrac{1}{2}$ の等比数列であるから

$$\theta_n - \frac{2}{3}\theta = \frac{1}{3}\theta\left(-\frac{1}{2}\right)^{n-1}$$

$$\theta_n = \frac{2}{3}\theta + \frac{1}{3}\theta\left(-\frac{1}{2}\right)^{n-1} \quad (n=1,\ 2,\ 3,\ \cdots)$$

したがって

$$\lim_{n\to\infty}\theta_n = \lim_{n\to\infty}\left\{\frac{2}{3}\theta + \frac{1}{3}\theta\left(-\frac{1}{2}\right)^{n-1}\right\} = \frac{2}{3}\theta \quad \cdots\cdots(\text{答})$$

56

$f(x) = \log(e^x + e^{-x})$ とおく。曲線 $y = f(x)$ の点 $(t, f(t))$ における接線を l とする。直線 l と y 軸の交点の y 座標を $b(t)$ とおく。

(1) 次の等式を示せ。

$$b(t) = \frac{2te^{-t}}{e^t + e^{-t}} + \log(1 + e^{-2t})$$

(2) $x \geqq 0$ のとき，$\log(1+x) \leqq x$ であることを示せ。

(3) $t \geqq 0$ のとき

$$b(t) \leqq \frac{2}{e^t + e^{-t}} + e^{-2t}$$

であることを示せ。

(4) $b(0) = \displaystyle\lim_{x \to \infty} \int_0^x \frac{4t}{(e^t + e^{-t})^2} dt$ であることを示せ。

ポイント (1) 証明する等式がわかっているのだから，変形の手段を考える。対数に関する部分について，$\log(1 + e^{-2t})$ を導き出すので，その目的を達成するためには，$\log(e^t + e^{-t})$ を $\log e^t (1 + e^{-2t})$ と変形していけばよい。

(2) $\log(1+x) \leqq x$ であることを示すために，$g(x) = x - \log(1+x)$ とおいて，$g(x) \geqq 0$ となることを証明しよう。

(3) 与えられた不等式を示すには，(2)の結果を利用することと，$te^{-t} \leqq 1$ を示す必要がある。そのために $t \leqq e^t$ を証明する。(2)と同様に，$t \leqq e^t$ であることを示すためには $h(t) = e^t - t$ とおいて，$h(t) \geqq 0$ となることを証明してみよう。〔参考〕の解法も確認しておこう。

(4) 不等式の証明後に極限値を問われているので，はさみうちの原理を利用するであろうことは予想できる。まずは，被積分関数 $\dfrac{4t}{(e^t + e^{-t})^2}$ が何であるのかを考察する。それは $b'(t)$ を計算することでわかる。

解 法

(1) $f(x) = \log(e^x + e^{-x})$ より

$$f'(x) = \frac{(e^x + e^{-x})'}{e^x + e^{-x}} = \frac{e^x - e^{-x}}{e^x + e^{-x}}$$

直線 l の方程式は

$$y - \log(e^t + e^{-t}) = \frac{e^t - e^{-t}}{e^t + e^{-t}}(x - t)$$

$$y = \frac{e^t - e^{-t}}{e^t + e^{-t}}x - \frac{(e^t - e^{-t})t}{e^t + e^{-t}} + \log(e^t + e^{-t})$$

よって，直線 l と y 軸の交点の y 座標 $b(t)$ は

$$b(t) = -\frac{(e^t - e^{-t})t}{e^t + e^{-t}} + \log(e^t + e^{-t})$$

ゆえに

$$b(t) = -\frac{(e^t - e^{-t})t}{e^t + e^{-t}} + \log e^t(1 + e^{-2t})$$

$$= -\frac{(e^t - e^{-t})t}{e^t + e^{-t}} + \log e^t + \log(1 + e^{-2t})$$

$$= -\frac{(e^t - e^{-t})t}{e^t + e^{-t}} + t + \log(1 + e^{-2t})$$

$$= \frac{-(e^t - e^{-t})t + (e^t + e^{-t})t}{e^t + e^{-t}} + \log(1 + e^{-2t})$$

よって

$$b(t) = \frac{2te^{-t}}{e^t + e^{-t}} + \log(1 + e^{-2t}) \qquad\qquad （証明終）$$

(2) $g(x) = x - \log(1 + x)$ とおくと

$$g'(x) = 1 - \frac{1}{1+x} = \frac{x}{1+x}$$

$x \geqq 0$ のとき，$g'(x) \geqq 0$ となるので，$x \geqq 0$ において $g(x)$ は単調に増加する。

$$g(0) = 0 - \log(1 + 0) = -\log 1 = 0$$

であるから，$x \geqq 0$ のとき $g(x) \geqq 0$

よって $\log(1 + x) \leqq x$ ……①   （証明終）

(3) ①は $x \geqq 0$ において成り立つ。e^{-2t} はすべての実数 t に対して，$e^{-2t} > 0$ を満たすので

$$\log(1 + e^{-2t}) \leqq e^{-2t} ……②$$

$h(t) = e^t - t$ とおくと

$$h'(t) = e^t - 1$$

$t \geqq 0$ のとき，$e^t \geqq 1$ であり，$h'(t) \geqq 0$ となるので，$t \geqq 0$ において $h(t)$ は単調に増加する。

$$h(0) = e^0 - 0 = 1 > 0$$

であるから，$t \geqq 0$ のとき，$h(t) \geqq 0$ となるので

$$t \leqq e^t$$

両辺に正の e^{-t} をかけると

$$te^{-t} \leqq 1$$

両辺に正の $\dfrac{2}{e^t + e^{-t}}$ をかけると

$$\frac{2te^{-t}}{e^t + e^{-t}} \leqq \frac{2}{e^t + e^{-t}} \quad \cdots\cdots③$$

②，③の辺々を加えると

$$\frac{2te^{-t}}{e^t + e^{-t}} + \log(1 + e^{-2t}) \leqq \frac{2}{e^t + e^{-t}} + e^{-2t}$$

よって

$$b(t) \leqq \frac{2}{e^t + e^{-t}} + e^{-2t} \hspace{4cm} \text{（証明終）}$$

> **参考** $te^{-t} \leqq 1$ を示す際の前段階での $t \leqq e^t$ の証明に，(2)で証明された①を利用する方法を考えてみることにする。
> $t \geqq 0$ のとき①より，$\log(1 + t) \leqq t$ が成り立つ。つまり
> $$\log(1 + t) \leqq \log e^t$$
> 底の e は1よりも大きいから
> $$1 + t \leqq e^t \qquad t \leqq 1 + t \leqq e^t \qquad t \leqq e^t$$
> このあとは，$te^{-t} \leqq 1$ と続け，〔解法〕と同じである。
> 実際には $t < 1 + t$ であるから，$t \leqq e^t$ の等号が成り立つことはない。

(4) $\quad b(t) = \dfrac{2te^{-t}}{e^t + e^{-t}} + \log(1 + e^{-2t})$

$$= \frac{2t}{e^{2t} + 1} + \log(1 + e^{-2t})$$

となるので

$$b'(t) = \frac{(2t)'(e^{2t} + 1) - 2t(e^{2t} + 1)'}{(e^{2t} + 1)^2} + \frac{(1 + e^{-2t})'}{1 + e^{-2t}}$$

$$= \frac{2(e^{2t} + 1) - 2t \cdot 2e^{2t}}{(e^{2t} + 1)^2} - \frac{2e^{-2t}}{1 + e^{-2t}}$$

$$= \frac{2}{e^{2t}+1} - \frac{4te^{2t}}{(e^{2t}+1)^2} - \frac{2}{e^{2t}+1}$$

$$= -\frac{4te^{2t}}{(e^{2t}+1)^2} = -\frac{4te^{2t}}{\{e^t(e^t+e^{-t})\}^2}$$

$$= -\frac{4t}{(e^t+e^{-t})^2}$$

よって

$$\frac{4t}{(e^t+e^{-t})^2} = -b'(t)$$

$$\int_0^x \frac{4t}{(e^t+e^{-t})^2}\,dt = -\int_0^x b'(t)\,dt = -\Big[b(t)\Big]_0^x$$

$$= -b(x)+b(0) \quad \cdots\cdots ④$$

ここで，$b(t) = \dfrac{2te^{-t}}{e^t+e^{-t}} + \log(1+e^{-2t})$ において，$t \geqq 0$ のときに

$$\frac{2te^{-t}}{e^t+e^{-t}} \geqq 0, \quad \log(1+e^{-2t}) > 0$$

であるから，$b(t) > 0$ となる。これと(3)で証明したことをあわせると

$$0 < b(t) \leqq \frac{2}{e^t+e^{-t}} + e^{-2t}$$

$x \to \infty$ を考えるので，$x \geqq 0$ としてよく

$$0 < b(x) \leqq \frac{2}{e^x+e^{-x}} + e^{-2x}$$

ここで

$$\lim_{x\to\infty} \left(\frac{2}{e^x+e^{-x}} + e^{-2x}\right) = \lim_{x\to\infty} \left(\frac{2}{e^x+e^{-x}} + \frac{1}{e^{2x}}\right) = 0$$

となるので，はさみうちの原理より

$$\lim_{x\to\infty} b(x) = 0$$

よって，④より

$$\lim_{x\to\infty} \int_0^x \frac{4t}{(e^t+e^{-t})^2}\,dt = \lim_{x\to\infty}\{-b(x)+b(0)\} = 0+b(0) = b(0) \qquad \text{（証明終）}$$

57

$f(x)$, $g(x)$, $h(x)$ を

$$f(x) = \frac{1}{2}(\cos x - \sin x)$$

$$g(x) = \frac{1}{\sqrt{2}}\sin\left(x + \frac{\pi}{4}\right)$$

$$h(x) = \sin x$$

とおく。3つの曲線 $y = f(x)$, $y = g(x)$, $y = h(x)$ の $0 \leq x \leq \frac{\pi}{2}$ を満たす部分を,それぞれ C_1, C_2, C_3 とする。

(1) C_2 と C_3 の交点の座標を求めよ。

(2) C_1 と C_3 の交点の x 座標を α とする。$\sin\alpha$, $\cos\alpha$ の値を求めよ。

(3) C_1, C_2, C_3 によって囲まれる図形の面積を求めよ。

ポイント (1) 2つのグラフの交点の座標を求めるためには,連立方程式を解けばよい。

(2) 基本的には(1)と同様である。$\sin x = \frac{1}{3}\cos x$ を解いて,これを満たす x の値を求めることはできないが,この x が α であることはわかっている。よって,これを $\tan x = \frac{1}{3}$ と変形して,$\tan\alpha = \frac{1}{3}$ を得る。ここから三角関数の相互関係より $\sin\alpha$, $\cos\alpha$ を求めてもよいし,〔解法〕のように図をもとにして求めてもよい。

(3) 曲線で囲まれる図形の面積を求める問題である。C_1 と C_3 の交点の x 座標は α であり,$\sin\alpha$, $\cos\alpha$ の値は(2)でわかっているので,それらを利用する。

解 法

(1) $\begin{cases} y = \dfrac{1}{\sqrt{2}}\sin\left(x + \dfrac{\pi}{4}\right) \\ y = \sin x \end{cases}$ より y を消去して

$$\frac{1}{\sqrt{2}}\sin\left(x + \frac{\pi}{4}\right) = \sin x$$

$$\frac{1}{\sqrt{2}}\left(\sin x\cos\frac{\pi}{4}+\cos x\sin\frac{\pi}{4}\right)=\sin x$$

$$\frac{1}{\sqrt{2}}\left(\frac{1}{\sqrt{2}}\sin x+\frac{1}{\sqrt{2}}\cos x\right)=\sin x$$

$$\sin x=\cos x$$

$0\leqq x\leqq\dfrac{\pi}{2}$ の範囲でこれが成り立つのは，$x=\dfrac{\pi}{4}$ のときであり，このとき

$$y=\sin\frac{\pi}{4}=\frac{1}{\sqrt{2}}$$

よって，C_2 と C_3 の交点の座標は　　$\left(\dfrac{\pi}{4},\ \dfrac{1}{\sqrt{2}}\right)$　……(答)

(2)　$\begin{cases}y=\dfrac{1}{2}(\cos x-\sin x)\\ y=\sin x\end{cases}$ より y を消去して

$$\frac{1}{2}(\cos x-\sin x)=\sin x$$

$$\sin x=\frac{1}{3}\cos x$$

$0\leqq x\leqq\dfrac{\pi}{2}$ の範囲の x のうち，$x=\dfrac{\pi}{2}$ はこの方程式の解ではないので $x\neq\dfrac{\pi}{2}$ であり，

$\cos x\neq 0$ であるから，両辺を 0 ではない $\cos x$ で割って

$$\tan x=\frac{1}{3}$$

この方程式の解が C_1 と C_3 の交点の x 座標 α であるから

$$\tan\alpha=\frac{1}{3}$$

$\tan\alpha=\dfrac{1}{3}$ のとき，直角三角形は右の図のようになるとしてよ

く，この斜辺の長さは

$$\sqrt{3^2+1^2}=\sqrt{10}$$

よって　　$\sin\alpha=\dfrac{1}{\sqrt{10}}$，$\cos\alpha=\dfrac{3}{\sqrt{10}}$　……(答)

(3)　$y=f(x)$，$y=g(x)$，$y=h(x)$ のグラフは次のようになる。

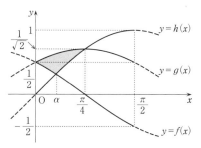

求める面積は図の網かけ部分であるから

$$\int_0^\alpha \{g(x) - f(x)\} dx + \int_\alpha^{\frac{\pi}{4}} \{g(x) - h(x)\} dx$$

$$= \int_0^\alpha \left\{ \frac{1}{2}(\sin x + \cos x) - \frac{1}{2}(\cos x - \sin x) \right\} dx + \int_\alpha^{\frac{\pi}{4}} \left\{ \frac{1}{2}(\sin x + \cos x) - \sin x \right\} dx$$

$$= \int_0^\alpha \sin x \, dx + \int_\alpha^{\frac{\pi}{4}} \frac{1}{2}(\cos x - \sin x) \, dx$$

$$= \Big[-\cos x \Big]_0^\alpha + \frac{1}{2}\Big[\sin x + \cos x \Big]_\alpha^{\frac{\pi}{4}}$$

$$= -\cos \alpha - (-\cos 0) + \frac{1}{2}\left\{ \left(\sin \frac{\pi}{4} + \cos \frac{\pi}{4} \right) - (\sin \alpha + \cos \alpha) \right\}$$

$$= -\frac{3}{\sqrt{10}} + 1 + \frac{1}{2}\left(\frac{\sqrt{2}}{2} + \frac{\sqrt{2}}{2} - \frac{1}{\sqrt{10}} - \frac{3}{\sqrt{10}} \right)$$

$$= 1 + \frac{\sqrt{2}}{2} - \frac{\sqrt{10}}{2} \quad \cdots\cdots (答)$$

58 2014 年度 〔2〕 Level B

　xy 平面上の曲線 $C : y = x\sin x + \cos x - 1$ $(0 < x < \pi)$ に対して，以下の問いに答えよ。ただし $3 < \pi < \dfrac{16}{5}$ であることは証明なしで用いてよい。

⑴　曲線 C と x 軸の交点はただ 1 つであることを示せ。

⑵　曲線 C と x 軸の交点を A $(\alpha,\ 0)$ とする。$\alpha > \dfrac{2}{3}\pi$ であることを示せ。

⑶　曲線 C，y 軸および直線 $y = \dfrac{\pi}{2} - 1$ で囲まれる部分の面積を S とする。また，xy 平面の原点 O，点 A および曲線 C 上の点 B $\left(\dfrac{\pi}{2},\ \dfrac{\pi}{2} - 1\right)$ を頂点とする三角形 OAB の面積を T とする。$S < T$ であることを示せ。

ポイント ⑴　$y = f(x)$ のグラフと x 軸の交点がただ 1 つであることを示す問題なので $f(x)$ の増減を調べるとよい。

⑵　⑴で $f(x)$ が $\dfrac{\pi}{2} \leqq x \leqq \pi$ において減少していることを示しているので，⑵ではさらに $f\left(\dfrac{2}{3}\pi\right) > 0$ となることを示してみよう。ここから，$y = f(x)$ のグラフと x 軸の交点は $\dfrac{2}{3}\pi < x < \pi$ の範囲に存在することがわかる。

⑶　$T - S > 0$ となることを示そう。⑵で求めた $\alpha > \dfrac{2}{3}\pi$ や $\pi < \dfrac{16}{5}$ を上手に利用していく。

解法

(1) $f(x) = x\sin x + \cos x - 1$ とおくと

$$f'(x) = \sin x + x\cos x - \sin x$$
$$= x\cos x$$

$0 < x < \pi$ に お い て, $f'(x) = 0$ と す る と き

$x = \dfrac{\pi}{2}$ となるから, $f(x)$ の増減は右のよう

になる。

これより, $y = f(x)$ のグラフは右のようになり,
曲線 C と x 軸の交点はただ1つである。

(証明終)

x	(0)	$\cdots$	$\dfrac{\pi}{2}$	$\cdots$	(π)
$f'(x)$		$+$	0	$-$	
$f(x)$	(0)	$\nearrow$	$\dfrac{\pi}{2}-1$	$\searrow$	(-2)

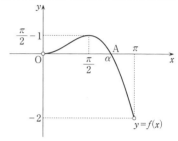

(2) (1)より $\dfrac{\pi}{2} \leqq x \leqq \pi$ において $f(x)$ は減少する。

$$f\left(\frac{2}{3}\pi\right) = \frac{2}{3}\pi\sin\frac{2}{3}\pi + \cos\frac{2}{3}\pi - 1$$
$$= \frac{\sqrt{3}}{3}\pi - \frac{3}{2}$$

ここで, $\pi > 3$ だから, 両辺に $\dfrac{\sqrt{3}}{3}$ をかけて

$$\frac{\sqrt{3}}{3}\pi > \sqrt{3}$$
$$\frac{\sqrt{3}}{3}\pi - \frac{3}{2} > \sqrt{3} - \frac{3}{2} = \sqrt{3} - \sqrt{\frac{9}{4}} > 0$$

であるから $\quad f\left(\dfrac{2}{3}\pi\right) > 0$

また, (1)より $\quad f(\pi) = -2 < 0$

以上より, 交点Aの x 座標 α について $\alpha > \dfrac{2}{3}\pi$ である。 (証明終)

(3) 次図の網かけ部分の面積が S である。

$$S = \int_0^{\frac{\pi}{2}}\left\{\frac{\pi}{2} - 1 - (x\sin x + \cos x - 1)\right\}dx$$

$$= \int_0^{\frac{\pi}{2}} \left(\frac{\pi}{2} - x \sin x - \cos x \right) dx$$

$$= \int_0^{\frac{\pi}{2}} \frac{\pi}{2} dx - \int_0^{\frac{\pi}{2}} x \sin x \, dx - \int_0^{\frac{\pi}{2}} \cos x \, dx$$

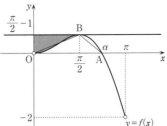

$$y = f(x)$$

ここで

$$\int_0^{\frac{\pi}{2}} \frac{\pi}{2} dx = \left[\frac{\pi}{2} x \right]_0^{\frac{\pi}{2}} = \frac{\pi^2}{4}$$

$$\int_0^{\frac{\pi}{2}} x \sin x \, dx = \int_0^{\frac{\pi}{2}} x \left(- \cos x \right)' dx$$

$$= \left[x \left(- \cos x \right) \right]_0^{\frac{\pi}{2}} - \int_0^{\frac{\pi}{2}} x' \left(- \cos x \right) dx$$

$$= \int_0^{\frac{\pi}{2}} \cos x \, dx$$

$$= \left[\sin x \right]_0^{\frac{\pi}{2}}$$

$$= 1$$

$$\int_0^{\frac{\pi}{2}} \cos x \, dx = \left[\sin x \right]_0^{\frac{\pi}{2}}$$

$$= 1$$

よって

$$S = \frac{\pi^2}{4} - 2$$

次に

$$T = \frac{1}{2} \alpha \left(\frac{\pi}{2} - 1 \right)$$

よって

$$T - S = \frac{1}{2} \alpha \left(\frac{\pi}{2} - 1 \right) - \left(\frac{\pi^2}{4} - 2 \right)$$

$$> \frac{1}{2} \cdot \frac{2}{3} \pi \left(\frac{\pi}{2} - 1 \right) - \left(\frac{\pi^2}{4} - 2 \right) \quad \left(\because \quad \alpha > \frac{2}{3} \pi \right)$$

$$= - \frac{1}{12} \pi^2 - \frac{1}{3} \pi + 2$$

$$> - \frac{1}{12} \left(\frac{16}{5} \right)^2 - \frac{1}{3} \cdot \frac{16}{5} + 2 \quad \left(\because \quad \pi < \frac{16}{5} \right)$$

$$= \frac{2}{25}$$

$$> 0$$

したがって，$S < T$ である。

(証明終)

59 2014年度〔3〕 Level C

関数 $f(x) = e^{-\frac{x^2}{2}}$ を $x > 0$ で考える。$y = f(x)$ のグラフの点 $(a, f(a))$ における接線を l_a とし，l_a と y 軸との交点を $(0, Y(a))$ とする。以下の問いに答えよ。ただし，実数 k に対して $\lim_{t \to \infty} t^k e^{-t} = 0$ であることは証明なしで用いてよい。

(1) $Y(a)$ がとりうる値の範囲を求めよ。

(2) $0 < a < b$ である a，b に対して，l_a と l_b が x 軸上で交わるとき，a のとりうる値の範囲を求め，b を a で表せ。

(3) (2)の a，b に対して，$Z(a) = Y(a) - Y(b)$ とおく。$\displaystyle\lim_{a \to +0} Z(a)$ および $\displaystyle\lim_{a \to +0} \frac{Z'(a)}{a}$ を求めよ。

ポイント (1) 接線 l_a の方程式に $x = 0$ を代入すると y 軸との交点の y 座標が得られる。それを a の関数 $Y(a)$ とするので，$Y'(a)$ を求めて $Y(a)$ の増減を調べる。増減表では得ることのできない，$a \to \infty$ のときの $Y(a)$ の様子を $\lim_{t \to \infty} t^k e^{-t}$ を利用して調べる。

(2) 接線 l_a と l_b が x 軸上で交わる条件を求める。それぞれの x 軸との交点の座標を求めて，それらが一致することより a，b の関係式を求める。

(3) (1)と同様に $\lim_{t \to \infty} t^k e^{-t} = 0$ の式を上手に利用しよう。

解法

(1) $f(x) = e^{-\frac{x^2}{2}}$ より

$$f'(x) = e^{-\frac{x^2}{2}}\left(-\frac{x^2}{2}\right)' = -xe^{-\frac{x^2}{2}}$$

よって，接線 l_a の傾きは $f'(a) = -ae^{-\frac{a^2}{2}}$ であるから，接線 l_a の方程式は

$$y - e^{-\frac{a^2}{2}} = -ae^{-\frac{a^2}{2}}(x - a)$$

$$y = -ae^{-\frac{a^2}{2}}x + (a^2 + 1)e^{-\frac{a^2}{2}}$$

l_a と y 軸との交点を $(0, Y(a))$ とするので

$$Y(a) = (a^2 + 1)e^{-\frac{a^2}{2}} \quad (a > 0)$$

と表される。

$$Y'(a) = (a^2+1)' e^{-\frac{a^2}{2}} + (a^2+1) \left(e^{-\frac{a^2}{2}} \right)'$$

$$= 2ae^{-\frac{a^2}{2}} - a(a^2+1) e^{-\frac{a^2}{2}}$$

$$= (-a^3+a) e^{-\frac{a^2}{2}}$$

$$= a(1+a)(1-a) e^{-\frac{a^2}{2}}$$

ここで，$a>0$，$1+a>0$，$e^{-\frac{a^2}{2}}>0$ であり，$Y'(a)=0$ とするとき，$a=1$ であるから，$Y(a)$ の $a>0$ における増減は右のようになる。

a	(0)	$\cdots$	1	$\cdots$
$Y'(a)$		$+$	0	$-$
$Y(a)$	(1)	$\nearrow$	$\dfrac{2}{\sqrt{e}}$	$\searrow$

$$\lim_{a \to \infty} Y(a) = \lim_{a \to \infty} (a^2+1) e^{-\frac{a^2}{2}}$$

$$= \lim_{a \to \infty} \frac{a^2}{2} e^{-\frac{a^2}{2}} \times \left(2 + \frac{1}{\frac{a^2}{2}} \right)$$

ここで，$\lim_{t \to \infty} t^k e^{-t} = 0$ において，$t = \dfrac{a^2}{2}$，$k=1$ とおく。$a \to \infty$ とすると $\dfrac{a^2}{2} \to \infty$ であり $t \to \infty$ と対応するので，この式を適用して，$\lim_{a \to \infty} Y(a) = 0$ となる。したがって，$Y(a)$ のとりうる値の範囲は

$$0 < Y(a) \leq \frac{2}{\sqrt{e}} \quad \cdots\cdots (\text{答})$$

(2)　$l_a : y = -ae^{-\frac{a^2}{2}}x + (a^2+1) e^{-\frac{a^2}{2}}$

　　　$l_b : y = -be^{-\frac{b^2}{2}}x + (b^2+1) e^{-\frac{b^2}{2}}$

l_a と x 軸の交点の x 座標は

$$0 = -ae^{-\frac{a^2}{2}}x + (a^2+1) e^{-\frac{a^2}{2}}$$

$$ae^{-\frac{a^2}{2}}x = (a^2+1) e^{-\frac{a^2}{2}}$$

両辺を 0 でない $ae^{-\frac{a^2}{2}}$ で割って

$$x = a + \frac{1}{a}$$

同様にして，l_b と x 軸の交点の x 座標は

$$x = b + \frac{1}{b}$$

$0<a<b$ である a，b に対して，l_a と l_b が x 軸上で交わるとき

$$a + \frac{1}{a} = b + \frac{1}{b}$$

が成り立ち

$$b - a = \frac{1}{a} - \frac{1}{b}$$

$$b - a = \frac{b - a}{ab}$$

$b - a \neq 0$ であるから，両辺を $b - a$ で割ってよく

$$1 = \frac{1}{ab}$$

$$b = \frac{1}{a} \quad \cdots\cdots (答)$$

このとき，$0 < a < b$ は $0 < a < \frac{1}{a}$ となる。

各辺に正の a をかけると

$$0 < a^2 < 1$$

$$0 < a \quad かつ \quad a^2 < 1$$

$$0 < a \quad かつ \quad -1 < a < 1$$

よって，a のとりうる値の範囲は

$$0 < a < 1 \quad \cdots\cdots (答)$$

(3) $\quad Z(a) = Y(a) - Y(b)$

$$= (a^2 + 1) e^{-\frac{a^2}{2}} - (b^2 + 1) e^{-\frac{b^2}{2}}$$

$$= (a^2 + 1) e^{-\frac{a^2}{2}} - \left(\frac{1}{a^2} + 1\right) e^{-\frac{1}{2a^2}} \quad \left(\because \quad b = \frac{1}{a}\right)$$

よって

$$\lim_{a \to +0} Z(a) = \lim_{a \to +0} \left\{ (a^2 + 1) e^{-\frac{a^2}{2}} - \left(\frac{1}{a^2} + 1\right) e^{-\frac{1}{2a^2}} \right\}$$

$$= \lim_{a \to +0} \left\{ (a^2 + 1) e^{-\frac{a^2}{2}} - \frac{1}{2a^2} e^{-\frac{1}{2a^2}} (2 + 2a^2) \right\}$$

ここで $\displaystyle\lim_{t \to \infty} t^k e^{-t} = 0$ について $t = \frac{1}{2a^2}$，$k = 1$ とすると $t \to \infty$ に $a \to +0$ が対応し

$$\lim_{a \to +0} \frac{1}{2a^2} e^{-\frac{1}{2a^2}} = 0 \quad \cdots\cdots ①$$

となるので，これを利用すると

$$\lim_{a \to +0} Z(a) = (0 + 1) \cdot 1 - 0 \cdot (2 + 0)$$

$$= 1 \quad \cdots\cdots (答)$$

また，$Z(a) = (a^2 + 1) e^{-\frac{a^2}{2}} - \left(\frac{1}{a^2} + 1\right) e^{-\frac{1}{2a^2}}$ より

$$Z'(a) = (a^2 + 1)' e^{-\frac{a^2}{2}} + (a^2 + 1) \left(e^{-\frac{a^2}{2}}\right)' - \left\{ \left(\frac{1}{a^2} + 1\right)' e^{-\frac{1}{2a^2}} + \left(\frac{1}{a^2} + 1\right) \left(e^{-\frac{1}{2a^2}}\right)' \right\}$$

$$= 2ae^{-\frac{a^2}{2}} + (a^2+1)(-ae^{-\frac{a^2}{2}}) + \frac{2}{a^3}e^{-\frac{1}{2a^2}} - \left(\frac{1}{a^2}+1\right)\left(\frac{1}{a^3}e^{-\frac{1}{2a^2}}\right)$$

$$= 2ae^{-\frac{a^2}{2}} - a^3e^{-\frac{a^2}{2}} - ae^{-\frac{a^2}{2}} + \frac{2}{a^3}e^{-\frac{1}{2a^2}} - \frac{1}{a^5}e^{-\frac{1}{2a^2}} - \frac{1}{a^3}e^{-\frac{1}{2a^2}}$$

$$= ae^{-\frac{a^2}{2}} - a^3e^{-\frac{a^2}{2}} + \frac{1}{a^3}e^{-\frac{1}{2a^2}} - \frac{1}{a^5}e^{-\frac{1}{2a^2}}$$

よって

$$\lim_{a\to+0}\frac{Z'(a)}{a} = \lim_{a\to+0}\left(e^{-\frac{a^2}{2}} - a^2e^{-\frac{a^2}{2}} + \frac{1}{a^4}e^{-\frac{1}{2a^2}} - \frac{1}{a^6}e^{-\frac{1}{2a^2}}\right)$$

$$= \lim_{a\to+0}\left(e^{-\frac{a^2}{2}} - a^2e^{-\frac{a^2}{2}} + \frac{2}{a^2}\cdot\frac{1}{2a^2}e^{-\frac{1}{2a^2}} - \frac{2}{a^4}\cdot\frac{1}{2a^2}e^{-\frac{1}{2a^2}}\right)$$

$$= \lim_{a\to+0}\left\{e^{-\frac{a^2}{2}} - a^2e^{-\frac{a^2}{2}} + \frac{2}{a^2}\cdot 2a^2\left(\frac{1}{2a^2}\right)^2e^{-\frac{1}{2a^2}} - \frac{2}{a^4}(2a^2)^2\left(\frac{1}{2a^2}\right)^3e^{-\frac{1}{2a^2}}\right\}$$

$$= \lim_{a\to+0}\left\{e^{-\frac{a^2}{2}} - a^2e^{-\frac{a^2}{2}} + 4\left(\frac{1}{2a^2}\right)^2e^{-\frac{1}{2a^2}} - 8\left(\frac{1}{2a^2}\right)^3e^{-\frac{1}{2a^2}}\right\}$$

$$= 1 - 0\cdot 1 + 4\cdot 0 - 8\cdot 0$$

$$(\text{①を導出したときの} k \text{を} k=2, \ k=3 \text{とした極限値を利用した})$$

$$= 1 \quad \cdots\cdots(\text{答})$$

参考 $\frac{1}{a^6}\cdot e^{-\frac{1}{2a^2}}$ の部分を例に，計算の仕方を解説する。

$\lim\limits_{t\to\infty}t^k e^{-t}=0$ と対応をつけると，$t=\frac{1}{2a^2}$ であると考えられ，$a\to+0$ と $t\to\infty$ の対応も正しくついている。

$$\lim_{a\to+0}\frac{1}{a^6}\cdot e^{-\frac{1}{2a^2}} = \lim_{a\to+0}\frac{2}{a^4}\cdot\frac{1}{2a^2}e^{-\frac{1}{2a^2}}$$

$\frac{1}{2a^2}\cdot e^{-\frac{1}{2a^2}}$ は $k=1$ の場合に当たるが，$\infty\cdot 0$ の不定形である。

$k=2$ の場合

$$\lim_{a\to+0}\frac{1}{a^6}\cdot e^{-\frac{1}{2a^2}} = \lim_{a\to+0}\frac{2}{a^4}\cdot 2a^2\cdot\left(\frac{1}{2a^2}\right)^2e^{-\frac{1}{2a^2}} = \lim_{a\to+0}\frac{4}{a^2}\left(\frac{1}{2a^2}\right)^2e^{-\frac{1}{2a^2}}$$

となり，これも不定形。

$k=3$ の場合

$$\lim_{a\to+0}\frac{1}{a^6}\cdot e^{-\frac{1}{2a^2}} = \lim_{a\to+0}\frac{2}{a^4}(2a^2)^2\left(\frac{1}{2a^2}\right)^3e^{-\frac{1}{2a^2}} = \lim_{a\to+0}8\left(\frac{1}{2a^2}\right)^3e^{-\frac{1}{2a^2}} = 8\cdot 0 = 0$$

$k=4$ の場合

$$\lim_{a\to+0}\frac{1}{a^6}\cdot e^{-\frac{1}{2a^2}} = \lim_{a\to+0}\frac{2}{a^4}(2a^2)^3\left(\frac{1}{2a^2}\right)^4e^{-\frac{1}{2a^2}} = \lim_{a\to+0}16a^2\left(\frac{1}{2a^2}\right)^4e^{-\frac{1}{2a^2}} = 16\cdot 0 = 0$$

このように極限値が求まるように変形する。

60 2013 年度〔2〕 Level C

n は自然数とする。

(1) $1 \leqq k \leqq n$ を満たす自然数 k に対して

$$\int_{\frac{k-1}{2n}\pi}^{\frac{k}{2n}\pi} \sin 2nt \cos t\,dt = (-1)^{k+1} \frac{2n}{4n^2-1} \left(\cos \frac{k}{2n}\pi + \cos \frac{k-1}{2n}\pi \right)$$

が成り立つことを示せ。

(2) 媒介変数 t によって

$$x = \sin t, \quad y = \sin 2nt \quad (0 \leqq t \leqq \pi)$$

と表される曲線 C_n で囲まれた部分の面積 S_n を求めよ。ただし必要なら

$$\sum_{k=1}^{n-1} \cos \frac{k}{2n}\pi = \frac{1}{2} \left(\frac{1}{\tan \frac{\pi}{4n}} - 1 \right) \quad (n \geqq 2)$$

を用いてよい。

(3) 極限値 $\lim_{n \to \infty} S_n$ を求めよ。

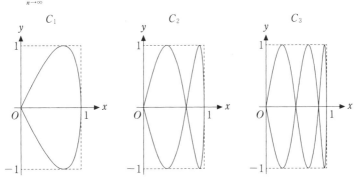

ポイント (1) 部分積分法を用いて計算を進めていく。

$$I_k = \int_{\frac{k-1}{2n}\pi}^{\frac{k}{2n}\pi} \sin 2nt \cos t\,dt$$

などとおいて目印をつけて計算していく方法もよくとられる。

(2) 曲線 C_n が x 軸に関して対称であることを利用する。まずは，xy 平面上の図形ととらえて面積 S_n を x, y で表す。それぞれの区間でグラフが x 軸より上側にあるのか下側

にあるのかわからないが，$|y|$ としておけば問題はない。次に置換積分法で計算する。媒介変数で表されている関数は，置換積分法にうってつけの形をしており，容易に計算できる。

(3)　三角関数の極限値を求める場合は $\displaystyle\lim_{\theta\to0}\frac{\sin\theta}{\theta}=1$ の利用を考えること。

解 法

(1)　$\displaystyle\int_{\frac{k-1}{2n}\pi}^{\frac{k}{2n}\pi}\sin2nt\cos t\,dt$

$\displaystyle=\int_{\frac{k-1}{2n}\pi}^{\frac{k}{2n}\pi}\sin2nt\,(\sin t)'\,dt$

$\displaystyle=\Big[\sin2nt\sin t\Big]_{\frac{k-1}{2n}\pi}^{\frac{k}{2n}\pi}-\int_{\frac{k-1}{2n}\pi}^{\frac{k}{2n}\pi}(\sin2nt)'\sin t\,dt$

$\displaystyle=-\int_{\frac{k-1}{2n}\pi}^{\frac{k}{2n}\pi}2n\cos2nt\sin t\,dt\quad(\because\ \sin(k-1)\pi=\sin k\pi=0)$

$\displaystyle=-2n\int_{\frac{k-1}{2n}\pi}^{\frac{k}{2n}\pi}\cos2nt\,(-\cos t)'\,dt$

$\displaystyle=-2n\left\{\Big[\cos2nt\,(-\cos t)\Big]_{\frac{k-1}{2n}\pi}^{\frac{k}{2n}\pi}-\int_{\frac{k-1}{2n}\pi}^{\frac{k}{2n}\pi}(\cos2nt)'\,(-\cos t)\,dt\right\}$

$\displaystyle=2n\left\{\cos k\pi\cos\frac{k}{2n}\pi-\cos(k-1)\pi\cos\frac{k-1}{2n}\pi\right\}+2n\int_{\frac{k-1}{2n}\pi}^{\frac{k}{2n}\pi}(-2n\sin2nt)\,(-\cos t)\,dt$

$\displaystyle=2n\left\{(-1)^k\cos\frac{k}{2n}\pi-(-1)^{k-1}\cos\frac{k-1}{2n}\pi\right\}+4n^2\int_{\frac{k-1}{2n}\pi}^{\frac{k}{2n}\pi}\sin2nt\cos t\,dt$

よって

$\displaystyle(4n^2-1)\int_{\frac{k-1}{2n}\pi}^{\frac{k}{2n}\pi}\sin2nt\cos t\,dt$

$\displaystyle=-2n\left\{(-1)^k\cos\frac{k}{2n}\pi+(-1)^k\cos\frac{k-1}{2n}\pi\right\}$

$\displaystyle=-(-1)^k2n\left(\cos\frac{k}{2n}\pi+\cos\frac{k-1}{2n}\pi\right)$

$4n^2-1\neq0$ なので

$\displaystyle\int_{\frac{k-1}{2n}\pi}^{\frac{k}{2n}\pi}\sin2nt\cos t\,dt=(-1)^{k+1}\frac{2n}{4n^2-1}\left(\cos\frac{k}{2n}\pi+\cos\frac{k-1}{2n}\pi\right)$　　　（証明終）

(2)　$n\geqq2$ で考える。曲線 C_n：$x=\sin t,\ y=\sin2nt\ (0\leqq t\leqq\pi)$ において

x について，$\sin(\pi-t)=\sin t$ が成り立つ。

y について，$\sin 2n\,(\pi - t) = \sin\,(2n\pi - 2nt) = \sin\,(-2nt) = -\sin 2nt$ が成り立つ。

これより，曲線 C_n の $0 \leqq t \leqq \dfrac{\pi}{2}$ に対応する部分と曲線 C_n の $\dfrac{\pi}{2} \leqq t \leqq \pi$ に対応する部分

とは x 軸に関して対称な曲線であり，このうち $0 \leqq t \leqq \dfrac{\pi}{2}$ において，x は単調に増加する。

また，$0 \leqq t \leqq \dfrac{\pi}{2}$ のとき $0 \leqq 2nt \leqq n\pi$ であるから，$y = \sin 2nt = 0$ のとき

$$2nt = 0,\ \pi,\ 2\pi,\ 3\pi,\ \cdots,\ (n-1)\,\pi,\ n\pi$$

よって

$$t = 0,\ \frac{1}{2n}\pi,\ \frac{2}{2n}\pi,\ \frac{3}{2n}\pi,\ \cdots,\ \frac{n-1}{2n}\pi,\ \frac{n}{2n}\pi$$

となり，これらに対して曲線 C_n と x 軸の共有点の x 座標は

$$x = \sin 0,\ \sin\frac{1}{2n}\pi,\ \sin\frac{2}{2n}\pi,\ \sin\frac{3}{2n}\pi,\ \cdots,\ \sin\frac{n-1}{2n}\pi,\ \sin\frac{n}{2n}\pi$$

であるから，曲線 C_n の対称性により，面積 S_n は

$$S_n = 2\left(\int_{\sin 0}^{\sin\frac{1}{2n}\pi}|y|\,dx + \int_{\sin\frac{1}{2n}\pi}^{\sin\frac{2}{2n}\pi}|y|\,dx + \int_{\sin\frac{2}{2n}\pi}^{\sin\frac{3}{2n}\pi}|y|\,dx + \cdots + \int_{\sin\frac{n-1}{2n}\pi}^{\sin\frac{n}{2n}\pi}|y|\,dx\right)$$

と表すことができる。

ここで，$x = \sin t$ であるから，両辺を t で微分して

$$\frac{dx}{dt} = \cos t$$

$$dx = \cos t\,dt \qquad
\begin{array}{c|c}
x & \sin\dfrac{k-1}{2n}\pi \to \sin\dfrac{k}{2n}\pi \\
\hline
t & \dfrac{k-1}{2n}\pi \ \to\ \dfrac{k}{2n}\pi
\end{array}$$

また

$$y = \sin 2nt$$

よって

$$S_n = 2\left(\int_0^{\frac{1}{2n}\pi}|\sin 2nt|\cos t\,dt + \int_{\frac{1}{2n}\pi}^{\frac{2}{2n}\pi}|\sin 2nt|\cos t\,dt + \cdots + \int_{\frac{n-1}{2n}\pi}^{\frac{n}{2n}\pi}|\sin 2nt|\cos t\,dt\right)$$

$$= 2\left(\left|\int_0^{\frac{1}{2n}\pi}\sin 2nt\cos t\,dt\right| + \left|\int_{\frac{1}{2n}\pi}^{\frac{2}{2n}\pi}\sin 2nt\cos t\,dt\right| + \cdots + \left|\int_{\frac{n-1}{2n}\pi}^{\frac{n}{2n}\pi}\sin 2nt\cos t\,dt\right|\right)$$

$$= 2\left\{\left|(-1)^2\frac{2n}{4n^2-1}\left(\cos\frac{1}{2n}\pi + \cos\frac{0}{2n}\pi\right)\right|\right.$$

$$+ \left|(-1)^3\frac{2n}{4n^2-1}\left(\cos\frac{2}{2n}\pi + \cos\frac{1}{2n}\pi\right)\right| + \cdots$$

$$\left. + \left|(-1)^{n+1}\frac{2n}{4n^2-1}\left(\cos\frac{n}{2n}\pi + \cos\frac{n-1}{2n}\pi\right)\right|\right\}$$

$$= \frac{4n}{4n^2-1} \left| \left(\cos\frac{1}{2n}\pi + \cos\frac{0}{2n}\pi \right) + \left(\cos\frac{2}{2n}\pi + \cos\frac{1}{2n}\pi \right) + \cdots \right.$$
$$\left. + \left(\cos\frac{n}{2n}\pi + \cos\frac{n-1}{2n}\pi \right) \right|$$

$$= \frac{4n}{4n^2-1} \left| \cos\frac{0}{2n}\pi + 2\left(\cos\frac{1}{2n}\pi + \cos\frac{2}{2n}\pi + \cdots + \cos\frac{n-1}{2n}\pi \right) + \cos\frac{n}{2n}\pi \right|$$

$$= \frac{4n}{4n^2-1} \left(1 + 2\sum_{k=1}^{n-1}\cos\frac{k}{2n}\pi + 0 \right)$$

$$= \frac{4n}{4n^2-1} \left\{ 1 + 2\cdot\frac{1}{2}\left(\frac{1}{\tan\dfrac{\pi}{4n}} - 1 \right) \right\}$$

$$= \frac{4n}{4n^2-1} \cdot \frac{1}{\tan\dfrac{\pi}{4n}} \quad (n\geqq 2) \quad \cdots\cdots ①$$

$n=1$ のとき

$$S_1 = 2\int_0^1 |y|\,dx$$

であり，$x=\sin t$ より両辺を t で微分して

$$\frac{dx}{dt} = \cos t$$

x	$0 \to 1$
t	$0 \to \dfrac{\pi}{2}$

$$dx = \cos t\,dt$$

$y=\sin 2t$ であるので

$$S_1 = 2\int_0^{\frac{\pi}{2}} \sin 2t\cos t\,dt$$

$$= 4\int_0^{\frac{\pi}{2}} \sin t\cos^2 t\,dt$$

$$= -4\left[\frac{\cos^3 t}{3} \right]_0^{\frac{\pi}{2}}$$

$$= \frac{4}{3}$$

したがって①は $n=1$ でも成立する。以上より

$$S_n = \frac{4n}{4n^2-1} \cdot \frac{1}{\tan\dfrac{\pi}{4n}} \quad \cdots\cdots (答)$$

参考　$\displaystyle\sum_{k=1}^{n-1}\cos\frac{k}{2n}\pi = \frac{1}{2}\left(\frac{1}{\tan\dfrac{\pi}{4n}} - 1 \right)$　$(n\geqq 2)$　の証明は以下の通りである。

$$\sum_{k=1}^{n-1}\cos\frac{k}{2n}\pi = \frac{1}{2}\left(\frac{1}{\tan\dfrac{\pi}{4n}}-1\right)$$

$$=\frac{1}{2}\cdot\frac{\cos\dfrac{\pi}{4n}-\sin\dfrac{\pi}{4n}}{\sin\dfrac{\pi}{4n}}$$

であるとして分母を払うと

$$\sum_{k=1}^{n-1}\sin\frac{\pi}{4n}\cos\frac{k}{2n}\pi = \frac{1}{2}\left(\cos\frac{\pi}{4n}-\sin\frac{\pi}{4n}\right)$$

よってこれを示せばよい。

$$(左辺) = \frac{1}{2}\sum_{k=1}^{n-1}\left\{\sin\left(\frac{\pi}{4n}+\frac{k}{2n}\pi\right)+\sin\left(\frac{\pi}{4n}-\frac{k}{2n}\pi\right)\right\}$$

$$=\frac{1}{2}\sum_{k=1}^{n-1}\left\{\sin\frac{2k+1}{4n}\pi+\sin\frac{-(2k-1)}{4n}\pi\right\}$$

$$=\frac{1}{2}\sum_{k=1}^{n-1}\left(\sin\frac{2k+1}{4n}\pi-\sin\frac{2k-1}{4n}\pi\right)$$

$$=\frac{1}{2}\left(\sin\frac{2n-1}{4n}\pi-\sin\frac{1}{4n}\pi\right)$$

$$=\frac{1}{2}\left\{\sin\left(\frac{\pi}{2}-\frac{\pi}{4n}\right)-\sin\frac{1}{4n}\pi\right\}$$

$$=\frac{1}{2}\left(\cos\frac{\pi}{4n}-\sin\frac{\pi}{4n}\right)$$

$$=(右辺)$$

よって，$\displaystyle\sum_{k=1}^{n-1}\cos\frac{k}{2n}\pi = \frac{1}{2}\left(\dfrac{1}{\tan\dfrac{\pi}{4n}}-1\right)$ $(n\geqq2)$ が成り立つ。

(3)　$$\lim_{n\to\infty}S_n = \lim_{n\to\infty}\frac{4n}{4n^2-1}\cdot\frac{1}{\tan\dfrac{\pi}{4n}}$$

$$=\lim_{n\to\infty}\frac{4n}{4n^2-1}\cdot\frac{\cos\dfrac{\pi}{4n}}{\sin\dfrac{\pi}{4n}}$$

$$=\lim_{n\to\infty}\frac{4n}{4n^2-1}\cdot\frac{\dfrac{\pi}{4n}}{\sin\dfrac{\pi}{4n}}\cdot\frac{4n}{\pi}\cdot\cos\frac{\pi}{4n}$$

$$=\lim_{n\to\infty}\frac{16n^2}{4n^2-1}\cdot\frac{1}{\pi}\cdot\frac{\dfrac{\pi}{4n}}{\sin\dfrac{\pi}{4n}}\cdot\cos\frac{\pi}{4n}$$

$$= \lim_{n \to \infty} \frac{16}{4 - \dfrac{1}{n^2}} \cdot \frac{1}{\pi} \cdot \frac{\dfrac{\pi}{4n}}{\sin \dfrac{\pi}{4n}} \cdot \cos \frac{\pi}{4n}$$

$$= \frac{4}{\pi} \cdot 1 \cdot \cos 0 \quad \left(\because \quad n \to \infty \text{ のとき } \frac{\pi}{4n} \to 0 \right)$$

$$= \frac{4}{\pi} \quad \cdots\cdots (\text{答})$$

61

xyz 空間において，点 A $(1, 0, 0)$，B $(0, 1, 0)$，C $(0, 0, 1)$ を通る平面上にあり，正三角形 ABC に内接する円板を D とする。円板 D の中心を P，円板 D と辺 AB の接点を Q とする。

(1) 点 P と点 Q の座標を求めよ。

(2) 円板 D が平面 $z = t$ と共有点をもつ t の範囲を求めよ。

(3) 円板 D と平面 $z = t$ の共通部分が線分であるとき，その線分の長さを t を用いて表せ。

(4) 円板 D を z 軸のまわりに回転してできる立体の体積を求めよ。

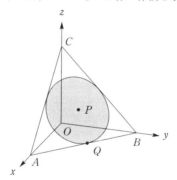

ポイント (1) 正三角形では内心と重心は一致する。

(2) 点 P が △ABC の重心であり，CQ を $2:1$ に内分している。そして PQ が円の半径であることを利用する。

(3) CO $= 1$, CQ $= \dfrac{\sqrt{6}}{2}$ であることより，点 P，点 U の z 座標がそれぞれ $\dfrac{1}{3}$, t のとき PU, PQ を求める。

円により切り取られる線分の長さ ST は三平方の定理を利用することで求められる。

(4) 回転体の体積を求めるために，まずは平面 $z = t$ における断面積を求める。本問では線分 ST が z 軸のまわりを回転する。回転軸である z 軸から最も遠くにある点 S と点 T，最も近くにある点 U の軌跡を考えよう。

解 法

(1) △ABC は正三角形であるから，内接円の中心 P は△ABC の重心に一致する。よって，点 P の座標は $\left(\dfrac{1+0+0}{3},\ \dfrac{0+1+0}{3},\ \dfrac{0+0+1}{3}\right)$ より

$$\left(\dfrac{1}{3},\ \dfrac{1}{3},\ \dfrac{1}{3}\right) \quad\cdots\cdots\text{(答)}$$

円板 D と辺 AB の接点 Q は辺 AB の中点である。よって，点 Q の座標は $\left(\dfrac{1+0}{2},\ \dfrac{0+1}{2},\ \dfrac{0+0}{2}\right)$ より

$$\left(\dfrac{1}{2},\ \dfrac{1}{2},\ 0\right) \quad\cdots\cdots\text{(答)}$$

(2) 辺 CQ 上に点 R をとり，QR が円板 D の直径とすると

$$RP = PQ$$

点 P は△ABC の重心であるから

$$CP : PQ = 2 : 1$$

よって

$$CR = RP = PQ$$

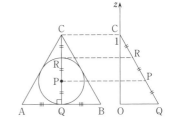

とわかり，点 R の z 座標は $\dfrac{2}{3}$ となるから，円板 D が平面 $z=t$ と共有点をもつ t の範囲は

$$0 \leqq t \leqq \dfrac{2}{3} \quad\cdots\cdots\text{(答)}$$

(3) (2)より，$0 < t < \dfrac{2}{3}$ のときに円板 D と平面 $z=t$ の共通部分が線分となる。このときの線分を図のように線分 ST とおき，CQ と ST の交点を U とする。

$$CQ = CA\sin 60° = \sqrt{2}\cdot\dfrac{\sqrt{3}}{2} = \dfrac{\sqrt{6}}{2}$$

$P'\left(0,\ 0,\ \dfrac{1}{3}\right)$，$U'(0,\ 0,\ t)$ とおくと

$$P'U' = \left|t - \dfrac{1}{3}\right|,\quad PU : P'U' = CQ : CO = \dfrac{\sqrt{6}}{2} : 1$$

であるから

$$PU = \dfrac{\sqrt{6}}{2}P'U' = \dfrac{\sqrt{6}}{2}\left|t - \dfrac{1}{3}\right|$$

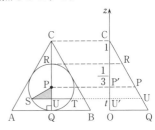

となる。また，円板 D の半径 PQ は

$$PQ = \frac{\sqrt{6}}{2} \cdot \frac{1}{3} = \frac{\sqrt{6}}{6}$$

であるから，$\triangle$PSU において三平方の定理より

$$SU = \sqrt{PS^2 - PU^2}$$

$$= \sqrt{\left(\frac{\sqrt{6}}{6}\right)^2 - \left\{\frac{\sqrt{6}}{2}\left(t - \frac{1}{3}\right)\right\}^2}$$

$$= \sqrt{-\frac{3}{2}t^2 + t}$$

よって，求める線分の長さは，$0 < t < \dfrac{2}{3}$ のときに

$$ST = 2\sqrt{-\frac{3}{2}t^2 + t} \quad \cdots\cdots(\text{答})$$

(4) 円板 D を z 軸のまわりに回転してできる立体の平面 $z = t$ における断面は，線分 ST を z 軸のまわりに回転してできる図の網かけ部分になる。

網かけ部分の面積は

$$\pi OS^2 - \pi OU^2$$

$$= \pi(OS^2 - OU^2)$$

$$= \pi SU^2 \quad (\because \quad OS^2 = OU^2 + SU^2)$$

$$= \pi\left(-\frac{3}{2}t^2 + t\right)$$

と表せる。よって，求める立体の体積は

$$\int_0^{\frac{2}{3}} \pi\left(-\frac{3}{2}t^2 + t\right)dt = \pi\left[-\frac{1}{2}t^3 + \frac{1}{2}t^2\right]_0^{\frac{2}{3}}$$

$$= \pi\left\{-\frac{1}{2}\left(\frac{2}{3}\right)^3 + \frac{1}{2}\left(\frac{2}{3}\right)^2\right\}$$

$$= \pi\left(-\frac{4}{27} + \frac{2}{9}\right)$$

$$= \frac{2}{27}\pi \quad \cdots\cdots(\text{答})$$

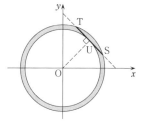

平面 $z = t$ における断面

62 2012 年度 〔2〕 Level A

曲線 $C : y = \dfrac{1}{x+2}$ $(x > -2)$ を考える。曲線 C 上の点 $P_1\left(0, \dfrac{1}{2}\right)$ における接線を l_1 とし，l_1 と x 軸との交点を Q_1，点 Q_1 を通り x 軸と垂直な直線と曲線 C との交点を P_2 とおく。以下同様に，自然数 n $(n \geqq 2)$ に対して，点 P_n における接線を l_n とし，l_n と x 軸との交点を Q_n，点 Q_n を通り x 軸と垂直な直線と曲線 C との交点を P_{n+1} とおく。

(1) l_1 の方程式を求めよ。

(2) P_n の x 座標を x_n $(n \geqq 1)$ とする。x_{n+1} を x_n を用いて表し，x_n を n を用いて表せ。

(3) l_n，x 軸，y 軸で囲まれる三角形の面積 S_n を求め，$\displaystyle\lim_{n \to \infty} S_n$ を求めよ。

ポイント (1) $y = \dfrac{1}{x+2}$ の両辺を x で微分することにより導関数 y' を求めて，l_1 の傾き，方程式を求める。

(2) まずは直線 l_n の方程式を求める。P_n の x 座標 x_n と Q_n の x 座標 x_{n+1} の関係式を導き出そう。

(3) $S_n = \dfrac{1}{2} OQ_n \cdot OR_n$ であることから S_n を x_n で表し，(2)を利用して n で表す。極限値を求めることができるように式を変形する。

解 法

(1) $y = \dfrac{1}{x+2}$ より

$$y' = -\dfrac{1}{(x+2)^2}$$

曲線 C 上の点 $P_1\left(0, \dfrac{1}{2}\right)$ における接線 l_1 の傾きは

$$-\dfrac{1}{(0+2)^2} = -\dfrac{1}{4}$$

よって，l_1 の方程式は

$$y = -\dfrac{1}{4}x + \dfrac{1}{2} \quad \cdots\cdots(答)$$

(2)

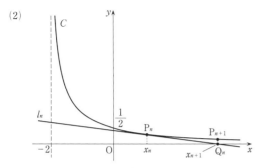

曲線 C 上の点 $\mathrm{P}_n\left(x_n,\ \dfrac{1}{x_n+2}\right)$ における接線 l_n の傾きは $-\dfrac{1}{(x_n+2)^2}$ であり，l_n の方程式は

$$y-\frac{1}{x_n+2}=-\frac{1}{(x_n+2)^2}(x-x_n)$$

$$y=-\frac{1}{(x_n+2)^2}x+\frac{2(x_n+1)}{(x_n+2)^2} \quad \cdots\cdots①$$

この直線 l_n は x 軸と点 $\mathrm{Q}_n(x_{n+1},\ 0)$ で交わるから

$$0=-\frac{1}{(x_n+2)^2}\cdot x_{n+1}+\frac{2(x_n+1)}{(x_n+2)^2}$$

が成り立ち，整理すると

$$x_{n+1}=2(x_n+1) \quad \cdots\cdots(\text{答})$$

数列 $\{x_n\}$ の漸化式 $x_{n+1}=2x_n+2$ は

$$x_{n+1}+2=2(x_n+2)$$

と変形できるから，数列 $\{x_n+2\}$ は初項 $x_1+2=0+2=2$（x_1 とは点 P_1 の x 座標），公比 2 の等比数列なので

$$x_n+2=2\cdot 2^{n-1}$$

$$\therefore\quad x_n=2^n-2 \quad \cdots\cdots(\text{答})$$

〔注〕 $x_{n+1}=2x_n+2$ が求まれば

$$\begin{array}{rl} x_{n+1} &=2x_n+2 \\ -)\quad \alpha &=2\alpha+2 \\ \hline x_{n+1}-\alpha &=2(x_n-\alpha) \end{array}$$

で得られた $x_{n+1}-\alpha=2(x_n-\alpha)$ に $\alpha=2\alpha+2$ の解 $\alpha=-2$ を代入して，$x_{n+1}+2=2(x_n+2)$ の式が得られるので，数列 $\{x_n+2\}$ を考える。

(3) ①より，直線 l_n と y 軸は点 $\left(0,\ \dfrac{2(x_n+1)}{(x_n+2)^2}\right)$ で交わる。この点を R_n とすると

$$S_n=\frac{1}{2}\mathrm{OQ}_n\cdot\mathrm{OR}_n=\frac{1}{2}\cdot\frac{2(x_n+1)}{(x_n+2)^2}\cdot x_{n+1}$$

$$= \frac{1}{2} \cdot \frac{2(x_n+1)}{(x_n+2)^2} \cdot 2(x_n+1) = 2\left(\frac{x_n+1}{x_n+2}\right)^2$$

$$= 2\left(\frac{2^n-2+1}{2^n-2+2}\right)^2 \quad (\text{(2)より})$$

$$= 2\left(\frac{2^n-1}{2^n}\right)^2$$

$$= 2\left(1-\frac{1}{2^n}\right)^2 \quad \cdots\cdots(\text{答})$$

よって $\displaystyle \lim_{n \to \infty} S_n = \lim_{n \to \infty} 2\left(1-\frac{1}{2^n}\right)^2 = 2(1-0)^2 = 2 \quad \cdots\cdots(\text{答})$

63 2012 年度 〔3〕 Level B

曲線 $C : y = \log x$ $(x > 0)$ を考える。自然数 n に対して,曲線 C 上に点 $\mathrm{P}(e^n, n)$,$\mathrm{Q}(e^{2n}, 2n)$ をとり,x 軸上に点 $\mathrm{A}(e^n, 0)$,$\mathrm{B}(e^{2n}, 0)$ をとる。四角形 APQB を x 軸のまわりに 1 回転させてできる立体の体積を $V(n)$ とする。また,線分 PQ と曲線 C で囲まれる部分を x 軸のまわりに 1 回転させてできる立体の体積を $S(n)$ とする。

⑴ $V(n)$ を n の式で表せ。

⑵ $\displaystyle \lim_{n \to \infty} \frac{S(n)}{V(n)}$ を求めよ。

ポイント ⑴ 直線 PQ と x 軸の交点を R とするとき,相似な直角三角形 PRA,QRB に注目し,2 つの円錐の体積の差をとることで体積 $V(n)$ を求める。

⑵ まずは曲線 C,x 軸,直線 $x = e^n$ と $x = e^{2n}$ で囲まれる図形を x 軸のまわりに 1 回転させてできる立体の体積 $T(n)$ を求める。

$T(n) = S(n) + V(n)$ が成り立つことより

$$\lim_{n \to \infty} \frac{S(n)}{V(n)} = \lim_{n \to \infty} \left\{ \frac{T(n)}{V(n)} - 1 \right\}$$

となる。

$T(n)$ を求める計算では,部分積分法を繰り返し利用する。速く正確に計算できるようにしておこう。

解 法

⑴ 直線 PQ と x 軸の交点を R とおく。

$$\mathrm{AB} = e^{2n} - e^n$$

であり,$\mathrm{RA} = \mathrm{AB}$ なので,$\mathrm{RB} = 2(e^{2n} - e^n)$ となるから

$$V(n) = \frac{1}{3}\mathrm{RB} \cdot \pi \mathrm{BQ}^2 - \frac{1}{3}\mathrm{RA} \cdot \pi \mathrm{AP}^2$$

$$= \frac{1}{3} \cdot 2(e^{2n} - e^n)\pi \cdot (2n)^2 - \frac{1}{3} \cdot (e^{2n} - e^n)\pi \cdot n^2$$

$$= \frac{1}{3}(8 - 1)(e^{2n} - e^n)\pi n^2$$

$$= \frac{7}{3}\pi n^2 e^n (e^n - 1) \quad \cdots\cdots (答)$$

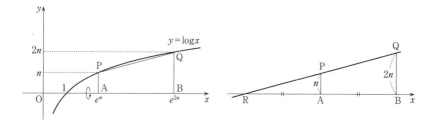

(2) 曲線 C, x 軸, 直線 $x = e^n$ と $x = e^{2n}$ で囲まれる図形を x 軸のまわりに 1 回転させてできる立体の体積を $T(n)$ とおくと

$$T(n) = \int_{e^n}^{e^{2n}} \pi (\log x)^2 dx$$

$$= \pi \int_{e^n}^{e^{2n}} x' (\log x)^2 dx$$

$$= \pi \left\{ \left[x (\log x)^2 \right]_{e^n}^{e^{2n}} - \int_{e^n}^{e^{2n}} x \cdot 2 (\log x) \cdot \frac{1}{x} dx \right\}$$

$$= \pi \left[\{ e^{2n} (\log e^{2n})^2 - e^n (\log e^n)^2 \} - 2 \int_{e^n}^{e^{2n}} x' \log x \, dx \right]$$

$$= \pi \left\{ (4n^2 e^{2n} - n^2 e^n) - 2 \left(\left[x \log x \right]_{e^n}^{e^{2n}} - \int_{e^n}^{e^{2n}} dx \right) \right\}$$

$$= \pi \{ (4n^2 e^{2n} - n^2 e^n) - 2 \{ (e^{2n} \log e^{2n} - e^n \log e^n) - (e^{2n} - e^n) \} \}$$

$$= \pi \{ (4n^2 - 4n + 2) e^{2n} - (n^2 - 2n + 2) e^n \}$$

また，$T(n) = S(n) + V(n)$ であることから

$$\lim_{n \to \infty} \frac{S(n)}{V(n)} = \lim_{n \to \infty} \frac{T(n) - V(n)}{V(n)} = \lim_{n \to \infty} \left\{ \frac{T(n)}{V(n)} - 1 \right\}$$

$$= \lim_{n \to \infty} \left[\frac{\pi \{ (4n^2 - 4n + 2) e^{2n} - (n^2 - 2n + 2) e^n \}}{\frac{7}{3} \pi n^2 e^n (e^n - 1)} - 1 \right]$$

分数部分について分母と分子を $\pi n^2 e^{2n}$ で割ると

$$\lim_{n \to \infty} \frac{S(n)}{V(n)} = \lim_{n \to \infty} \left\{ \frac{\left(4 - \frac{4}{n} + \frac{2}{n^2} \right) - \left(1 - \frac{2}{n} + \frac{2}{n^2} \right) \frac{1}{e^n}}{\frac{7}{3} \left(1 - \frac{1}{e^n} \right)} - 1 \right\}$$

$$= \frac{12}{7} - 1$$

$$= \frac{5}{7} \quad \cdots\cdots (\text{答})$$

64 2011 年度 〔2〕   Level B

自然数 n に対し，関数

$$F_n(x) = \int_x^{2x} e^{-t^n} dt \quad (x \geqq 0)$$

を考える。

(1) 関数 $F_n(x)$ $(x \geqq 0)$ はただ一つの点で最大値をとることを示し，$F_n(x)$ が最大となるような x の値 a_n を求めよ。

(2) (1)で求めた a_n に対し，極限値 $\displaystyle \lim_{n \to \infty} \log a_n$ を求めよ。

ポイント (1) $F_n(x)$ を微分した結果がわからなければ，〔解法1〕の冒頭の5行のようにすれば支障はない。

本問の関数は指数にまた指数がついていて非常に細かい表記があるので計算ミスが生じやすい。指数法則の運用を含め，慎重に計算をしなければならない。解答の筋道は単純で，$f_n(x)$ が単調減少であり，$f_n(0) > 0$，$x \to \infty$ のとき $f_n(x) < 0$ であることから，$f_n(x) = 0$ となる x が $x > 0$ の範囲にただ1つあると結論すればよい。この考え方が一般的であるが，本問では，〔解法2〕のように指数不等式を解いて求めることもできる。

(2) 極限値を求める際には，$2^n - 1$ を $2^n \left(1 - \dfrac{1}{2^n} \right)$ と変形するとよい。

解法 1

(1) $G'(t) = g(t)$ とすると

$$\int_x^{2x} g(t)\,dt = \Big[G(t) \Big]_x^{2x} = G(2x) - G(x)$$

であるから，両辺を x で微分すると

$$\frac{d}{dx} \int_x^{2x} g(t)\,dt = \frac{d}{dx} \{ G(2x) - G(x) \}$$

$$= G'(2x) \cdot (2x)' - G'(x) = 2g(2x) - g(x)$$

したがって，関数 $F_n(x)$ $(x \geqq 0)$ を x で微分すると

$$F_n'(x) = \frac{d}{dx} \int_x^{2x} e^{-t^n} dt = 2e^{-(2x)^n} - e^{-x^n} = 2e^{-2^n x^n} - e^{-x^n}$$

$$= 2(e^{-x^n})^{2^n} - (e^{-x^n}) = e^{-x^n} \{ 2(e^{-x^n})^{2^n-1} - 1 \}$$

$f_n(x) = 2(e^{-x^n})^{2^n-1} - 1$ とおくと，$e^{-x^n} > 0$ であるから，$F_n'(x)$ の符号と $f_n(x)$ の符号は一致する。

$$f_n{}'(x) = -2n(2^n-1)x^{n-1}e^{-(2^n-1)x^n}$$

において，$e^{-(2^n-1)x^n} > 0$，n は自然数，$n(2^n-1) > 0$ であるので，$x>0$ のとき

$$f_n{}'(x) < 0$$

つまり，$f_n(x)$ は $x>0$ で単調に減少する連続関数である。

かつ，$f_n(0) = 1 > 0$，$\displaystyle\lim_{x\to\infty} f_n(x) = \lim_{x\to\infty}\left\{2\left(\dfrac{1}{e^{x^n}}\right)^{2^n-1} - 1\right\} = -1 < 0$ であるから，$f_n(x) = 0$ は

$x>0$ においてただ 1 つの実数解 a_n をもち，$0 < x < a_n$ のとき $f_n(x) > 0$，$a_n < x$ のとき

$f_n(x) < 0$ となる。

よって，$x \geqq 0$ における $F_n(x)$ の増減表は右のよう

になる。したがって，関数 $F_n(x)$ $(x \geqq 0)$ はただ 1

つの点で最大値をとる。　　　　　　　　（証明終）

x	0	$\cdots$	a_n	$\cdots$
$F_n{}'(x)$		+	0	−
$F_n(x)$	0	↗	$F_n(a_n)$	↘

$f_n(a_n) = 0$ より

$$2(e^{-a_n{}^n})^{2^n-1} - 1 = 0 \qquad \therefore \quad (e^{-a_n{}^n})^{2^n-1} = \frac{1}{2}$$

両辺の対数（底を e とする）をとって

$$-a_n{}^n(2^n-1) = \log\frac{1}{2} \qquad a_n{}^n(2^n-1) = \log 2$$

$$a_n{}^n = \frac{\log 2}{2^n-1} \quad (>0)$$

$$\therefore \quad a_n = \left(\frac{\log 2}{2^n-1}\right)^{\frac{1}{n}} \quad \cdots\cdots（答）$$

(2)　　$\log a_n = \log\left(\dfrac{\log 2}{2^n-1}\right)^{\frac{1}{n}} = \dfrac{1}{n}\log\dfrac{\log 2}{2^n\left(1-\dfrac{1}{2^n}\right)}$

$$= \frac{1}{n}\left\{\log(\log 2) - \log 2^n - \log\left(1-\frac{1}{2^n}\right)\right\}$$

$$= \frac{\log(\log 2)}{n} - \log 2 - \frac{\log\left(1-\dfrac{1}{2^n}\right)}{n}$$

であるから

$$\lim_{n\to\infty}\log a_n = 0 - \log 2 - 0 = -\log 2 \quad \cdots\cdots（答）$$

〔注1〕　$f_n(x) = 2(e^{-x^n})^{2^n-1} - 1 = 2(e^{1-2^n})^{x^n} - 1$

$$= 2\left(\frac{1}{e^{2^n-1}}\right)^{x^n} - 1 \quad (x>0)$$

と変形すれば，$0 < \dfrac{1}{e^{2^n-1}} < 1$ で，x^n は増加関数であるから，$f_n(x)$ が減少関数であること

が，$f_n{}'(x)$ の符号を調べなくてもわかる。

〔注2〕 $\displaystyle\lim_{n\to\infty}\log a_n=\lim_{n\to\infty}\log\left(\frac{\log 2}{2^n-1}\right)^{\frac{1}{n}}=\lim_{n\to\infty}\frac{1}{n}\{\log(\log 2)-\log(2^n-1)\}$

$\displaystyle\qquad\qquad=\lim_{n\to\infty}\left\{\frac{\log(\log 2)}{n}-\log(2^n-1)\frac{1}{n}\right\}$

$n\geqq 2$ で $2^{n-1}<2^n-1<2^n$ が成り立つから，$2^{\frac{n-1}{n}}<(2^n-1)^{\frac{1}{n}}<2$ である。よって，$2^{\frac{n-1}{n}}$ $=2^{1-\frac{1}{n}}\to 2\ (n\to\infty)$ より，はさみうちの原理で $\displaystyle\lim_{n\to\infty}(2^n-1)^{\frac{1}{n}}=2$ となり，$\displaystyle\lim_{n\to\infty}\log a_n$ $=-\log 2$ が導ける。

解法 2

(1) $F_n{}'(x)=e^{-x^x}\{2(e^{-x^x})^{2^n-1}-1\}\ \ (x\geqq 0)$ までは〔解法1〕と同じ。

$e^{-x^x}>0$ であるから，$x\geqq 0$ のとき

$\qquad F_n{}'(x)>0\Longleftrightarrow 2(e^{-x^x})^{2^n-1}-1>0$

$\qquad\qquad\qquad\Longleftrightarrow(e^{-x^x})^{2^n-1}>2^{-1}\quad(>0)$

$\qquad\qquad\qquad\Longleftrightarrow e^{-x^x}>2^{\frac{1}{1-2^n}}\quad(>0)$

$\qquad\qquad\qquad\Longleftrightarrow-x^n>\frac{1}{1-2^n}\log 2\quad$（両辺の自然対数をとった）

$\qquad\qquad\qquad\Longleftrightarrow(0\leqq)\ x^n<\frac{\log 2}{2^n-1}$

$\qquad\qquad\qquad\Longleftrightarrow(0\leqq)\ x<\left(\frac{\log 2}{2^n-1}\right)^{\frac{1}{n}}$

このことから，$F_n{}'(x)=0\Longleftrightarrow x=\left(\frac{\log 2}{2^n-1}\right)^{\frac{1}{n}}$，$F_n{}'(x)<0\Longleftrightarrow x>\left(\frac{\log 2}{2^n-1}\right)^{\frac{1}{n}}$ もわかる。

まとめると，連続関数 $F_n(x)\ (x\geqq 0)$ において

$\qquad 0\leqq x<\left(\frac{\log 2}{2^n-1}\right)^{\frac{1}{n}}$ のとき $\qquad F_n{}'(x)>0$

$\qquad x=\left(\frac{\log 2}{2^n-1}\right)^{\frac{1}{n}}$ のとき $\qquad F_n{}'(x)=0$

$\qquad x>\left(\frac{\log 2}{2^n-1}\right)^{\frac{1}{n}}$ のとき $\qquad F_n{}'(x)<0$

したがって，$F_n(x)$ はただ1つの点で最大値をとる。 （証明終）

$F_n(x)$ が最大となるような x の値 a_n は

$\qquad a_n=\left(\frac{\log 2}{2^n-1}\right)^{\frac{1}{n}}\quad$……（答）

65

α を $0<\alpha<\dfrac{\pi}{2}$ を満たす定数とする。円 $C : x^2+(y+\sin\alpha)^2=1$ および，その中心を通る直線 $l : y=(\tan\alpha)\,x-\sin\alpha$ を考える。このとき，以下の問いに答えよ。

(1) 直線 l と円 C の2つの交点の座標を α を用いて表せ。

(2) 等式

$$2\int_{\cos\alpha}^{1}\sqrt{1-x^2}\,dx+\int_{-\cos\alpha}^{\cos\alpha}\sqrt{1-x^2}\,dx=\frac{\pi}{2}$$

が成り立つことを示せ。

(3) 連立不等式

$$\begin{cases} y\leqq(\tan\alpha)\,x-\sin\alpha \\ x^2+(y+\sin\alpha)^2\leqq1 \end{cases}$$

の表す xy 平面上の図形を D とする。図形 D を x 軸のまわりに1回転させてできる立体の体積を求めよ。

ポイント (1) 直線と円の交点の座標を求めるには，〔解法2〕のように連立方程式を解くとよいが，本問の場合は〔解法1〕のようにすると要領よく解答することができる。
(2) 証明すべき等式の左辺をよく観察すれば，どのような図形の面積を示しているかわかるだろう。〔解法1〕では，$\sqrt{1-x^2}$ が偶関数であることを利用した。
〔解法2〕は，あえてこのことを用いないで，置換積分する解法である。
(3) 体積計算の中で(2)の等式が利用できるのではと予想し，その形を目指して計算していく。V の計算にでてくる $\sin^2\alpha+1-x^2$ （$\sin^2\alpha$ は定数であるので注意）は偶関数である。(2)の結果を利用して計算する。

解 法 1

(1) 円 $x^2+y^2=1$ と直線 $y=(\tan\alpha)\,x\ \left(0<\alpha<\dfrac{\pi}{2}\right)$ の交点の座標は，下左図でみる通り

$$(\cos\alpha,\ \sin\alpha),\ (-\cos\alpha,\ -\sin\alpha)$$

であるから，この円と直線を y 軸方向に $-\sin\alpha$ だけ平行移動すれば円 C と直線 l の交点の座標は

$$(\cos\alpha,\ 0),\ (-\cos\alpha,\ -2\sin\alpha) \quad \cdots\cdots(\text{答})$$

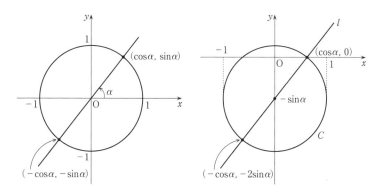

(2) $\sqrt{1-x^2}$ は偶関数であるので

$$\int_{\cos\alpha}^1 \sqrt{1-x^2}\,dx = \int_{-1}^{-\cos\alpha} \sqrt{1-x^2}\,dx$$

が成り立つ。したがって，証明すべき等式の左辺は

$$\begin{aligned}
(左辺) &= \int_{\cos\alpha}^1 \sqrt{1-x^2}\,dx + \int_{\cos\alpha}^1 \sqrt{1-x^2}\,dx + \int_{-\cos\alpha}^{\cos\alpha} \sqrt{1-x^2}\,dx \\
&= \int_{-1}^{-\cos\alpha} \sqrt{1-x^2}\,dx + \int_{-\cos\alpha}^{\cos\alpha} \sqrt{1-x^2}\,dx + \int_{\cos\alpha}^1 \sqrt{1-x^2}\,dx \\
&= \int_{-1}^1 \sqrt{1-x^2}\,dx = \frac{\pi}{2} \quad (半径1の円の上半分の面積) \qquad (証明終)
\end{aligned}$$

〔注〕 $f(-x)=f(x)$ が定義域でつねに成り立つとき，$f(x)$ は偶関数であるというが，$f(x)$ が偶関数であるとき

$$\int_a^b f(x)\,dx = \int_{-b}^{-a} f(x)\,dx$$

が成り立つ。これは，$x=-u$ と置換すれば

$$dx = -du \qquad \begin{array}{c|c} x & -b \to -a \\ \hline u & b \to a \end{array}$$

$$f(x) = f(-u) = f(u)$$

であるから，次のようにしてわかる。

$$\int_{-b}^{-a} f(x)\,dx = \int_b^a f(-u)(-1)\,du = \int_a^b f(u)\,du = \int_a^b f(x)\,dx$$

(3) 図形 D は，直線 l の下側と円 C の内側の共通部分であるから，下図の斜線部分（境界を含む）である。

円 C の方程式 $x^2+(y+\sin\alpha)^2=1$ を y について解くと

$$y = -\sin\alpha + \sqrt{1-x^2}, \quad y = -\sin\alpha - \sqrt{1-x^2}$$

となり，それぞれ円の上半分，下半分を表すから，区別のため前者を $y=y_1$，後者を $y=y_2$ とおく。

図形 D を x 軸のまわりに 1 回転させてできる
立体の体積 V は

$$V = \pi \int_{-\cos\alpha}^{\cos\alpha} y_2{}^2 dx - W + \pi \int_{\cos\alpha}^{1} (y_2{}^2 - y_1{}^2)\, dx$$

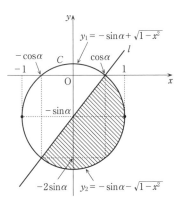

（ただし，W は，底面の半径が $2\sin\alpha$，高さが
$2\cos\alpha$ の円錐の体積を表す）
と計算できる。

$$\pi \int_{-\cos\alpha}^{\cos\alpha} y_2{}^2 dx$$
$$= \pi \int_{-\cos\alpha}^{\cos\alpha} (\sin^2\alpha + 1 - x^2 + 2\sin\alpha\sqrt{1-x^2})\, dx$$

$$W = \frac{1}{3}\pi (2\sin\alpha)^2 \times 2\cos\alpha = \frac{8}{3}\pi\sin^2\alpha\cos\alpha$$

$$\pi \int_{\cos\alpha}^{1} (y_2{}^2 - y_1{}^2)\, dx = 4\pi \int_{\cos\alpha}^{1} \sin\alpha\sqrt{1-x^2}\, dx$$

であるから

$$V = \pi \int_{-\cos\alpha}^{\cos\alpha} (\sin^2\alpha + 1 - x^2)\, dx - \frac{8}{3}\pi\sin^2\alpha\cos\alpha$$
$$+ 2\pi\sin\alpha \left(\int_{-\cos\alpha}^{\cos\alpha} \sqrt{1-x^2}\, dx + 2\int_{\cos\alpha}^{1} \sqrt{1-x^2}\, dx \right)$$

$$= 2\pi \int_{0}^{\cos\alpha} (\sin^2\alpha + 1 - x^2)\, dx - \frac{8}{3}\pi\sin^2\alpha\cos\alpha + 2\pi\sin\alpha \times \frac{\pi}{2} \quad (\text{(2)より})$$

$$= 2\pi \left[x\sin^2\alpha + x - \frac{x^3}{3} \right]_{0}^{\cos\alpha} - \frac{8}{3}\pi\sin^2\alpha\cos\alpha + \pi^2\sin\alpha$$

$$= 2\pi \left(\sin^2\alpha\cos\alpha + \cos\alpha - \frac{\cos^3\alpha}{3} \right) - \frac{8}{3}\pi\sin^2\alpha\cos\alpha + \pi^2\sin\alpha$$

$$= 2\pi \left(\sin^2\alpha\cos\alpha + \frac{2}{3}\cos\alpha + \frac{1}{3}\sin^2\alpha\cos\alpha \right) - \frac{8}{3}\pi\sin^2\alpha\cos\alpha + \pi^2\sin\alpha$$

$$= \frac{4}{3}\pi\cos\alpha + \pi^2\sin\alpha \quad \cdots\cdots(\text{答})$$

解法 2

(1)　　$C : x^2 + (y + \sin\alpha)^2 = 1 \quad \cdots\cdots①$

　　　　$l : y = (\tan\alpha) x - \sin\alpha \quad \cdots\cdots②$

②を①に代入して y を消去すると

$$x^2 + (\tan\alpha)^2 x^2 = 1 \qquad (1 + \tan^2\alpha) x^2 = 1$$

$$\frac{x^2}{\cos^2\alpha} = 1 \text{ より} \qquad x^2 = \cos^2\alpha$$

　$\therefore\quad x = \pm\cos\alpha$

$x = \cos\alpha$ のとき，②より

$$y = \frac{\sin\alpha}{\cos\alpha} \times \cos\alpha - \sin\alpha = 0$$

$x = -\cos\alpha$ のとき，②より

$$y = -2\sin\alpha$$

よって，直線 l と円 C の2つの交点の座標は

$$(\cos\alpha, \ 0), \ (-\cos\alpha, \ -2\sin\alpha) \quad \cdots\cdots(\text{答})$$

(2) $x = \cos t$ とおくと $\quad \sqrt{1-x^2} = \sqrt{1-\cos^2 t} = \sqrt{\sin^2 t}$

$$dx = -\sin t\,dt$$

x	$\cos\alpha \to 1$
t	$\alpha \to 0$

x	$-\cos\alpha \to \cos\alpha$
t	$\pi-\alpha \to \alpha$

であるから，証明すべき等式の左辺は

$$(左辺) = 2\int_\alpha^0 \sqrt{\sin^2 t}\,(-\sin t)\,dt + \int_{\pi-\alpha}^\alpha \sqrt{\sin^2 t}\,(-\sin t)\,dt$$

$$= 2\int_0^\alpha \sin^2 t\,dt + \int_\alpha^{\pi-\alpha} \sin^2 t\,dt \quad \left(0 < \alpha < \frac{\pi}{2} \text{ より，積分区間で } \sin t \geqq 0\right)$$

$$= 2\int_0^\alpha \frac{1-\cos 2t}{2}\,dt + \int_\alpha^{\pi-\alpha} \frac{1-\cos 2t}{2}\,dt$$

$$= 2\left[\frac{1}{2}t - \frac{1}{4}\sin 2t\right]_0^\alpha + \left[\frac{1}{2}t - \frac{1}{4}\sin 2t\right]_\alpha^{\pi-\alpha}$$

$$= 2\left(\frac{1}{2}\alpha - \frac{1}{4}\sin 2\alpha\right) + \frac{1}{2}(\pi - 2\alpha) - \frac{1}{4}\{\sin 2(\pi-\alpha) - \sin 2\alpha\}$$

$$= \alpha - \frac{1}{2}\sin 2\alpha + \frac{1}{2}\pi - \alpha - \frac{1}{4}(-\sin 2\alpha - \sin 2\alpha) = \frac{\pi}{2} \qquad (\text{証明終})$$

66

3つの曲線

$$C_1 : y = \sin x \quad \left(0 \leqq x < \frac{\pi}{2}\right)$$

$$C_2 : y = \cos x \quad \left(0 \leqq x < \frac{\pi}{2}\right)$$

$$C_3 : y = \tan x \quad \left(0 \leqq x < \frac{\pi}{2}\right)$$

について以下の問いに答えよ。

(1)　C_1 と C_2 の交点，C_2 と C_3 の交点，C_3 と C_1 の交点のそれぞれについて y 座標を求めよ。

(2)　C_1，C_2，C_3 によって囲まれる図形の面積を求めよ。

ポイント　最初に3つの曲線 C_1，C_2，C_3 を描いてみる。$(\sin x)'$ と $(\tan x)'$ から，C_1，C_3 の原点における接線の傾きを求める。ここではグラフをできるだけ正確に描きたい。

(1)　C_1 と C_2 の交点については簡単に求まる。C_3 と C_1 の交点も，グラフがきちんと描けていれば簡単である（C_1 と C_3 が原点のほかにも交点をもつような図を描きがちであるから注意しよう）。C_2 と C_3 では交点の x 座標が求まらないが，y 座標は求まる。

(2)　定積分を用いて面積を計算するのに C_2 と C_3 の交点の x 座標が必要であるが，これは求まらないので，文字で置いて解くとよい。この方法はよく使われるので習熟しておこう。

なお，$\int \tan x dx$ を忘れてしまったら，C を積分定数として

$$\int \tan x dx = \int \frac{\sin x}{\cos x} dx = -\int \frac{(\cos x)'}{\cos x} dx = -\log|\cos x| + C$$

とすればよい。

解 法

$$C_1 : y = \sin x \quad \left(0 \leqq x < \frac{\pi}{2}\right) \quad \cdots\cdots ①$$

$$C_2 : y = \cos x \quad \left(0 \leqq x < \frac{\pi}{2}\right) \quad \cdots\cdots ②$$

$$C_3 : y = \tan x \quad \left(0 \leqq x < \frac{\pi}{2}\right) \quad \cdots\cdots ③$$

のグラフはそれぞれ右図のようになる。

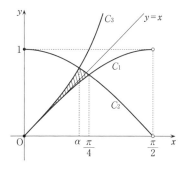

(1)　C_1 と C_2 の交点の x 座標は，①，②より

$$\sin x = \cos x \quad \left(0 \leqq x < \frac{\pi}{2}\right)$$

の解である。$x = \dfrac{\pi}{4}$ のみがこれを満たし，このとき

$$y = \sin\frac{\pi}{4} = \frac{\sqrt{2}}{2}$$

C_2 と C_3 の交点の x 座標は，②，③より

$$\cos x = \tan x \quad \left(0 \leqq x < \frac{\pi}{2}\right)$$

の解である。

$$\cos x = \frac{\sin x}{\cos x} \qquad \cos^2 x = \sin x$$

$$1 - \sin^2 x = \sin x \quad \cdots\cdots④$$

$$\sin^2 x + \sin x - 1 = 0 \quad \therefore \quad \sin x = \frac{-1 \pm \sqrt{5}}{2}$$

$0 \leqq x < \dfrac{\pi}{2}$ より，$0 \leqq \sin x < 1$ であるから，$\sin x = \dfrac{\sqrt{5}-1}{2}$，このとき

$$y = \cos x = \sqrt{1 - \sin^2 x} = \sqrt{\sin x} \quad (\because \ ④)$$

$$= \sqrt{\frac{\sqrt{5}-1}{2}}$$

C_3 と C_1 の交点の x 座標は，③，①より

$$\tan x = \sin x \quad \left(0 \leqq x < \frac{\pi}{2}\right)$$

の解である。

$$\frac{\sin x}{\cos x} = \sin x \qquad \sin x\,(1 - \cos x) = 0 \qquad \therefore \quad x = 0 \ （重解）$$

このとき　　$y = \sin 0 = 0$

以上より，C_1 と C_2 の交点，C_2 と C_3 の交点，C_3 と C_1 の交点のそれぞれの y 座標は，順に

$$\frac{\sqrt{2}}{2}, \quad \sqrt{\frac{\sqrt{5}-1}{2}}, \quad 0 \quad \cdots\cdots（答）$$

(2)　C_2 と C_3 の交点の x 座標を $\alpha \left(0 < \alpha < \dfrac{\pi}{2}\right)$ とすると，(1)の過程より

$$\sin\alpha = \frac{\sqrt{5}-1}{2} \quad , \quad \cos\alpha = \sqrt{\frac{\sqrt{5}-1}{2}} \quad \cdots\cdots ⑤$$

である。

C_1, C_2, C_3 によって囲まれる図形は，(1)の図の斜線部分であり，その面積を S とすると

$$S = \int_0^\alpha (\tan x - \sin x)\, dx + \int_\alpha^{\frac{\pi}{4}} (\cos x - \sin x)\, dx$$

$$= \Bigl[-\log|\cos x| + \cos x\Bigr]_0^\alpha + \Bigl[\sin x + \cos x\Bigr]_\alpha^{\frac{\pi}{4}}$$

$$= -\log\cos\alpha + \cos\alpha - 1 + \frac{\sqrt{2}}{2} + \frac{\sqrt{2}}{2} - \sin\alpha - \cos\alpha$$

$$= -\log\sqrt{\frac{\sqrt{5}-1}{2}} - \frac{\sqrt{5}-1}{2} - 1 + \sqrt{2} \quad (\because \quad ⑤)$$

$$= -\frac{1}{2}\log\frac{\sqrt{5}-1}{2} - \frac{1-2\sqrt{2}+\sqrt{5}}{2}$$

$$= \frac{1}{2}\log\frac{\sqrt{5}+1}{2} - \frac{1-2\sqrt{2}+\sqrt{5}}{2} \quad \cdots\cdots(答)$$

67

n を自然数とし，1から n までの自然数の積を $n!$ で表す。このとき以下の問いに答えよ。

(1) 単調に増加する連続関数 $f(x)$ に対して，不等式 $\int_{k-1}^{k} f(x)\,dx \leqq f(k)$ を示せ。

(2) 不等式 $\int_{1}^{n} \log x\,dx \leqq \log n!$ を示し，不等式 $n^{n}e^{1-n} \leqq n!$ を導け。

(3) $x \geqq 0$ に対して，不等式 $x^{n}e^{1-x} \leqq n!$ を示せ。

ポイント (1) $f(x)$ は単調に増加する連続関数であるから，$f'(x) \geqq 0$ である。このとき，$k-1 \leqq x \leqq k$ において $f(x) \leqq f(k)$ が成り立つ。

(2) (1)の $f(x)$ を $\log x$ と具体化すればよい。$\sum_{k=2}^{n} \int_{k-1}^{k} \log x\,dx$ は $n=1$ のとき定義できないので，$n=1$ の場合は別に場合分けして考える。等号については，$\int_{1}^{n} \log x\,dx \leqq \log n!$ と $n^{n}e^{1-n} \leqq n!$ いずれも $n=1$ のときのみ成立する。

(3) $x^{n}e^{1-x}$ $(x \geqq 0)$ の最大値を調べる方法がベストだろう。〔解法2〕は証明すべき不等式 $x^{n}e^{1-x} \leqq n!$ を，(2)の結果と照らし合わせて $x^{n}e^{1-x} \leqq n^{n}e^{1-n}$ が成り立てばよいと考え，$\left(\dfrac{x}{n}\right)^{n} \leqq \dfrac{e^{1-n}}{e^{1-x}} = e^{x-n}$，$n \log \dfrac{x}{n} \leqq x-n$，$\log \dfrac{x}{n} \leqq \dfrac{1}{n}(x-n)$ と逆算して，平均値の定理に結びつけたものである。証明すべき不等式を変形していく方法もときに有効である。

なお，$x^{n}e^{1-x} \leqq n!$ では，$x=n=1$ の場合のみ等号が成り立つ。

解法 1

(1) $f(x)$ は単調に増加する連続関数であるから，$k-1 \leqq x \leqq k$ を満たすすべての x に対して

$$f(x) \leqq f(k)$$

が成り立つ。したがって，定積分の性質より

$$\int_{k-1}^{k} f(x)\,dx \leqq \int_{k-1}^{k} f(k)\,dx$$

が成り立つ。この不等式の右辺は，$f(k)$ が定数であることから

$$\int_{k-1}^{k} f(k)\,dx = \left[f(k)\,x\right]_{k-1}^{k} = f(k)$$

したがって，単調に増加する連続関数 $f(x)$ に対して

$$\int_{k-1}^{k} f(x)\,dx \le f(k)$$

が成り立つ。 (証明終)

〔注〕 定積分の性質から，$\int_{k-1}^{k} f(x)\,dx \le f(k)$ が導かれるが，このときの等号は，$f(x)$ $=f(k)$ が恒等的に成り立つ場合，すなわち $f(x)$ が定数関数 $f(k)$ のときで，非減少を単調増加ととらえれば別だが，狭義には等号が成り立つ場合は存在しない。しかし，不等式 $A \le B$ は，$A < B$, $A = B$ の一方が成り立てば真であるので，単調増加をどちらの意味でとらえても，$\int_{k-1}^{k} f(x)\,dx \le f(k)$ は真である。

(2) $f(x) = \log x$ とおくと，$f(x)$ は単調に増加する連続関数であるから，(1)より

$$\int_{k-1}^{k} \log x\,dx \le \log k \quad (k = 2,\ 3,\ \cdots,\ n)$$

が成り立つので，$n = 2,\ 3,\ 4,\ \cdots$ に対して

$$\sum_{k=2}^{n} \int_{k-1}^{k} \log x\,dx \le \sum_{k=2}^{n} \log k$$

$$\int_{1}^{2} \log x\,dx + \int_{2}^{3} \log x\,dx + \cdots + \int_{n-1}^{n} \log x\,dx \le \log 2 + \log 3 + \cdots + \log n$$

$$\int_{1}^{n} \log x\,dx \le \log\{n(n-1)\cdots 3 \cdot 2\}$$

$$\int_{1}^{n} \log x\,dx \le \log n!$$

$n = 1$ のとき，$\int_{1}^{1} \log x\,dx = 0,\ \log 1! = 0$ であるから

1 から n までの自然数に対して $\int_{1}^{n} \log x\,dx \le \log n!$ が成り立つ。 (証明終)

この不等式の左辺は

$$\int_{1}^{n} \log x\,dx = \int_{1}^{n} x' \log x\,dx$$

$$= \Big[x \log x \Big]_{1}^{n} - \int_{1}^{n} x (\log x)'\,dx$$

$$= n \log n - \int_{1}^{n} 1\,dx$$

$$= n \log n - \Big[x \Big]_{1}^{n}$$

$$= n \log n - (n-1)$$

$$= n \log n + \log e^{1-n}$$

$$= \log n^{n} e^{1-n}$$

となるから

$$\log n^n e^{1-n} \leqq \log n!$$

底 e は 1 より大きいので

$$n^n e^{1-n} \leqq n!$$

(3) $g(x) = x^n e^{1-x}$ $(x \geqq 0)$ とおく。

$$g'(x) = nx^{n-1}e^{1-x} - x^n e^{1-x} = (n-x)x^{n-1}e^{1-x}$$

であるから，$g(x)$ の増減表は右のようになり，$x \geqq 0$ に対して，$g(x) \leqq g(n)$ であることがわかる。すなわち

$$x^n e^{1-x} = g(x) \leqq g(n) = n^n e^{1-n}$$

である。ここで，(2)で得た不等式を用いると

$$x^n e^{1-x} \leqq n! \quad (x \geqq 0)$$

が成り立つ。　　　　　　　　　　　　　　　　　　　　　　　　　（証明終）

x	0	$\cdots$	n	$\cdots$
$g'(x)$		$+$	0	$-$
$g(x)$	0	$\nearrow$	$g(n)$	$\searrow$

解法 2

(3) $x^n e^{1-x} \leqq n!$ （n は自然数） $\cdots\cdots$①

が，$x \geqq 0$ に対して成り立つことを示す。

$x=0$ のとき，$0 < n!$ であるから，①は成り立つ。

$x=n$ のとき，①は $n^n e^{1-n} \leqq n!$ となるが，これは(2)で示してある。

したがって，$x>0$，$x \neq n$ のときを考えればよい。このとき

$$f(x) = \log x$$

とおくと

$$f'(x) = \frac{1}{x} \quad \cdots\cdots② \quad , \quad f''(x) = -\frac{1}{x^2} < 0$$

となるから，$f'(x)$ は単調減少である。　$\cdots\cdots$③

$f(x) = \log x$ は $x>0$ であれば，いかなる区間でも微分可能であるから，平均値の定理により

$$\frac{f(x)-f(n)}{x-n} = f'(t) \quad (n<t<x \text{ または } x<t<n)$$

となる t が存在する。$n<t<x$ のとき，③より $f'(t) < f'(n)$ なので

$$\frac{f(x)-f(n)}{x-n} = f'(t) < f'(n) = \frac{1}{n} \quad (\because \quad ②) \quad \cdots\cdots④$$

$x<t<n$ のとき，③より，$f'(n) < f'(t)$ なので

$$\frac{f(x)-f(n)}{x-n} = f'(t) > f'(n) = \frac{1}{n} \quad (\because \quad ②) \quad \cdots\cdots⑤$$

$x-n$ の正負に注意して④，⑤の分母を払えば，いずれの場合も

$$f(x) - f(n) < \frac{1}{n}(x-n) \quad \text{つまり} \quad \log x - \log n < \frac{1}{n}(x-n)$$

が成り立つ。この不等式を変形すると

$$\log \frac{x}{n} < \frac{1}{n}(x-n) \qquad n \log \frac{x}{n} < x-n$$

$$\log \left(\frac{x}{n} \right)^n < \log e^{x-n}$$

底 e は 1 より大きいから

$$\left(\frac{x}{n} \right)^n < e^{x-n}$$

$e^{x-n} = e^{x-1+1-n} = e^{x-1} \cdot e^{1-n}$ であるから

$$\left(\frac{x}{n} \right)^n < e^{x-1} \cdot e^{1-n} \qquad \therefore \quad x^n e^{1-x} < n^n e^{1-n}$$

これと(2)の結果を組み合わせると

$$x^n e^{1-x} < n!$$

したがって，$x=0$，n の場合も含めて①は成り立つ。　　　　　　　　（証明終）

68

2009 年度 〔2〕　　　　　　　　　　　　　　　　　Level B

xyz 空間内において，yz 平面上で放物線 $z=y^2$ と直線 $z=4$ で囲まれる平面図形を D とする。点 $(1,\ 1,\ 0)$ を通り z 軸に平行な直線を l とし，l のまわりに D を1回転させてできる立体を E とする。

(1) D と平面 $z=t$ との交わりを D_t とする。ただし $0\leqq t\leqq 4$ とする。点Pが D_t 上を動くとき，点Pと点 $(1,\ 1,\ t)$ との距離の最大値，最小値を求めよ。

(2) 平面 $z=t$ による E の切り口の面積 $S(t)$ $(0\leqq t\leqq 4)$ を求めよ。

(3) E の体積 V を求めよ。

ポイント (1) 図を描いてみれば一目瞭然である。PQ が最大となるPの位置は常に $(0,\ -\sqrt{t},\ t)$ であるが，PQ が最小となるPの位置は，$0\leqq t\leqq 1$ の場合と $1\leqq t\leqq 4$ の場合で変わることが本問のポイントである。

(2) 平面 $z=t$ 上で，線分 D_t を l のまわりに回転させると，D_t 上のすべての点がそれぞれQを中心とする円を描く。したがって，Qから最も遠い D_t 上の点が描く円と，最も近い点が描く円で平面 $z=t$ による E の切り口がつくられている。

(3) 体積 V を求めるための定積分の計算は積分区間を $0\leqq t\leqq 1$ と $1\leqq t\leqq 4$ に分けてそれを足しあわせることになる。

本問は，各設問がそのまま V を求めるための手順になっている。定積分を用いて回転体の体積を求める問題の対処の仕方がマスターできていない人は本問の手順から学びとってみるのもよい。

解 法

(1) D は図1の網かけ部分の領域である。D_t は，yz 平面上における D と直線 $z=t$ の共通部分であり，図1に示した線分である。D_t 上の点Pの座標を $(0,\ s,\ t)$ とおくと

$$0\leqq t\leqq 4, \quad -\sqrt{t} \leqq s\leqq \sqrt{t}$$

l 上の点 $(1,\ 1,\ t)$ をQとすると

$$\begin{aligned}
\mathrm{PQ} &=\sqrt{(1-0)^2+(1-s)^2+(t-t)^2}\\
&=\sqrt{(s-1)^2+1} \quad (-\sqrt{t} \leqq s\leqq \sqrt{t})
\end{aligned}$$

であるから，PQ は $s=-\sqrt{t}$ で最大となる。

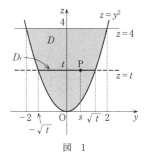

図　1

また，$1\leqq t\leqq 4$ のとき $s=1$ が存在するので，このとき PQ は $s=1$ で最小となる(図2参照)。

$0\leqq t\leqq 1$ のときは，PQ は $s=\sqrt{t}$ で最小となる（図3参照)。

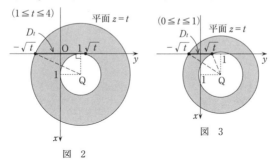

図 2

図 3

$s=-\sqrt{t}$ のとき

$$\mathrm{PQ}=\sqrt{(-\sqrt{t}-1)^2+1}=\sqrt{t+2\sqrt{t}+2}$$

$s=1$ のとき　　$\mathrm{PQ}=1$

$s=\sqrt{t}$ のとき

$$\mathrm{PQ}=\sqrt{(\sqrt{t}-1)^2+1}=\sqrt{t-2\sqrt{t}+2}$$

であるから，求める距離の

$$\left.\begin{array}{l}\text{最大値は } \sqrt{t+2\sqrt{t}+2} \\ \text{最小値は } \begin{cases} 0\leqq t\leqq 1 \text{ のとき，} \sqrt{t-2\sqrt{t}+2} \\ 1\leqq t\leqq 4 \text{ のとき，} 1 \end{cases}\end{array}\right\} \cdots\cdots(\text{答})$$

(2)　平面 $z=t$ による E の切り口は，平面 $z=t$ 上で，線分 D_t が l のまわりに1回転してできる図形であるから，点Qを中心とする2つの同心円，すなわち PQ の最大値を半径とする円と PQ の最小値を半径とする円に挟まれた部分となり，その面積 $S(t)$ は

$0\leqq t\leqq 1$ のとき

$$\begin{aligned} S(t)&=\pi(\sqrt{t+2\sqrt{t}+2})^2-\pi(\sqrt{t-2\sqrt{t}+2})^2 \\ &=\pi(t+2\sqrt{t}+2)-\pi(t-2\sqrt{t}+2) \\ &=4\pi\sqrt{t} \end{aligned}$$

$1\leqq t\leqq 4$ のとき

$$\begin{aligned} S(t)&=\pi(\sqrt{t+2\sqrt{t}+2})^2-\pi\times 1^2 \\ &=\pi(t+2\sqrt{t}+2)-\pi \\ &=\pi(t+2\sqrt{t}+1) \end{aligned}$$

したがって

$$S(t) = \begin{cases} 4\pi\sqrt{t} & (0 \le t \le 1) \\ \pi(t + 2\sqrt{t} + 1) & (1 \le t \le 4) \end{cases} \quad \cdots\cdots (答)$$

(3) (2)の結果より，E の体積 V は

$$V = \int_0^4 S(t)\,dt = \int_0^1 S(t)\,dt + \int_1^4 S(t)\,dt$$

$$= \int_0^1 4\pi\sqrt{t}\,dt + \int_1^4 \pi(t + 2\sqrt{t} + 1)\,dt$$

$$= 4\pi\left[\frac{2}{3}t^{\frac{3}{2}}\right]_0^1 + \pi\left[\frac{1}{2}t^2 + \frac{4}{3}t^{\frac{3}{2}} + t\right]_1^4$$

$$= 4\pi \times \frac{2}{3} + \pi\left\{\frac{1}{2}(16 - 1) + \frac{4}{3}(8 - 1) + (4 - 1)\right\}$$

$$= \frac{8}{3}\pi + \frac{119}{6}\pi$$

$$= \frac{45}{2}\pi \quad \cdots\cdots (答)$$

69 2009 年度 〔3〕 Level B

$f(x)$ を整式で表される関数とし，$g(x) = \displaystyle\int_0^x e^t f(t)\,dt$ とおく。任意の実数 x について

$$x(f(x)-1) = 2\int_0^x e^{-t}g(t)\,dt$$

が成り立つとする。

(1) $xf''(x) + (x+2)f'(x) - f(x) = 1$ が成り立つことを示せ。

(2) $f(x)$ は定数または 1 次式であることを示せ。

(3) $f(x)$ および $g(x)$ を求めよ。

ポイント (1) 定積分で表された関数を扱う問題では

$$\frac{d}{dx}\int_\alpha^x f(t)\,dt = f(x), \quad \int_\alpha^\alpha f(t)\,dt = 0 \quad (\alpha \text{ は定数})$$

を利用することを考える。積の微分法を用いる。

(2) 次数の決定であるので，$f(x)$ の最高次の項を ax^n $(a \neq 0)$ として，(1)で示した式の左辺の次数をみればよい。〔解法〕では，$n \geq 2$ を仮定し，矛盾を導く（背理法）ことにした。

(3) (2)より，$f(x)$ は定数または 1 次式であるので，具体的に $f(x) = bx + c$ とおける（$b = 0$ のとき定数となる）。これを各式に代入すると，b，c の値を求めることができる。

解法

$$x(f(x)-1) = 2\int_0^x e^{-t}g(t)\,dt \quad \cdots\cdots ①$$

(1) ①の両辺を x で微分すると

$$(f(x)-1) + xf'(x) = 2e^{-x}g(x) \quad \cdots\cdots ②$$

さらに x で微分して

$$f'(x) + f'(x) + xf''(x) = -2e^{-x}g(x) + 2e^{-x}g'(x) \quad \cdots\cdots ③$$

ここで

$$g(x) = \int_0^x e^t f(t)\,dt \quad \cdots\cdots ④$$

より $\quad g'(x) = e^x f(x)$

であるから，③は

$$2f'(x) + xf''(x) = -2e^{-x}g(x) + 2e^{-x} \cdot e^x f(x)$$

②を用いて $2e^{-x}g(x)$ を消去すると

$$2f'(x) + xf''(x) = -\{f(x) - 1\} - xf'(x) + 2f(x)$$

移項して整理すると

$$xf''(x) + (x+2)f'(x) - f(x) = 1 \quad \cdots\cdots⑤ \qquad\qquad\qquad (証明終)$$

(2) n を 2 以上の自然数とし，$f(x)$ が n 次式であるとすると

$$f(x) = ax^n + h(x) \quad (a \neq 0,\ h(x) は (n-1) 次以下の式)$$

とおくことができて

$$f'(x) = anx^{n-1} + h'(x), \quad f''(x) = an(n-1)x^{n-2} + h''(x)$$

であるから，⑤の左辺は

$$x\{an(n-1)x^{n-2} + h''(x)\} + (x+2)\{anx^{n-1} + h'(x)\} - \{ax^n + h(x)\}$$
$$= a(n-1)x^n + \{an(n+1)x^{n-1} + xh''(x) + (x+2)h'(x) - h(x)\}$$

となり，$n \geq 2$ で $a(n-1) \neq 0$ が成り立ち，末尾の {　　} は $(n-1)$ 次以下の式であるから，これは 2 次以上の整式を表す。⑤の右辺は定数であるから，これは矛盾である。

したがって，$n=0$ または $n=1$，すなわち，$f(x)$ は定数または 1 次式である。

(証明終)

(3) (2)より，$f(x)$ は定数または 1 次式であるから

$$f(x) = bx + c$$

とおける。このとき　　$f'(x) = b, \quad f''(x) = 0$

であるから，⑤は

$$(x+2) \times b - (bx+c) = 1 \quad \therefore \quad 2b - c = 1 \quad \cdots\cdots⑥$$

④より，$g(0) = 0$ であるから，②より $f(0) = 1$ となるので

$$f(0) = b \times 0 + c = 1 \quad \therefore \quad c = 1 \quad \cdots\cdots⑦$$

⑥と⑦より，$b=1, c=1$ であるから　　$f(x) = x+1, \quad f'(x) = 1$

これを②に代入すると

$$\{(x+1) - 1\} + x \times 1 = 2e^{-x}g(x) \quad \therefore \quad g(x) = xe^x$$

この $f(x),\ g(x)$ は①，④を満たすから，求める $f(x),\ g(x)$ は

$$f(x) = x+1, \quad g(x) = xe^x \quad \cdots\cdots(答)$$

〔注〕　本問の流れは

$$\left.\begin{array}{c}①\Longrightarrow②\Longrightarrow③\\④\end{array}\right\} \Longrightarrow⑤\Longrightarrow (f(x) は 1 次以下) \left.\begin{array}{c}\\④, ②\end{array}\right\} \Longrightarrow \begin{cases}f(x) = x+1\\g(x) = xe^x\end{cases}$$

となっているので，最後に，$f(x),\ g(x)$ の十分性を確かめた。

§6 式と曲線

70 2014年度 〔6〕 Level B

xy 平面上に楕円

$$C_1 : \frac{x^2}{a^2} + \frac{y^2}{9} = 1 \quad (a > \sqrt{13})$$

および双曲線

$$C_2 : \frac{x^2}{4} - \frac{y^2}{b^2} = 1 \quad (b > 0)$$

があり，C_1 と C_2 は同一の焦点をもつとする。また C_1 と C_2 の交点 $P\left(2\sqrt{1 + \frac{t^2}{b^2}},\ t\right)$ $(t > 0)$ における C_1, C_2 の接線をそれぞれ l_1, l_2 とする。

⑴ a と b の間に成り立つ関係式を求め，点 P の座標を a を用いて表せ。

⑵ l_1 と l_2 が直交することを示せ。

⑶ a が $a > \sqrt{13}$ を満たしながら動くときの点 P の軌跡を図示せよ。

ポイント ⑴ C_1, C_2 の焦点の座標が一致することより a, b の関係式を求める。次に点 P が C_1 上にあることより，点 P の座標を C_1 の方程式に代入して，t を a で表す。そして点 P の座標を a で表す。これでは点 P が C_1 上の点でもあることを示したに過ぎないので，C_2 上の点でもあることを確認する。初めに点 $P\left(2\sqrt{1 + \frac{t^2}{b^2}},\ t\right)$ が C_2 上の点であることを確認しておいてもよい。

⑵ 直線の傾きの積が -1 となる2本の直線は直交することを利用しよう。

⑶ 点 P を $(X,\ Y)$ とおいて X, Y が媒介変数 a で表されている形をつくり，a を消去すればよい。$a > \sqrt{13}$ という条件から X, Y のとりうる値の範囲も求めること。

解法

⑴ C_1 の焦点の座標は $(\sqrt{a^2 - 9},\ 0)$，$(-\sqrt{a^2 - 9},\ 0)$ である。C_2 の焦点の座標は $(\sqrt{4 + b^2},\ 0)$，$(-\sqrt{4 + b^2},\ 0)$ であり，C_1, C_2 は同一の焦点をもつことから

$$a^2 - 9 = 4 + b^2$$

$$a^2 - b^2 = 13 \quad \cdots\cdots(\text{答})$$

C_1 上に点 P が存在するとき

$$\frac{1}{a^2}\left(2\sqrt{1+\frac{t^2}{b^2}}\right)^2 + \frac{t^2}{9} = 1$$

が成り立ち

$$\frac{4}{a^2}\left(1+\frac{t^2}{b^2}\right) + \frac{t^2}{9} = 1$$

両辺を $9a^2b^2$ 倍して

$$36b^2\left(1+\frac{t^2}{b^2}\right) + a^2b^2t^2 = 9a^2b^2$$

$$36b^2 + 36t^2 + a^2b^2t^2 = 9a^2b^2$$

$$36(a^2-13) + 36t^2 + a^2(a^2-13)t^2 = 9a^2(a^2-13) \quad (\because \quad b^2 = a^2-13)$$

$$\therefore \quad (a^2-9)(a^2-4)t^2 = 9(a^2-13)(a^2-4)$$

ここで，条件 $a>\sqrt{13}$ より $a^2-9\neq0$, $a^2-4\neq0$ であるから，両辺を a^2-9, a^2-4 で割ってよく

$$t^2 = \frac{9(a^2-13)(a^2-4)}{(a^2-9)(a^2-4)} = \frac{9(a^2-13)}{a^2-9}$$

$t>0$ だから

$$t = 3\sqrt{\frac{a^2-13}{a^2-9}}$$

このとき

$$2\sqrt{1+\frac{t^2}{b^2}} = 2\sqrt{1+\frac{1}{a^2-13}\cdot\frac{9(a^2-13)}{a^2-9}}$$

$$= 2\sqrt{\frac{(a^2-9)+9}{a^2-9}}$$

$$= 2\sqrt{\frac{a^2}{a^2-9}}$$

点 $\left(2\sqrt{\dfrac{a^2}{a^2-9}},\ 3\sqrt{\dfrac{a^2-13}{a^2-9}}\right)$ を C_2 の方程式に代入すると

$$\frac{1}{4}\cdot4\left(\frac{a^2}{a^2-9}\right) - \frac{1}{a^2-13}\cdot\frac{9(a^2-13)}{a^2-9}$$

$$= \frac{a^2-9}{a^2-9}$$

$$= 1$$

となり成り立つので，P は C_2 上の点でもあり，点 P は C_1 と C_2 の交点である。

よって，点 P の座標を a を用いて表すと

$$\left(2\sqrt{\frac{a^2}{a^2-9}}, \ 3\sqrt{\frac{a^2-13}{a^2-9}}\right) \quad \cdots\cdots\text{(答)}$$

(2) 接線 l_1 の方程式は

$$\frac{2\sqrt{\dfrac{a^2}{a^2-9}}}{a^2}x + \frac{3\sqrt{\dfrac{a^2-13}{a^2-9}}}{9}y = 1$$

$$y = -\frac{6}{a\sqrt{a^2-13}}x + 3\sqrt{\frac{a^2-9}{a^2-13}}$$

接線 l_2 の方程式は

$$\frac{2\sqrt{\dfrac{a^2}{a^2-9}}}{4}x - \frac{3\sqrt{\dfrac{a^2-13}{a^2-9}}}{a^2-13}y = 1$$

$$y = \frac{a\sqrt{a^2-13}}{6}x - \frac{\sqrt{(a^2-9)(a^2-13)}}{3}$$

l_1, l_2 の傾きの積は

$$-\frac{6}{a\sqrt{a^2-13}}\cdot\frac{a\sqrt{a^2-13}}{6} = -1$$

となることより，l_1, l_2 は直交する。 （証明終）

(3) 点Pの座標を (X, Y) とおく。(1)より

$$\begin{cases} X = 2\sqrt{\dfrac{a^2}{a^2-9}} \\ Y = 3\sqrt{\dfrac{a^2-13}{a^2-9}} \end{cases}$$

と表せるので

$$\begin{cases} X^2 = \dfrac{4a^2}{a^2-9} = \dfrac{36}{a^2-9} + 4 \\ Y^2 = \dfrac{9a^2-117}{a^2-9} = \dfrac{-36}{a^2-9} + 9 \end{cases}$$

よって

$$X^2 + Y^2 = 13$$

ここで，$a > \sqrt{13}$ であることから，$a^2 > 13$ であり

$$a^2 - 9 > 4$$

両辺の逆数をとって

$$0 < \frac{1}{a^2-9} < \frac{1}{4}$$

$$0 < \frac{36}{a^2-9} < 9$$

$$4 < \frac{36}{a^2-9} + 4 < 13$$

$$4 < X^2 < 13$$

$X > 0$ より

$$2 < X < \sqrt{13}$$

$Y > 0$ であることより，求める点Pの軌跡は図の実線部分のようになる。点 $(\sqrt{13},\ 0)$, $(2,\ 3)$ は除く。

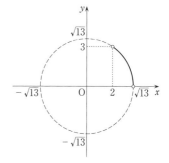

71

楕円 $C : \dfrac{x^2}{16} + \dfrac{y^2}{9} = 1$ の，直線 $y = mx$ と平行な 2 接線を l_1，l_1' とし，l_1，l_1' に直交する C の 2 接線を l_2，l_2' とする。

(1)　l_1，l_1' の方程式を m を用いて表せ。

(2)　l_1 と l_1' の距離 d_1 および l_2 と l_2' の距離 d_2 をそれぞれ m を用いて表せ。
　　ただし，平行な 2 直線 l，l' の距離とは，l 上の 1 点と直線 l' の距離である。

(3)　$(d_1)^2 + (d_2)^2$ は m によらず一定であることを示せ。

(4)　l_1，l_1'，l_2，l_2' で囲まれる長方形の面積 S を d_1 を用いて表せ。
　　さらに m が変化するとき，S の最大値を求めよ。

ポイント　(1)　楕円 C と直線が接する条件はこれらの 2 式から得られた x の方程式が重解をもつことである。

(2)　l_1 と l_1' は平行なので，原点から l_1 の距離を求めて 2 倍したものが d_1 である。l_1，l_1' は直線 $y = mx$ に平行であるから，y 軸に平行とはなり得ないので場合分けする必要はない。しかし，l_1，l_1' の傾き m が 0 のとき，つまり，l_1，l_1' が x 軸に平行なとき，l_2，l_2' は y 軸に平行になり，傾きを $-\dfrac{1}{m}$ とは表せない唯一の場合になる。よって，$m \neq 0$，$m = 0$ の場合分けをする。l_2，l_2' の方程式，d_2 は，それぞれ l_1，l_1' の方程式，d_1 の m を $-\dfrac{1}{m}$ に置き換えたものであるとわかれば，簡単に d_2 が求まる。この理屈がわからなければ，傾きを $-\dfrac{1}{m}$ として実際に計算してみよう。m を $-\dfrac{1}{m}$ として計算しているだけだと気づくだろう。

(3)　(2)で求めた d_1，d_2 より，$(d_1)^2 + (d_2)^2$ が定数となることを示す。

(4)　d_1 と d_2 の関係式が必要なので，(3)の誘導がある。$S = \sqrt{-(d_1{}^2 - 50)^2 + 2500}$ より，すぐに S の最大値が 50 とはしないこと。$d_1{}^2 = 50$ となる m が存在することを示さなければならない。

解 法

(1) 直線 $y=mx$ と平行な直線の方程式を $y=mx+n$ とおく。

$\dfrac{x^2}{16}+\dfrac{y^2}{9}=1$ と $y=mx+n$ より y を消去して

$$\frac{x^2}{16}+\frac{1}{9}(mx+n)^2=1$$

$$9x^2+16(mx+n)^2=144$$

$$(16m^2+9)x^2+32mnx+16n^2-144=0 \quad \cdots\cdots①$$

この2次方程式の実数解は楕円 C と直線 $y=mx+n$ の共有点の x 座標である。直線が楕円 C に接する条件は，①が重解をもつことであり，①の判別式を D とするときに，$D=0$ となることである。

$$\frac{D}{4}=(16mn)^2-(16m^2+9)(16n^2-144)$$

$$=144(16m^2-n^2+9)$$

$\dfrac{D}{4}=0$ より

$$16m^2-n^2+9=0$$

$$n^2=16m^2+9$$

$16m^2+9>0$ より

$$n=\pm\sqrt{16m^2+9}$$

したがって，l_1, l_1' の方程式は

$$y=mx\pm\sqrt{16m^2+9} \quad \cdots\cdots(答)$$

(2) 原点と直線 $mx-y+\sqrt{16m^2+9}=0$ の距離は

$$\frac{|m\cdot0-0+\sqrt{16m^2+9}|}{\sqrt{m^2+(-1)^2}}=\frac{\sqrt{16m^2+9}}{\sqrt{m^2+1}}$$

である。また，原点と直線 $mx-y-\sqrt{16m^2+9}=0$ の距離も同様に $\dfrac{\sqrt{16m^2+9}}{\sqrt{m^2+1}}$ である。

よって，l_1 と l_1' は平行であることから距離 d_1 は $\qquad d_1=2\sqrt{\dfrac{16m^2+9}{m^2+1}} \quad \cdots\cdots(答)$

(ア) $m\neq0$ のとき

l_1, l_1' に直交する C の2接線 l_2, l_2' の傾きは $-\dfrac{1}{m}$ であるから l_2, l_2' の方程式は，(1) で求めた l_1, l_1' の方程式の m を $-\dfrac{1}{m}$ に置き換えたものであり，さらに，l_2 と l_2' の

距離 d_2 も，$d_1 = 2\sqrt{\dfrac{16m^2+9}{m^2+1}}$ の m を $-\dfrac{1}{m}$ に置き換えたものである。

よって，l_2 と $l_2{}'$ の距離 d_2 は　$d_2 = 2\sqrt{\dfrac{16\left(-\dfrac{1}{m}\right)^2+9}{\left(-\dfrac{1}{m}\right)^2+1}} = 2\sqrt{\dfrac{9m^2+16}{m^2+1}}$

(イ)　$m=0$ のとき

l_2，$l_2{}'$ の方程式は，$x=4$，$x=-4$ であり，$d_2=8$ となる。

これは，(ア)の $d_2 = 2\sqrt{\dfrac{9m^2+16}{m^2+1}}$ において $m=0$ を代入したときの値と一致する。

よって，l_2 と $l_2{}'$ の距離 d_2 は　$d_2 = 2\sqrt{\dfrac{9m^2+16}{m^2+1}}$　……(答)

(3)　$(d_1)^2 + (d_2)^2 = \left(2\sqrt{\dfrac{16m^2+9}{m^2+1}}\right)^2 + \left(2\sqrt{\dfrac{9m^2+16}{m^2+1}}\right)^2$

$= \dfrac{4(16m^2+9) + 4(9m^2+16)}{m^2+1}$

$= \dfrac{100(m^2+1)}{m^2+1}$

$= 100$

となり，m によらず一定である。　　　　　　　　　　　　　　　　(証明終)

(4)　(3)より $d_1{}^2 + d_2{}^2 = 100$ となるから

$d_2 = \sqrt{100 - d_1{}^2}$

と表せる。求めるものは長方形の面積 S なので

$S = d_1 d_2$

$= d_1\sqrt{100 - d_1{}^2}$　……(答)

$= \sqrt{-d_1{}^4 + 100 d_1{}^2}$

$= \sqrt{-(d_1{}^2 - 50)^2 + 2500}$

ここで，$d_1{}^2 = 50$ のとき(2)より

$\left(2\sqrt{\dfrac{16m^2+9}{m^2+1}}\right)^2 = 50$

$4(16m^2+9) = 50(m^2+1)$

$14m^2 = 14$

$m = \pm 1$

となり，m が存在するので，S の最大値は $\sqrt{2500} = 50$　……(答)

72

2012 年度 〔6〕 　　　　　　　　　　　　　　　　　Level B

　2つの双曲線 $C : x^2 - y^2 = 1$, $H : x^2 - y^2 = -1$ を考える。双曲線 H 上の点 $P(s, t)$ に対して，方程式 $sx - ty = 1$ で定まる直線を l とする。

(1)　直線 l は点 P を通らないことを示せ。

(2)　直線 l と双曲線 C は異なる2点 Q，R で交わることを示し，$\triangle PQR$ の重心 G の座標を s, t を用いて表せ。

(3)　(2)における3点 G，Q，R に対して，$\triangle GQR$ の面積は点 $P(s, t)$ の位置によらず一定であることを示せ。

ポイント　(1)　点 $P(s, t)$ を直線 l の方程式に代入して，点 P が双曲線 H 上にある条件に反することを示せばよい。

(2)　直線 l と双曲線 C の方程式より得られた x の2次方程式の実数解は，直線 l と双曲線 C をともに満たす x の値，つまり共有点の x 座標である。したがって2点で交わる条件は，この2次方程式が異なる2つの実数解をもつことである。

点 $A(a_1, a_2)$，$B(b_1, b_2)$，$C(c_1, c_2)$ のとき，$\triangle ABC$ の重心の座標は

$\left(\dfrac{a_1 + b_1 + c_1}{3}, \dfrac{a_2 + b_2 + c_2}{3} \right)$ である。

(3)　$\overrightarrow{OA} = (a_1, a_2)$，$\overrightarrow{OB} = (b_1, b_2)$ のとき

$$\triangle OAB = \frac{1}{2} |a_1 b_2 - a_2 b_1|$$

であることは覚えておこう。原点 O が頂点の1つでないときは平行移動して考えればよい。計算が面倒なところがあるので，丁寧に計算しよう。

解 法

(1)　点 $P(s, t)$ は双曲線 $H : x^2 - y^2 = -1$ 上の点であるから

　　$s^2 - t^2 = -1$ ……①

が成り立つ。直線 $l : sx - ty = 1$ が点 $P(s, t)$ を通る条件は

　　$s^2 - t^2 = 1$ ……②

が成り立つことであるが，①より，②は成り立たない。

よって，直線 l は点 P を通らない。　　　　　　　　　　　　　　　　　（証明終）

(2)　点 $P(s, t)$ は双曲線 $H : x^2 - y^2 = -1$ 上の点であることから，$t \neq 0$ とわかり，直

線 $l : sx - ty = 1$ は $y = \dfrac{sx-1}{t}$ と変形できる。

双曲線 $C : x^2 - y^2 = 1$ に代入すると

$$x^2 - \left(\frac{sx-1}{t}\right)^2 = 1$$

$$(t^2 - s^2) x^2 + 2sx - t^2 - 1 = 0$$

ここで, $s^2 - t^2 = -1$ より $t^2 - s^2 = 1$, $t^2 = 1 + s^2$ であることから

$$x^2 + 2sx - s^2 - 2 = 0 \quad \cdots\cdots\text{③}$$

となる。③の判別式を D とすると

$$\frac{D}{4} = s^2 - 1 \cdot (-s^2 - 2) = 2s^2 + 2 > 0$$

③は異なる2つの実数解をもつことから, 直線 l と双曲線 C は異なる2点 Q, R で交わる。

(証明終)

$$Q\left(\alpha, \ \frac{s\alpha-1}{t}\right) \ , \quad R\left(\beta, \ \frac{s\beta-1}{t}\right)$$

とおくと, ③において解と係数の関係より

$$\alpha + \beta = -2s \ , \quad \alpha\beta = -s^2 - 2$$

が成り立つ。△PQR の重心 G の座標は

$$\left(\frac{\alpha+\beta+s}{3}, \ \frac{\dfrac{s\alpha-1}{t} + \dfrac{s\beta-1}{t} + t}{3}\right)$$

ここで

$$\frac{\alpha+\beta+s}{3} = \frac{-2s+s}{3} = -\frac{s}{3}$$

また

$$\frac{\dfrac{s\alpha-1}{t} + \dfrac{s\beta-1}{t} + t}{3} = \frac{1}{3t}\{t^2 + s(\alpha+\beta) - 2\}$$

$$= \frac{1}{3t}\{t^2 + s(-2s) - 2\}$$

$$= \frac{1}{3t}(t^2 - 2s^2 - 2)$$

$$= \frac{1}{3t}\{t^2 - 2(t^2-1) - 2\} \quad (\because \ s^2 = t^2 - 1)$$

$$= -\frac{t}{3}$$

よって, 点 G の座標は $\quad \left(-\dfrac{s}{3}, \ -\dfrac{t}{3}\right)$ ……(答)

(3) $\quad \overrightarrow{GQ} = \left(\alpha + \dfrac{s}{3},\ \dfrac{s\alpha - 1}{t} + \dfrac{t}{3}\right)$, $\quad \overrightarrow{GR} = \left(\beta + \dfrac{s}{3},\ \dfrac{s\beta - 1}{t} + \dfrac{t}{3}\right)$

と表すことができるので

$$\triangle GQR = \frac{1}{2}\left|\left(\alpha + \frac{s}{3}\right)\left(\frac{s\beta - 1}{t} + \frac{t}{3}\right) - \left(\frac{s\alpha - 1}{t} + \frac{t}{3}\right)\left(\beta + \frac{s}{3}\right)\right|$$

$$= \frac{1}{2}\left|\frac{3\alpha + s}{3} \cdot \frac{s\beta - 1}{t} + \frac{3\alpha + s}{3} \cdot \frac{t}{3} - \frac{s\alpha - 1}{t} \cdot \frac{3\beta + s}{3} - \frac{t}{3} \cdot \frac{3\beta + s}{3}\right|$$

$$= \frac{1}{2}\left|\frac{1}{3t}\{(3\alpha + s)(s\beta - 1) - (3\beta + s)(s\alpha - 1)\} + \frac{t}{3}(\alpha - \beta)\right|$$

$$= \frac{1}{2}\left|\frac{1}{3t}\left[\{(3s\alpha\beta - 3\alpha + s^2\beta - s) - (3s\alpha\beta - 3\beta + s^2\alpha - s)\} + t^2(\alpha - \beta)\right]\right|$$

$$= \frac{1}{2}\left|\frac{1}{3t}\{-3(\alpha - \beta) - s^2(\alpha - \beta) + t^2(\alpha - \beta)\}\right|$$

$$= \frac{1}{2}\left|\frac{1}{3t}\{-3(\alpha - \beta) - (t^2 - 1)(\alpha - \beta) + t^2(\alpha - \beta)\}\right| \quad (\because\ \ s^2 = t^2 - 1)$$

$$= \frac{1}{2}\left|\frac{1}{3t}\{-2(\alpha - \beta)\}\right|$$

$$= \frac{1}{3}\left|\frac{\alpha - \beta}{t}\right|$$

ここで，$(\alpha - \beta)^2 = (\alpha + \beta)^2 - 4\alpha\beta = (-2s)^2 - 4(-s^2 - 2) = 8(s^2 + 1) = 8t^2$ より

$$|\alpha - \beta| = 2\sqrt{2}\,|t|$$

よって

$$\triangle GQR = \frac{1}{3} \cdot \frac{|\alpha - \beta|}{|t|} = \frac{1}{3} \cdot \frac{2\sqrt{2}\,|t|}{|t|} = \frac{2\sqrt{2}}{3}$$

ゆえに，$\triangle GQR$ の面積は，点 $P(s,\ t)$ の位置によらず一定である。 （証明終）

> **参考1** $l : sx - ty = 1\ ((-s)x - (-t)y = -1)$ は，双曲線 H 上の点 $P'(-s,\ -t)$ における H の接線である。

> **参考2** $\triangle GQR = \dfrac{1}{3}\triangle PQR$ より，$\triangle PQR$ の面積を計算してもよい。

73 2011 年度　〔6〕 Level B

　d を正の定数とする。2 点 A$(-d,\ 0)$，B$(d,\ 0)$ からの距離の和が $4d$ である点
P の軌跡として定まる楕円 E を考える。点 A，点 B，原点 O から楕円 E 上の点 P ま
での距離をそれぞれ AP，BP，OP と書く。このとき，以下の問いに答えよ。

(1) 楕円 E の長軸と短軸の長さを求めよ。

(2) AP^2+BP^2 および AP·BP を，OP と d を用いて表せ。

(3) 点 P が楕円 E 全体を動くとき，AP^3+BP^3 の最大値と最小値を d を用いて表せ。

ポイント (1)　2 定点 A，B が原点を中心として x 軸上に並ぶから，楕円の方程式の標
準形を利用するとよいだろう。〔**解法 2**〕のように定義から求めてもよい。
(2)　△APB の辺 AB の中点を O とすると

$$AP^2+BP^2=2(OA^2+OP^2)=2(OB^2+OP^2)\quad（中線定理）$$

が成り立つ。AP^2+BP^2 は，この定理を用いるのが最も速いが，〔**解法 2**〕のように座
標の計算によってもすぐに求まる。AP·BP は AP+BP を平方すると現れるのであるが，
このことに気づかないで座標の計算などで求めようとすると〔**解法 2**〕のようにやや面
倒になってしまう。やはり，和と平方和から積は出せる，と考えた方がよい。
(3)　AP^3+BP^3 は対称式であるから，基本対称式 AP+BP，AP·BP を用いて表せる。
OP の最大・最小は図より明らかである。
　なお，楕円の周上の点 P の座標を媒介変数 θ を用いて P$(2d\cos\theta,\ \sqrt{3}\,d\sin\theta)$ と表す
方法は定石の 1 つであるが，こうしても本問では特に簡単にはならないようである。

解 法 1

(1)　x 軸上に焦点の並ぶ楕円の方程式の標準形

$$\frac{x^2}{a^2}+\frac{y^2}{b^2}=1\quad (a>b>0)\quad\cdots\cdots①$$

の焦点の座標は $(\pm\sqrt{a^2-b^2},\ 0)$ であるから，$d>0$ より

$$\sqrt{a^2-b^2}=d\quad\therefore\quad a^2-b^2=d^2\quad\cdots\cdots②$$

また，①は 2 焦点からの距離の和が $2a$ となる点の軌跡であるから

$$2a=4d\quad\cdots\cdots③$$

③より　　$a=2d$

②より　　$b=\sqrt{a^2-d^2}=\sqrt{3}\,d$

よって，楕円 E の方程式は，①より

$$\frac{x^2}{(2d)^2}+\frac{y^2}{(\sqrt{3}\,d)^2}=1 \quad \cdots\cdots④$$

したがって，右図より

$$\left.\begin{array}{ll}\text{長軸の長さは} & 4d \\ \text{短軸の長さは} & 2\sqrt{3}\,d\end{array}\right\} \quad \cdots\cdots(答)$$

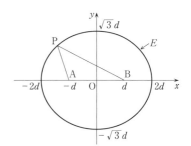

〔注〕 楕円 E の長軸と短軸の長さだけを求めるには，次のようにすればよい。点 P を x 軸上の $x>0$ の部分に置いて，$AP+BP=4d$ を考えると，右図より，$BP=d$ であることがわかり，長軸の長さは $4d$ とわかる。P を y 軸上の $y>0$ の部分に置けば，三平方の定理より，$AP^2=(2d)^2=d^2+OP^2$，よって，$OP=\sqrt{3}\,d$，すなわち短軸の長さは $2\sqrt{3}\,d$ である。

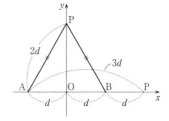

(2) 線分 AB の中点が O であるから，△APB に中線定理を用いると

$$AP^2+BP^2=2(OA^2+OP^2)$$
$$=2(OP^2+d^2) \quad \cdots\cdots⑤$$

与えられた条件 $AP+BP=4d$ の両辺を平方すると

$$AP^2+2AP\cdot BP+BP^2=16d^2$$

⑤を用いれば

$$2AP\cdot BP=16d^2-(AP^2+BP^2)$$
$$=16d^2-2(OP^2+d^2)$$
$$=14d^2-2OP^2$$

したがって

$$AP^2+BP^2=2(OP^2+d^2),\quad AP\cdot BP=7d^2-OP^2 \quad \cdots\cdots(答)$$

(3) $AP+BP=4d$ および(2)の結果から

$$AP^3+BP^3=(AP+BP)(AP^2-AP\cdot BP+BP^2)$$
$$=4d(2OP^2+2d^2-7d^2+OP^2)$$
$$=4d(3OP^2-5d^2) \quad \cdots\cdots⑥$$

ところで，④より，$3x^2+4y^2=12d^2$ であるから

$$3(x^2+y^2)\leqq 3x^2+4y^2\leqq 4(x^2+y^2)$$

（左の等号は $y=0$，右の等号は $x=0$ のとき成り立つ）

$$3OP^2\leqq 12d^2\leqq 4OP^2$$

∴　$3d^2 \leqq OP^2 \leqq 4d^2$

（左の等号は P $(0, \pm\sqrt{3}d)$ のとき，右の等号は P $(\pm 2d, 0)$ のとき成り立つ）

したがって，⑥より，$AP^3 + BP^3$ の

最大値は $28d^3$ ⎫
最小値は $16d^3$ ⎬ ……（答）

解法 2

(1)　点 P の座標を (x, y) とすると

$AP + BP = 4d$ 　　$AP = 4d - BP$

$AP^2 = 16d^2 - 8dBP + BP^2$

であるから，$AP = \sqrt{(x+d)^2 + y^2}$，$BP = \sqrt{(x-d)^2 + y^2}$ を代入すると

$(x+d)^2 + y^2 = 16d^2 - 8d\sqrt{(x-d)^2 + y^2} + (x-d)^2 + y^2$

$2\sqrt{(x-d)^2 + y^2} = 4d - x$

両辺を平方して

$4\{(x-d)^2 + y^2\} = 16d^2 - 8dx + x^2$

$3x^2 + 4y^2 = 12d^2$

$\dfrac{x^2}{(2d)^2} + \dfrac{y^2}{(\sqrt{3}d)^2} = 1$

よって，長軸の長さは $2 \cdot 2d = 4d$，短軸の長さは $2 \cdot \sqrt{3}d = 2\sqrt{3}d$　……（答）

(2)　(1)の過程より

$AP^2 + BP^2 = 2(x^2 + y^2 + d^2)$

また，$OP^2 = x^2 + y^2$ であるから

$AP^2 + BP^2 = 2(OP^2 + d^2)$　……（答）

次に，$3x^2 + 4y^2 = 12d^2$ を用いると

$4(x^2 + y^2) - x^2 = 12d^2$ より　　$x^2 = 4OP^2 - 12d^2$

であるから

$(AP \cdot BP)^2$

$= AP^2 \cdot BP^2$

$= \{(x+d)^2 + y^2\}\{(x-d)^2 + y^2\}$

$= (x^2 + y^2 + d^2 + 2dx)(x^2 + y^2 + d^2 - 2dx)$

$= (x^2 + y^2 + d^2)^2 - 4d^2 x^2$

$= (OP^2 + d^2)^2 - 4d^2(4OP^2 - 12d^2)$

$= OP^4 - 14d^2 OP^2 + 49d^4$

$= (OP^2 - 7d^2)^2$

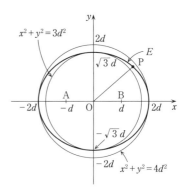

上図より，$\mathrm{OP}^2 \leqq (2d)^2$ であるから

$\qquad \mathrm{OP}^2 < 7d^2$

$\mathrm{AP} \cdot \mathrm{BP} > 0$ であるので

$\qquad \mathrm{AP} \cdot \mathrm{BP} = 7d^2 - \mathrm{OP}^2 \quad \cdots\cdots(答)$

(3) $\quad \mathrm{AP}^3 + \mathrm{BP}^3 = (\mathrm{AP} + \mathrm{BP})^3 - 3\mathrm{AP} \cdot \mathrm{BP}(\mathrm{AP} + \mathrm{BP})$

$\qquad\qquad\qquad\quad = (4d)^3 - 3(7d^2 - \mathrm{OP}^2) \times 4d$

$\qquad\qquad\qquad\quad = 64d^3 - 12d(7d^2 - \mathrm{OP}^2)$

$\qquad\qquad\qquad\quad = 12d\left(\mathrm{OP}^2 - \dfrac{5}{3}d^2\right)$

上図より

$\qquad (\sqrt{3}\,d)^2 \leqq \mathrm{OP}^2 \leqq (2d)^2$

であるから

$\qquad 16d^3 \leqq \mathrm{AP}^3 + \mathrm{BP}^3 \leqq 28d^3$

よって，$\mathrm{AP}^3 + \mathrm{BP}^3$ は

$\qquad \mathrm{OP} = 2d$ のとき，最大値 $28d^3$ をとる。

$\qquad \mathrm{OP} = \sqrt{3}\,d$ のとき，最小値 $16d^3$ をとる。 $\left.\begin{array}{} \\ \\ \end{array}\right\} \cdots\cdots(答)$

74

直線 $l : mx + ny = 1$ が，楕円 $C : \dfrac{x^2}{a^2} + \dfrac{y^2}{b^2} = 1$ $(a > b > 0)$ に接しながら動くとする。

(1)　点 $(m,\ n)$ の軌跡は楕円になることを示せ。

(2)　C の焦点 $\mathrm{F}_1(-\sqrt{a^2 - b^2},\ 0)$ と l との距離を d_1 とし，もう 1 つの焦点 $\mathrm{F}_2(\sqrt{a^2 - b^2},\ 0)$ と l との距離を d_2 とする。このとき $d_1 d_2 = b^2$ を示せ。

ポイント　(1)　l，C の 2 つの方程式から y を消去して x の 2 次方程式をつくり，重解条件を用いる〔**解法 1**〕の方法が最初に思いつく解法であろう。この方法では $n = 0$ を場合分けして考える。(イ)で抜けている 2 点を(ア)で埋めたことになり，楕円が軌跡となる。
　〔**解法 2**〕は楕円の接線の公式を用いたもので，〔**注 1**〕のように楕円上の点をパラメータ表示してもよい。〔**注 2**〕は，楕円が「円を一定の方向に一定の割合で伸縮して得られる図形である」ことを用いて，円の問題に置き換える方法である。円とその接線では，円の中心から接線までの距離が，その円の半径に等しいという関係が使えて便利である。
　(2)　点 $(x_0,\ y_0)$ から直線 $Ax + By + C = 0$ に下ろした垂線の長さ d は

$$d = \frac{|Ax_0 + By_0 + C|}{\sqrt{A^2 + B^2}} \quad (点と直線の距離の公式)$$

である。(1)は(2)のための準備の問題になっている。もっとも，〔**解法 2**〕のように幾何的な解法をとれば(1)を使わなくてもできるが，この方法をとるには初等幾何にある程度慣れている必要がある。

解法 1

$$l : mx + ny = 1 \qquad \cdots\cdots \text{①}$$
$$C : \frac{x^2}{a^2} + \frac{y^2}{b^2} = 1 \quad (a > b > 0) \quad \cdots\cdots \text{②}$$

(1)　(ア)　$n = 0$ のとき

直線 $x = \pm a$ は楕円 C の接線である。この接線は，①において

$$(m,\ n) = \left(\pm \frac{1}{a},\ 0 \right)$$

の場合である。

(イ)　$n \neq 0$ のとき

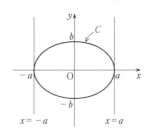

①より
$$y = \frac{1}{n}(1 - mx)$$

これを②に代入して y を消去すると
$$\frac{x^2}{a^2} + \frac{1}{b^2} \cdot \frac{1}{n^2}(1 - mx)^2 = 1 \qquad b^2n^2x^2 + a^2(1 - mx)^2 = a^2b^2n^2$$

x について整理すると
$$(a^2m^2 + b^2n^2)x^2 - 2a^2mx + a^2(1 - b^2n^2) = 0$$

l と C が接するための条件は、この x についての2次方程式が重解をもつことであり、判別式を D とするとき、$D = 0$ となることである。

$$\frac{D}{4} = (-a^2m)^2 - (a^2m^2 + b^2n^2) \cdot a^2(1 - b^2n^2) = 0$$

$a \neq 0$ であるから、両辺を a^2 で割って
$$a^2m^2 - (a^2m^2 + b^2n^2)(1 - b^2n^2) = 0$$
$$(a^2m^2 + b^2n^2 - 1)b^2n^2 = 0$$

$b \neq 0$, $n \neq 0$ であるから
$$a^2m^2 + b^2n^2 - 1 = 0$$

$$\therefore \quad \frac{m^2}{\left(\frac{1}{a}\right)^2} + \frac{n^2}{\left(\frac{1}{b}\right)^2} = 1 \quad \cdots\cdots③$$

ただし、点 $\left(\dfrac{1}{a},\ 0\right)$, $\left(-\dfrac{1}{a},\ 0\right)$ を除く。

(ア)、(イ)より点 $(m,\ n)$ の軌跡は③で表される楕円である。　　　　　　(証明終)

(2)　$F_1(-\sqrt{a^2 - b^2},\ 0)$ と l との距離 d_1 は
$$d_1 = \frac{|m(-\sqrt{a^2 - b^2}) + n \times 0 - 1|}{\sqrt{m^2 + n^2}}$$
$$= \frac{|-m\sqrt{a^2 - b^2} - 1|}{\sqrt{m^2 + n^2}}$$

$F_2(\sqrt{a^2 - b^2},\ 0)$ と l との距離 d_2 は
$$d_2 = \frac{|m\sqrt{a^2 - b^2} + n \times 0 - 1|}{\sqrt{m^2 + n^2}}$$
$$= \frac{|m\sqrt{a^2 - b^2} - 1|}{\sqrt{m^2 + n^2}}$$

よって
$$d_1 d_2 = \frac{|m^2(a^2 - b^2) - 1|}{m^2 + n^2}$$

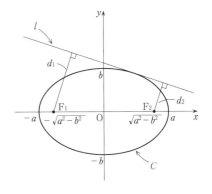

③より，$1 = a^2m^2 + b^2n^2$ であるから

$$d_1 d_2 = \frac{|m^2(a^2 - b^2) - (a^2m^2 + b^2n^2)|}{m^2 + n^2}$$

$$= \frac{|-b^2(m^2 + n^2)|}{m^2 + n^2} = \frac{b^2(m^2 + n^2)}{m^2 + n^2} = b^2$$

（証明終）

解 法 2

(1)　$C : \dfrac{x^2}{a^2} + \dfrac{y^2}{b^2} = 1$ 上の点 $(x_1,\ y_1)$ における接線の方程式は

$$\frac{x_1 x}{a^2} + \frac{y_1 y}{b^2} = 1 \quad \left(ただし，\ \frac{x_1{}^2}{a^2} + \frac{y_1{}^2}{b^2} = 1 \quad \cdots\cdots\text{Ⓐ}\right)$$

であるから，これが接線 $l : mx + ny = 1$ であるとすれば

$$m = \frac{x_1}{a^2}, \quad n = \frac{y_1}{b^2}$$

すなわち

$$x_1 = a^2 m, \quad y_1 = b^2 n$$

が成り立ち，点 $(x_1,\ y_1)$ はⒶを満たすから

$$\frac{a^4 m^2}{a^2} + \frac{b^4 n^2}{b^2} = 1 \qquad \therefore \quad \frac{m^2}{\left(\dfrac{1}{a}\right)^2} + \frac{n^2}{\left(\dfrac{1}{b}\right)^2} = 1$$

よって，点 $(m,\ n)$ の軌跡は楕円である。　　　　　　　（証明終）

〔注1〕　$x_1 = a\cos\theta$，$y_1 = b\sin\theta$ とおけば

$$m = \frac{x_1}{a^2} = \frac{\cos\theta}{a},$$

$$n = \frac{y_1}{b^2} = \frac{\sin\theta}{b}$$

すなわち

$$\cos\theta = am, \quad \sin\theta = bn$$

となるので

$$a^2 m^2 + b^2 n^2 = \cos^2\theta + \sin^2\theta = 1$$

と処理できる。

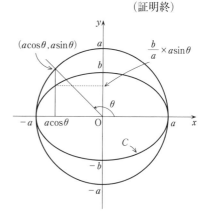

〔注2〕　C 上の点 $(x,\ y)$ に対して，点 $(X,\ Y)$ を

$$X = x, \quad Y = \frac{a}{b} y$$

とおくと，$(x,\ y)$ と $(X,\ Y)$ は1対1に対応し

$$\frac{x^2}{a^2} + \frac{y^2}{b^2} = 1 \quad は \quad \frac{X^2}{a^2} + \frac{Y^2}{a^2} = 1$$

となるから

$$C \text{ は } C' : X^2 + Y^2 = a^2$$

$$l \text{ は } l' : mX + \frac{b}{a}nY = 1$$

と対応して，直線 l' は円 C' の接線になる。
円 C' の中心は原点であり，半径は a であるから，原点から l' までの距離は a となるので

$$\frac{|-1|}{\sqrt{m^2 + \left(\frac{b}{a}n\right)^2}} = a$$

$$(\therefore \quad a^2 m^2 + b^2 n^2 = 1)$$

が得られる。なお，$\dfrac{x}{a} = X$，$\dfrac{y}{b} = Y$ と置き換えると，より簡単になる。ぜひ試みてもらいたい。

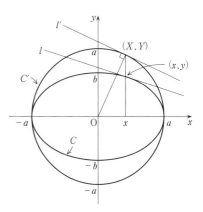

(2) C 上の任意の点を P とする。$\triangle PF_1F_2$ において，$\angle P$ の外角の二等分線を引くと，これが点 P における C の接線 l となる。なぜなら，F_2P の P 側の延長上に，$PF_1 = PF_1'$ となる F_1' をとると，$\angle P$ の外角の二等分線上の P と異なる任意の点 Q に対して

$$2a = F_1P + F_2P = F_1'P + F_2P = F_2F_1'$$
$$\quad < F_2Q + F_1'Q$$
$$\quad = F_2Q + F_1Q$$
$$\qquad (\because \quad \triangle PF_1Q \equiv \triangle PF_1'Q)$$

となって，$2a < F_2Q + F_1Q$ より Q が C 上に存在し得ないからである。

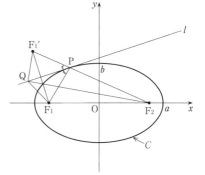

さて，F_1，F_2 から l に下ろした垂線の足をそれぞれ T_1，T_2 とする。$\triangle F_1F_2F_1'$ において，O は F_1F_2 の中点，T_1 は F_1F_1' の中点であるから

$$OT_1 = \frac{1}{2}F_2F_1' = \frac{1}{2}(F_1P + F_2P)$$

$$\qquad = \frac{1}{2} \times 2a = a$$

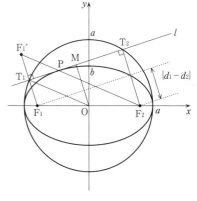

（同様に，$OT_2 = a$ であるから，T_1，T_2 は円 $x^2 + y^2 = a^2$（楕円 C の補助円という）と接線 l の交点であることがわかる）

T_1，T_2 の中点を M とすれば，$F_1T_1 \perp l$，$F_2T_2 \perp l$ より，$F_1T_1 \parallel OM \parallel F_2T_2$ であるから，

$\mathrm{OM} = \dfrac{1}{2}(d_1 + d_2)$ となるので

$$\mathrm{T_1M}^2 = \mathrm{OT_1}^2 - \mathrm{OM}^2 = a^2 - \dfrac{1}{4}(d_1 + d_2)^2$$

$$\therefore \quad \mathrm{T_1M} = \dfrac{1}{2}\mathrm{T_1T_2} = \sqrt{a^2 - \dfrac{1}{4}(d_1 + d_2)^2}$$

ここで，等式 $\mathrm{F_1F_2}^2 = \mathrm{T_1T_2}^2 + |d_1 - d_2|^2$ が成り立つから

$$(2\sqrt{a^2 - b^2})^2 = \left\{ 2\sqrt{a^2 - \dfrac{1}{4}(d_1 + d_2)^2} \right\}^2 + (d_1 - d_2)^2$$

展開して整理すると

$$d_1 d_2 = b^2 \hspace{5cm} \text{(証明終)}$$

75

点 P(x, y) が双曲線 $\dfrac{x^2}{2} - y^2 = 1$ 上を動くとき，点 P(x, y) と点 A$(a, 0)$ との距離の最小値を $f(a)$ とする。

(1) $f(a)$ を a で表せ。

(2) $f(a)$ を a の関数とみなすとき，ab 平面上に曲線 $b = f(a)$ の概形をかけ。

ポイント　双曲線 C の焦点の座標は $(\sqrt{3}, 0)$，$(-\sqrt{3}, 0)$ で，漸近線の方程式は，$y = \dfrac{1}{\sqrt{2}} x$，$y = -\dfrac{1}{\sqrt{2}} x$ である。

(1) 2次曲線の問題では，まず媒介変数による表示が想起されるが，本問は y が簡単に消去できるので，〔解法1〕では y を消去する方法をとった。〔解法2〕に媒介変数表示による方法を示している。いずれの方法でも，2次関数のグラフを用いて最小値を求めることでは基本的に変わらない。〔解法1〕では，対称性を考慮して $a \geqq 0$ の場合だけを調べたが，〔解法2〕では，すべての場合を調べるようにしてみた。よく使われる媒介変数表示をまとめておこう。

$$\text{円}\quad : x^2 + y^2 = r^2 \Longleftrightarrow x = r\cos\theta, \quad y = r\sin\theta$$

$$\text{楕円}\quad : \frac{x^2}{a^2} + \frac{y^2}{b^2} = 1 \Longleftrightarrow x = a\cos\theta, \quad y = b\sin\theta$$

$$\text{双曲線} : \frac{x^2}{a^2} - \frac{y^2}{b^2} = 1 \Longleftrightarrow x = \frac{a}{\cos\theta}, \quad y = b\tan\theta$$

$$\text{放物線} : y^2 = 4px \Longleftrightarrow x = pt^2, \quad y = 2pt$$

これらの図形的な意味も考えておきたい。楕円を θ で表したときの θ がどこの角度かを勘違いしている人は意外に多い。

なお，本問で，最小値を与える点 P の位置は，a の値によって

$|a| \geqq \dfrac{3\sqrt{2}}{2}$ のとき　　P$\left(\dfrac{2}{3} a, \ \pm\sqrt{\dfrac{2}{9} a^2 - 1} \right)$

$|a| < \dfrac{3\sqrt{2}}{2}$ のとき

$a > 0$ ならば P$(\sqrt{2}, 0)$，$a < 0$ ならば P$(-\sqrt{2}, 0)$，$a = 0$ ならば P$(\pm\sqrt{2}, 0)$

となる。

(2) $b = \sqrt{\dfrac{1}{3} a^2 - 1}$ は，双曲線 $\dfrac{1}{3} a^2 - b^2 = 1$ の上半分である。

$\dfrac{1}{3} a^2 - b^2 = 1$ を a で微分すると

$$\frac{2}{3}a - 2bb' = 0 \qquad \therefore \quad b' = \frac{a}{3b}$$

であるから，双曲線上の点 $\left(\dfrac{3\sqrt{2}}{2}, \dfrac{\sqrt{2}}{2}\right)$ におけるこの双曲線の接線の傾きは

$$\frac{3\sqrt{2}}{2} \div \frac{3\sqrt{2}}{2} = 1$$

となる。よって，この点において，双曲線と直線 $b = a - \sqrt{2}$ が接していることがわかる。このことを考慮して図を描くとよい。

解法 1

(1) 関数 $\dfrac{x^2}{2} - y^2 = 1$ が表す双曲線を C とおく。

点 $\mathrm{P}(x, y)$ は双曲線 C 上にあるから

$$y^2 = \frac{x^2}{2} - 1 \quad \cdots\cdots ①$$

であり

$$y^2 \geqq 0$$

すなわち

$\dfrac{x^2}{2} - 1 \geqq 0$ より

$$x \leqq -\sqrt{2}, \quad \sqrt{2} \leqq x \quad \cdots\cdots ②$$

である（図1）。

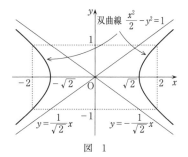

図 1

点 P と点 $\mathrm{A}(a, 0)$ との距離を d とすると，①を用いて y^2 を消去することによって

$$d^2 = (x-a)^2 + y^2 = (x-a)^2 + \frac{x^2}{2} - 1$$

$$= \frac{3}{2}x^2 - 2ax + a^2 - 1$$

$$= \frac{3}{2}\left(x - \frac{2}{3}a\right)^2 + \frac{1}{3}a^2 - 1$$

となる。ここで，d の最小値 $f(a)$ の考察においては，双曲線 C が y 軸に関して対称であることから，$f(-a) = f(a)$ が成り立つので，$a \geqq 0$ の場合を考えれば十分である。

放物線 $d^2 = \dfrac{3}{2}\left(x - \dfrac{2}{3}a\right)^2 + \dfrac{1}{3}a^2 - 1$ の軸 $x = \dfrac{2}{3}a$ が x の存在範囲②に含まれるか否かによって次の場合を考える。

・$\dfrac{2}{3}a \geqq \sqrt{2}$ のとき，すなわち $a \geqq \dfrac{3\sqrt{2}}{2}$ のとき

d^2 は $x = \dfrac{2}{3}a$ で最小値 $\dfrac{1}{3}a^2 - 1$ をとる（図 2）。

したがって，$a \geqq \dfrac{3\sqrt{2}}{2}$ のとき

$$f(a) = \sqrt{\dfrac{1}{3}a^2 - 1} \quad \cdots\cdots ③$$

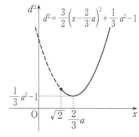

$$d^2 = \dfrac{3}{2}\left(x - \dfrac{2}{3}a\right)^2 + \dfrac{1}{3}a^2 - 1$$

図 2

・$0 \leqq \dfrac{2}{3}a < \sqrt{2}$，すなわち $0 \leqq a < \dfrac{3\sqrt{2}}{2}$ のとき

d^2 は $x = \sqrt{2}$ で最小値

$$(\sqrt{2} - a)^2 + \dfrac{(\sqrt{2})^2}{2} - 1 = (\sqrt{2} - a)^2 \text{ をとる （図 3）。}$$

したがって，$0 \leqq a < \dfrac{3\sqrt{2}}{2}$ のとき

$$f(a) = \sqrt{(\sqrt{2} - a)^2} = |a - \sqrt{2}| \quad \cdots\cdots ④$$

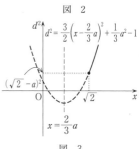

$$d^2 = \dfrac{3}{2}\left(x - \dfrac{2}{3}a\right)^2 + \dfrac{1}{3}a^2 - 1$$

$(\sqrt{2} - a)^2$

$x = \dfrac{2}{3}a$

図 3

$a < 0$ のときは，$f(-a) = f(a)$ が成り立つことから

・$a \leqq -\dfrac{3\sqrt{2}}{2}$ のとき

③ より

$$f(a) = \sqrt{\dfrac{1}{3}(-a)^2 - 1} = \sqrt{\dfrac{1}{3}a^2 - 1}$$

・$-\dfrac{3\sqrt{2}}{2} < a < 0$ のとき

④ より

$$f(a) = |-a - \sqrt{2}| = |a + \sqrt{2}|$$

以上をまとめると

$$f(a) = \begin{cases} \sqrt{\dfrac{1}{3}a^2 - 1} & \left(a \leqq -\dfrac{3\sqrt{2}}{2}, \ \dfrac{3\sqrt{2}}{2} \leqq a\right) \\ |a - \sqrt{2}| & \left(0 \leqq a < \dfrac{3\sqrt{2}}{2}\right) \\ |a + \sqrt{2}| & \left(-\dfrac{3\sqrt{2}}{2} < a < 0\right) \end{cases} \quad \cdots\cdots（答）$$

〔注〕 絶対値を用いて

$$f(a) = \begin{cases} \sqrt{\dfrac{1}{3}a^2 - 1} & \left(|a| \geqq \dfrac{3\sqrt{2}}{2}\right) \\ \big||a| - \sqrt{2}\big| & \left(|a| < \dfrac{3\sqrt{2}}{2}\right) \end{cases}$$

と答えてもよい。

(2) $b=f(a)$ のグラフは，$f(-a)=f(a)$ が成り立つことにより，b 軸に関して対称である。

$a \geqq \dfrac{3\sqrt{2}}{2}$ のとき

$$b=f(a)=\sqrt{\dfrac{1}{3}a^2-1}$$

であり，これは，双曲線

$$b^2=\dfrac{1}{3}a^2-1 \qquad \dfrac{1}{3}a^2-b^2=1$$

の a 軸および a 軸より上方の部分である。

$0 \leqq a < \dfrac{3\sqrt{2}}{2}$ のとき

$$b=f(a)=|a-\sqrt{2}|=\begin{cases} a-\sqrt{2} & \left(\sqrt{2} \leqq a < \dfrac{3\sqrt{2}}{2}\right) \\ \sqrt{2}-a & (0 \leqq a < \sqrt{2}) \end{cases}$$

である。

以上のことから，$b=f(a)$ のグラフは下図のようになる。

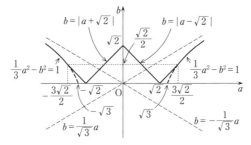

解法 2

(1) 双曲線 $\dfrac{x^2}{2}-y^2=1$ 上の点 P (x, y) は

$$x=\dfrac{\sqrt{2}}{\cos\theta}, \quad y=\tan\theta \qquad \left(\because \quad 1+\tan^2\theta=\dfrac{1}{\cos^2\theta}\right)$$

とおける。点 P と点 A $(a, 0)$ との距離を d とすると

$$d^2=\left(\dfrac{\sqrt{2}}{\cos\theta}-a\right)^2+\tan^2\theta$$

$$=\left(\dfrac{\sqrt{2}}{\cos\theta}-a\right)^2+\dfrac{1}{\cos^2\theta}-1 \qquad \left(\because \quad 1+\tan^2\theta=\dfrac{1}{\cos^2\theta}\right)$$

$\dfrac{1}{\cos\theta}=t$ とおいて，$d^2=g(t)$ とすると

$$g(t) = (\sqrt{2}\,t - a)^2 + t^2 - 1$$
$$= 3\left(t - \frac{\sqrt{2}}{3}a\right)^2 + \frac{1}{3}a^2 - 1$$

$t \le -1$, $1 \le t$ であることに注意すれば

- $\dfrac{\sqrt{2}}{3}a \le -1$, $1 \le \dfrac{\sqrt{2}}{3}a$ のとき，すなわち $a \le -\dfrac{3\sqrt{2}}{2}$, $\dfrac{3\sqrt{2}}{2} \le a$ のとき

$g(t)$ は $t = \dfrac{\sqrt{2}}{3}a$ で最小値 $g\left(\dfrac{\sqrt{2}}{3}a\right) = \dfrac{1}{3}a^2 - 1$ をとる。

- $-1 < \dfrac{\sqrt{2}}{3}a \le 0$ のとき，すなわち $-\dfrac{3\sqrt{2}}{2} < a \le 0$ のとき

$g(t)$ は $t = -1$ で最小値 $g(-1) = (-\sqrt{2} - a)^2 = (a + \sqrt{2})^2$ をとる。

- $0 < \dfrac{\sqrt{2}}{3}a < 1$ のとき，すなわち $0 < a < \dfrac{3\sqrt{2}}{2}$ のとき

$g(t)$ は $t = 1$ で最小値 $g(1) = (\sqrt{2} - a)^2 = (a - \sqrt{2})^2$ をとる。

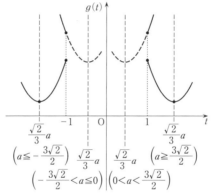

$d = \sqrt{g(t)}$ であるから

$$f(a) = \begin{cases} \sqrt{\dfrac{1}{3}a^2 - 1} & \left(a \le -\dfrac{3\sqrt{2}}{2},\ \dfrac{3\sqrt{2}}{2} \le a\right) \\[2ex] |a + \sqrt{2}| & \left(-\dfrac{3\sqrt{2}}{2} < a \le 0\right) \\[2ex] |a - \sqrt{2}| & \left(0 < a < \dfrac{3\sqrt{2}}{2}\right) \end{cases} \quad \cdots\cdots(\text{答})$$

§7 複素数平面

76 2023年度 〔6〕　　　　　　　　　　　　　Level B

i を虚数単位とする。複素数平面に関する以下の問いに答えよ。

(1)　等式 $|z+2|=2|z-1|$ を満たす点 z の全体が表す図形は円であることを示し，その円の中心と半径を求めよ。

(2)　等式

$$\{|z+2|-2|z-1|\}|z+6i|=3\{|z+2|-2|z-1|\}|z-2i|$$

を満たす点 z の全体が表す図形を S とする。このとき S を複素数平面上に図示せよ。

(3)　点 z が(2)における図形 S 上を動くとき，$w=\dfrac{1}{z}$ で定義される点 w が描く図形を複素数平面上に図示せよ。

ポイント　(1)　複素数平面における軌跡の問題としては基本的な問題なので，円の中心と半径を求めることができるようにしておこう。〔**解法2**〕のように，$z=x+yi$（x, y は実数）とおくと，複素数平面の問題が苦手な人でも対応ができると思われるが，直接，複素数の計算をするよりも計算が面倒になりがちなので，〔**解法1**〕のように対応できるようにしておきたい。

(2)　$\{|z+2|-2|z-1|\}|z+6i|=3\{|z+2|-2|z-1|\}|z-2i|$ を
$\{|z+2|-2|z-1|\}\{3|z-2i|-|z+6i|\}=0$ と変形するところがポイントである。一方の因数は(1)でどのような図形を表すのかがわかっているので，もう一方の $3|z-2i|-|z+6i|=0$ についても(1)と同じように変形して軌跡を求めよう。

(3)　点 z が(2)における図形 S 上を動くとき，
$\{|z+2|-2|z-1|\}|z+6i|=3\{|z+2|-2|z-1|\}|z-2i|$ が成り立つ。点 w が描く図形を求めたいので，$z=\dfrac{1}{w}$ を代入して，w が満たす条件を求めてみよう。

　$w\neq0$ なので，求めた点 w が描く図形上に点 0 が含まれていれば除かなければならないが，本問ではもともと点 0 は含まれていない。

　複素数平面の式変形が苦手な受験生をよく見かける。すべての小問で詳しく式変形の過程を示してあるので，確認に使ってほしい。実際の答案では，明らかに暗算で済ますことができる行は飛ばせばよい。

解 法 1

(1)　　$|z+2| = 2|z-1|$

両辺を 2 乗すると

$$|z+2|^2 = 4|z-1|^2$$
$$(z+2)\left(\overline{z+2}\right) = 4(z-1)\left(\overline{z-1}\right)$$
$$(z+2)\left(\bar{z}+\bar{2}\right) = 4(z-1)\left(\bar{z}-\bar{1}\right)$$
$$(z+2)\left(\bar{z}+2\right) = 4(z-1)\left(\bar{z}-1\right)$$
$$z\bar{z} + 2(z+\bar{z}) + 4 = 4\{z\bar{z} - (z+\bar{z}) + 1\}$$
$$3z\bar{z} - 6(z+\bar{z}) = 0$$
$$z\bar{z} - 2(z+\bar{z}) = 0$$
$$(z-2)(\bar{z}-2) = 4$$
$$(z-2)(\bar{z}-\bar{2}) = 4$$
$$(z-2)\left(\overline{z-2}\right) = 4$$
$$|z-2|^2 = 4$$
$$|z-2| = 2$$

したがって，等式 $|z+2| = 2|z-1|$ を満たす点 z の全体が表す図形は円である。

（証明終）

その円の中心は点 2 であり，半径は 2 である。　……(答)

(2)　　$\{|z+2| - 2|z-1|\}|z+6i| = 3\{|z+2| - 2|z-1|\}|z-2i|$

$$\{|z+2| - 2|z-1|\}\{3|z-2i| - |z+6i|\} = 0$$
$$|z+2| - 2|z-1| = 0 \quad \text{または} \quad 3|z-2i| - |z+6i| = 0$$

$|z+2| - 2|z-1| = 0$ のときは，(1)より，中心が点 2 であり，半径が 2 の円を表す。

$3|z-2i| - |z+6i| = 0$ のときは

$$3|z-2i| = |z+6i|$$
$$9|z-2i|^2 = |z+6i|^2$$
$$9(z-2i)\left(\overline{z-2i}\right) = (z+6i)\left(\overline{z+6i}\right)$$
$$9(z-2i)\left(\bar{z} - \overline{2i}\right) = (z+6i)\left(\bar{z} + \overline{6i}\right)$$
$$9(z-2i)\left(\bar{z} + 2i\right) = (z+6i)\left(\bar{z} - 6i\right)$$
$$9\{z\bar{z} + 2(z-\bar{z})i + 4\} = z\bar{z} - 6(z-\bar{z})i + 36$$
$$8z\bar{z} + 24(z-\bar{z})i = 0$$
$$z\bar{z} + 3(z-\bar{z})i = 0$$

$$(z - 3i)(\bar{z} + 3i) = 9$$

$$(z - 3i)(\bar{z} - \overline{3i}) = 9$$

$$(z - 3i)(\overline{z - 3i}) = 9$$

$$|z - 3i|^2 = 9$$

$$|z - 3i| = 3$$

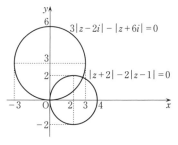

したがって，$3|z - 2i| - |z + 6i| = 0$ のときは中心が点 $3i$ であり，半径が 3 の円を表す。
よって，S を複素数平面上に図示すると右のようになる。

(3) $w = \dfrac{1}{z}$ において，分母の z について $z \neq 0$ である。z が 0 以外の値をとるときに w について $w \neq 0$ であるから，$z = \dfrac{1}{w}$ と表すことができる。この点 z が図形 S 上を動く。

(ア) 円 $|z - 2| = 2$ 上にあるとき

$$\left| \frac{1}{w} - 2 \right| = 2$$

が成り立ち

$$\left| -\frac{2}{w} \right| \left| w - \frac{1}{2} \right| = 2$$

$$\left| \frac{2}{w} \right| \left| w - \frac{1}{2} \right| = 2$$

両辺に $\left| \dfrac{w}{2} \right|$ $(\neq 0)$ をかけると

$$\left| w - \frac{1}{2} \right| = |w|$$

点 w の全体が表す図形は点 0 と $\dfrac{1}{2}$ を結ぶ線分の垂直二等分線である。

点 w は点 0 を通らない。

(イ) 円 $|z - 3i| = 3$ 上にあるとき

$$\left| \frac{1}{w} - 3i \right| = 3$$

が成り立ち

$$\left| -\frac{3i}{w} \right| \left| w - \frac{1}{3i} \right| = 3$$

$$\left| \frac{3}{w} \right| \left| w - \frac{1}{3i} \right| = 3$$

両辺に $\left|\dfrac{w}{3}\right|$ ($\neq 0$) をかけると

$$\left|w - \frac{1}{3i}\right| = |w|$$

$$\left|w + \frac{1}{3}i\right| = |w| \quad \left(\because \quad \frac{1}{3i} = \frac{i}{3i^2} = \frac{i}{-3} = -\frac{i}{3}\right)$$

点 w の全体が表す図形は点 0 と $-\dfrac{1}{3}i$ を結ぶ線

分の垂直二等分線である。

点 w は点 0 を通らない。

(ア), (イ)より, 点 z が(2)における図形 S 上を動

くとき, $w = \dfrac{1}{z}$ で定義される点 w が描く図形

は右図の太線部分である。

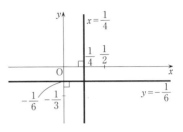

解法 2

(1) 点 z を $z = x + yi$ (x, y は実数) と表し, $|z+2| = 2|z-1|$ に代入すると

$$|(x+yi) + 2| = 2|(x+yi) - 1|$$
$$|(x+2) + yi| = 2|(x-1) + yi|$$
$$|(x+2) + yi|^2 = 4|(x-1) + yi|^2$$
$$(x+2)^2 + y^2 = 4\{(x-1)^2 + y^2\}$$
$$x^2 + 4x + 4 + y^2 = 4(x^2 - 2x + 1 + y^2)$$
$$3x^2 - 12x + 3y^2 = 0$$
$$x^2 - 4x + y^2 = 0$$
$$(x-2)^2 + y^2 = 4$$

したがって, 等式 $|z+2| = 2|z-1|$ を満たす点 z の全体が表す図形は円である。

(証明終)

その円の中心は点 2 であり, 半径は 2 である。 ……(答)

77

2022年度　〔6〕　　　　　　　　　　　　　　　　　　　　**Level　C**

i は虚数単位とする。次の条件(I), (II)をどちらも満たす複素数 z 全体の集合を S とする。

(I)　z の虚部は正である。

(II)　複素数平面上の点 A(1), B$(1-iz)$, C(z^2) は一直線上にある。

このとき，以下の問いに答えよ。

(1)　1でない複素数 α について，α の虚部が正であることは，$\dfrac{1}{\alpha-1}$ の虚部が負であるための必要十分条件であることを示せ。

(2)　集合 S を複素数平面上に図示せよ。

(3)　$w=\dfrac{1}{z-1}$ とする。z が S を動くとき，$\left| w+\dfrac{i}{\sqrt{2}} \right|$ の最小値を求めよ。

ポイント　(1)　同値な変形を行い，式を整理してある程度めどを立ててから，必要十分条件の証明に入ればよい。〔**解法1**〕では，$\dfrac{\alpha-\bar{\alpha}}{2i}$ と $\dfrac{\dfrac{1}{\alpha-1}-\overline{\left(\dfrac{1}{\alpha-1}\right)}}{2i}$ の関係を求めることを柱に解いているが，〔**解法2**〕は予備知識が必要なく，こちらの方がハードルが低いといえる。

(2)　複素数平面上で3点が一直線上に並ぶことをうまく言い換えよう。

(3)　(1)で証明した必要十分条件での言い換えを利用する。点 D と S 上の点の距離の最小値を求めるのであるが，点 D と下半円上の点の距離の最小値 DP と，点 D と半直線との距離 DQ の小さい方が求める最小値である。(1)で証明したことをどこで使うのか，小問の誘導を強く意識して解答しよう。

解法1

(1)　1でない複素数 α について

α の虚部が正である　$\Longleftrightarrow$　$\dfrac{1}{\alpha-1}$ の虚部が負である

となることを示す。

α の虚部は $\dfrac{\alpha - \overline{\alpha}}{2i}$, $\dfrac{1}{\alpha-1}$ の虚部は $\dfrac{\dfrac{1}{\alpha-1} - \overline{\left(\dfrac{1}{\alpha-1}\right)}}{2i}$ で表すことができる。

$$\frac{\dfrac{1}{\alpha-1} - \overline{\left(\dfrac{1}{\alpha-1}\right)}}{2i} = \frac{\dfrac{1}{\alpha-1} - \dfrac{1}{\overline{\alpha}-1}}{2i}$$

$$= \frac{1}{2i} \cdot \frac{(\overline{\alpha}-1) - (\alpha-1)}{(\alpha-1)(\overline{\alpha}-1)}$$

$$= \frac{\overline{\alpha} - \alpha}{2i} \cdot \frac{1}{(\alpha-1)(\overline{\alpha}-1)}$$

$$= - \frac{1}{|\alpha-1|^2} \cdot \frac{\alpha - \overline{\alpha}}{2i}$$

- $\Longrightarrow$ の証明

 α の虚部が正である，つまり $\dfrac{\alpha - \overline{\alpha}}{2i} > 0$ とする。

 $|\alpha-1|^2 > 0$ であることから，$\dfrac{\dfrac{1}{\alpha-1} - \overline{\left(\dfrac{1}{\alpha-1}\right)}}{2i} < 0$ となるので，$\dfrac{1}{\alpha-1}$ の虚部が負である。

- $\Longleftarrow$ の証明

 $\dfrac{1}{\alpha-1}$ の虚部が負である，つまり $\dfrac{\dfrac{1}{\alpha-1} - \overline{\left(\dfrac{1}{\alpha-1}\right)}}{2i} < 0$ とする。

 $|\alpha-1|^2 > 0$ であることから，$\dfrac{\alpha - \overline{\alpha}}{2i} > 0$ となるので，α の虚部が正である。

したがって，1 でない複素数 α について，α の虚部が正であることは，$\dfrac{1}{\alpha-1}$ の虚部が負であるための必要十分条件である。 （証明終）

(2) $1 = 1 - iz$ とすると $z = 0$ となるが，これは条件(Ⅰ)を満たさない。したがって $1 \neq 1 - iz$ である。
条件(Ⅱ)より点 A，B，C は一直線上にあるから

$$\frac{z^2 - 1}{1 - iz - 1} = \frac{z^2 - 1}{-iz}$$

は実数である。
$\dfrac{z^2 - 1}{-iz}$ が実数であるための条件は

$$\frac{z^2-1}{-iz} = \overline{\left(\frac{z^2-1}{-iz}\right)}$$

が成り立つことであり

$$\frac{z^2-1}{-iz} = \frac{\overline{(z^2)} - \overline{1}}{-i\overline{z}}$$

$$\frac{z^2-1}{-iz} = \frac{(\overline{z})^2 - 1}{i\overline{z}}$$

両辺に $-iz\overline{z}$ をかけて

$$z^2\overline{z} - \overline{z} = -(\overline{z})^2 z + z$$

$$z\overline{z}(z+\overline{z}) - (z+\overline{z}) = 0$$

$$(z\overline{z} - 1)(z+\overline{z}) = 0$$

$$(|z|^2 - 1)(z+\overline{z}) = 0$$

よって，$|z|=1$ または $z+\overline{z}=0$ となる。

$|z|=1$ は，原点が中心で，半径が 1 の円を表す。

$z+\overline{z}=0$ は，純虚数または 0 の直線（虚軸）を表す。

条件(I)も考慮して，複素数 z 全体の集合 S は，原点が中心で半径が 1 の円の虚部が正の部分，または虚部が正の純虚数が表す半直線であり，右図の太実線部分のようになる。

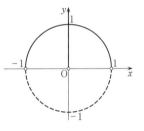

(3) 条件(I)について

z の虚部は正であるから，(1)で示したことより，$w = \dfrac{1}{z-1}$ である w の虚部は負となる。 ……①

条件(II)について

$w = \dfrac{1}{z-1}$ より

$$w(z-1) = 1$$

$$wz = w+1$$

$w=0$ のとき，左辺は 0，右辺は 1 なので，成り立たない。よって，$w \neq 0$ であり，両辺を 0 ではない w で割ると

$$z = \frac{w+1}{w}$$

この z は，$|z|=1$ または $z+\overline{z}=0$ を満たす。

(ア) $|z|=1$ について

$$\left| \frac{w+1}{w} \right| = 1$$

$$\frac{|w+1|}{|w|} = 1$$

$$|w+1| = |w|$$

w が表す点は，2 点 -1，0 を両端とする線分の垂直二等分線を描く。

(イ)　$z + \bar{z} = 0$ について

$$\frac{w+1}{w} + \overline{\left(\frac{w+1}{w} \right)} = 0$$

$$\frac{w+1}{w} + \frac{\bar{w}+1}{\bar{w}} = 0$$

両辺に $w\bar{w}$ をかけて整理すると

$$2w\bar{w} + w + \bar{w} = 0$$

$$w\bar{w} + \frac{1}{2}(w + \bar{w}) = 0$$

$$\left(w + \frac{1}{2} \right)\left(\bar{w} + \frac{1}{2} \right) = \frac{1}{4}$$

$$\left(w + \frac{1}{2} \right)\overline{\left(w + \frac{1}{2} \right)} = \frac{1}{4}$$

$$\left| w + \frac{1}{2} \right|^2 = \frac{1}{4}$$

$$\left| w + \frac{1}{2} \right| = \frac{1}{2}$$

w が表す点は，点 $-\dfrac{1}{2}$ を中心とする半径が $\dfrac{1}{2}$ の円を描く。

(ア)，(イ)と①より，z が S を動くとき，w は実部が $-\dfrac{1}{2}$ で
虚部が負の虚数が表す半直線，または点 $-\dfrac{1}{2}$ を中心とし
て半径が $\dfrac{1}{2}$ の円の虚部が負の部分であり，右図の太実
線部分のようになる。

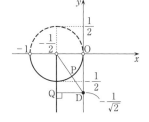

次に，$\left| w + \dfrac{i}{\sqrt{2}} \right| = \left| w - \left(-\dfrac{i}{\sqrt{2}} \right) \right|$ の最小値を求める。

これは，点 w と点 $-\dfrac{i}{\sqrt{2}}$ の距離である。ここで，点 $\mathrm{D}\left(-\dfrac{i}{\sqrt{2}} \right)$ とするとき，点 D と円

の中心 $-\dfrac{1}{2}$ を結ぶ線分と下半円の交点を P，点 D から半直線に下ろした垂線の足を Q

とすると，$\left| w + \dfrac{i}{\sqrt{2}} \right|$ を最小とする点 w は，点 P，Q のいずれかである。

点 P のとき

$$\left| w - \left(-\dfrac{i}{\sqrt{2}} \right) \right| = \sqrt{\left(-\dfrac{1}{2} \right)^2 + \left(-\dfrac{1}{\sqrt{2}} \right)^2} - \dfrac{1}{2}$$

$$= \dfrac{-1 + \sqrt{3}}{2}$$

点 Q のとき

$$\left| w - \left(-\dfrac{i}{\sqrt{2}} \right) \right| = \dfrac{1}{2}$$

この 2 数について差をとると

$$\dfrac{1}{2} - \left(\dfrac{-1 + \sqrt{3}}{2} \right) = \dfrac{2 - \sqrt{3}}{2} = \dfrac{\sqrt{4} - \sqrt{3}}{2} > 0$$

であるから

$$\dfrac{1}{2} > \dfrac{-1 + \sqrt{3}}{2}$$

よって，求める $\left| w + \dfrac{i}{\sqrt{2}} \right|$ の最小値は　　$\dfrac{-1 + \sqrt{3}}{2}$　……(答)

解法 2

(1)　1 ではない複素数 α を $\alpha = a + bi$（a，b は $(a, b) \neq (1, 0)$ を満たす実数の組）とおく。

$$\alpha \text{ の虚部が正である} \iff \dfrac{1}{\alpha - 1} \text{ の虚部が負である}$$

となることを示す。

$$\dfrac{1}{\alpha - 1} = \dfrac{1}{(a-1) + bi} = \dfrac{(a-1) - bi}{\{(a-1) + bi\}\{(a-1) - bi\}}$$

$$= \dfrac{(a-1) - bi}{(a-1)^2 + b^2} = \dfrac{a-1}{(a-1)^2 + b^2} + \dfrac{-b}{(a-1)^2 + b^2} i$$

● $\Longrightarrow$ の証明

　$\alpha = a + bi$ において，虚部が正，つまり $b > 0$ とする。

　このとき，$\dfrac{1}{\alpha - 1}$ の虚部について，(分母)$= (a-1)^2 + b^2 > 0$ かつ (分子)$= -b < 0$ より

$$\dfrac{-b}{(a-1)^2 + b^2} < 0$$

　よって，$\dfrac{1}{\alpha - 1}$ の虚部は負である。

• ⟸の証明

$\dfrac{1}{\alpha-1}$ において，虚部が負，つまり $\dfrac{-b}{(a-1)^2+b^2}<0$ とする。

(分母)$=(a-1)^2+b^2>0$ であるから，$-b<0$ より $b>0$ すなわち α の虚部は正である。

したがって，1 でない複素数 α について，α の虚部が正であることは，$\dfrac{1}{\alpha-1}$ の虚部が負であるための必要十分条件である。 (証明終)

> **参考** $\alpha=c+di$（c，d は実数で，$d>0$ を満たす）とおく。$\bar{\alpha}=c-di$ であるから
>
> $$\alpha-\bar{\alpha}=2di$$
>
> よって，α の虚部 d は
>
> $$d=\frac{\alpha-\bar{\alpha}}{2i}$$
>
> と表すことができる。
>
> 同様にして，$\dfrac{1}{\alpha-1}$ の虚部は，$\dfrac{\dfrac{1}{\alpha-1}-\overline{\left(\dfrac{1}{\alpha-1}\right)}}{2i}$ と表すことができる。
>
> $\dfrac{\alpha-\bar{\alpha}}{2i}$ と $\dfrac{\dfrac{1}{\alpha-1}-\overline{\left(\dfrac{1}{\alpha-1}\right)}}{2i}$ の関係（特に，異符号であるということ）がわかればよいので，それを意図して変形する。
>
> 〔解法1〕では，必要十分条件を求めるということを強調する形で証明したが，
>
> $|\alpha-1|^2>0$ であることより，$\dfrac{\alpha-\bar{\alpha}}{2i}$ と $\dfrac{\dfrac{1}{\alpha-1}-\overline{\left(\dfrac{1}{\alpha-1}\right)}}{2i}$ の符号が異なることで証明してもよい。
>
> 同様にして
>
> $$\alpha+\bar{\alpha}=2c$$
>
> $$\therefore\quad c=\frac{\alpha+\bar{\alpha}}{2}$$
>
> であるから，α の実部は，$\dfrac{\alpha+\bar{\alpha}}{2}$ と表すことができる。

78

i は虚数単位とする。複素数平面において，複素数 z の表す点 P を P(z) または点 z と書く。$\omega = -\dfrac{1}{2} + \dfrac{\sqrt{3}}{2}i$ とおき，3 点 A(1)，B(ω)，C(ω^2) を頂点とする $\triangle$ABC を考える。

(1) $\triangle$ABC は正三角形であることを示せ。

(2) 点 z が辺 AC 上を動くとき，点 $-z$ が描く図形を複素数平面上に図示せよ。

(3) 点 z が辺 AB 上を動くとき，点 z^2 が描く図形を E_1 とする。また，点 z が辺 AC 上を動くとき，点 z^2 が描く図形を E_2 とする。E_1 と E_2 の共有点をすべて求めよ。

ポイント (1) 複素数平面上で正三角形であることを示す場合には，〔解法1〕のように回転移動をもとにして証明することが多い。3 辺が等しいことを示すのであれば，〔解法2〕のように示せばよい。〔参考1〕のように具体的に計算してもよいが，他の解法と比較すると多少要領が悪くなる。各解法を比較検討してみよう。

(2) 図示してみると本問で問われていることは容易にわかる。

(3) (2)で図示をした際の過程も利用して，共有点を表す数を求めることになる。求める共有点は 2 乗したものであることを間違えないようにしよう。

解法 1

(1) $\quad \dfrac{\omega^2 - 1}{\omega - 1} = \dfrac{(\omega - 1)(\omega + 1)}{\omega - 1} = \omega + 1$

$$= \left(-\dfrac{1}{2} + \dfrac{\sqrt{3}}{2}i \right) + 1 = \dfrac{1}{2} + \dfrac{\sqrt{3}}{2}i$$

$$= \cos\dfrac{\pi}{3} + i\sin\dfrac{\pi}{3}$$

これは，点 C(ω^2) が点 A(1) を中心に点 B(ω) を $\dfrac{\pi}{3}$ だけ回転移動したものであることを示す。

よって，$\triangle$ABC は正三角形である。 (証明終)

参考1 $\omega = -\dfrac{1}{2} + \dfrac{\sqrt{3}}{2}i$ であるから

$$\omega^2 = \left(-\dfrac{1}{2} + \dfrac{\sqrt{3}}{2}i\right)^2 = \dfrac{1}{4} - 2 \cdot \dfrac{1}{2} \cdot \dfrac{\sqrt{3}}{2}i - \dfrac{3}{4} = -\dfrac{1}{2} - \dfrac{\sqrt{3}}{2}i$$

$$AB = \left|\left(-\dfrac{1}{2} + \dfrac{\sqrt{3}}{2}i\right) - 1\right| = \left|-\dfrac{3}{2} + \dfrac{\sqrt{3}}{2}i\right| = \sqrt{\left(-\dfrac{3}{2}\right)^2 + \left(\dfrac{\sqrt{3}}{2}\right)^2} = \sqrt{3}$$

$$BC = \left|\left(-\dfrac{1}{2} - \dfrac{\sqrt{3}}{2}i\right) - \left(-\dfrac{1}{2} + \dfrac{\sqrt{3}}{2}i\right)\right| = |-\sqrt{3}i| = \sqrt{3}$$

$$CA = \left|1 - \left(-\dfrac{1}{2} - \dfrac{\sqrt{3}}{2}i\right)\right| = \left|\dfrac{3}{2} + \dfrac{\sqrt{3}}{2}i\right| = \sqrt{\left(\dfrac{3}{2}\right)^2 + \left(\dfrac{\sqrt{3}}{2}\right)^2} = \sqrt{3}$$

よって，$\triangle ABC$ は（一辺の長さが $\sqrt{3}$ の）正三角形である。

参考2 〔参考1〕で特に ω^2 を求めるところでは，ド・モアブルの定理を利用して次のようにしてもよい。

$$\omega^2 = \left(-\dfrac{1}{2} + \dfrac{\sqrt{3}}{2}i\right)^2 = \left(\cos\dfrac{2}{3}\pi + i\sin\dfrac{2}{3}\pi\right)^2$$

$$= \cos\dfrac{4}{3}\pi + i\sin\dfrac{4}{3}\pi = -\dfrac{1}{2} - \dfrac{\sqrt{3}}{2}i$$

2乗であればどちらでもよいが，n 乗の n が大きくなればド・モアブルの定理の利用を考えよう。

(2) 点 $-z$ は原点に関して点 z と対称な位置にある。

点 -1 を点 A'，点 $\dfrac{1}{2} + \dfrac{\sqrt{3}}{2}i$ を点 C' とすると，点 z が辺 AC 上を動くとき，点 $-z$ が描く図形は右図の太線の線分 $A'C'$ である。

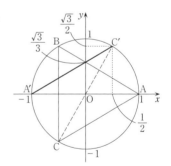

(3) 辺 AB 上を動いているときの z を点 z_1，辺 AC 上を動いているときの z を点 z_2 とおく。

図形 E_1 と図形 E_2 の共有点に対して

$$z_1{}^2 = z_2{}^2$$

が成り立ち

$$(z_1 + z_2)(z_1 - z_2) = 0$$

$$z_1 + z_2 = 0 \quad \text{または} \quad z_1 - z_2 = 0$$

$$z_1 = -z_2 \quad \text{または} \quad z_1 = z_2$$

z_1 が辺 AB 上の点，z_2 が辺 AC 上の点である．つまり点 $-z_2$ が線分 $A'C'$ 上の点であ

ることに注意して，$z_1 = -z_2$ のとき，(2)より線分 AB と線分 A′C′ の共有点を求める
ことにより

$$z_1 = -z_2 = \frac{\sqrt{3}}{3} i$$

また，$z_1 = z_2$ のとき線分 AB と線分 AC の共有点を求めることにより

$$z_1 = z_2 = 1$$

$$\left(\frac{\sqrt{3}}{3} i\right)^2 = -\frac{1}{3}, \quad 1^2 = 1$$

であるので，E_1 と E_2 の共有点は $\quad -\dfrac{1}{3}$ と 1 ……(答)

解 法 2

(1) $\omega = -\dfrac{1}{2} + \dfrac{\sqrt{3}}{2} i$ より $\quad |\omega| = \sqrt{\left(-\dfrac{1}{2}\right)^2 + \left(\dfrac{\sqrt{3}}{2}\right)^2} = 1$

であるので $\quad |\omega^2| = |\omega|^2 = 1^2 = 1$

また，$\omega = \cos\dfrac{2}{3}\pi + i\sin\dfrac{2}{3}\pi$ なのでド・モアブルの定理より

$$\omega^3 = \left(\cos\dfrac{2}{3}\pi + i\sin\dfrac{2}{3}\pi\right)^3 = \cos 3 \cdot \dfrac{2}{3}\pi + i\sin 3 \cdot \dfrac{2}{3}\pi = \cos 2\pi + i\sin 2\pi = 1$$

よって

$$\begin{cases} AB = |\omega - 1| \\ BC = |\omega^2 - \omega| = |\omega(\omega - 1)| = |\omega||\omega - 1| = |\omega - 1| \\ CA = |1 - \omega^2| = |\omega^3 - \omega^2| = |\omega^2(\omega - 1)| = |\omega^2||\omega - 1| = |\omega - 1| \end{cases}$$

したがって，△ABC は正三角形である。 (証明終)

〔注〕 虚数の世界は実数の世界とは全くの別物である。自分自身何がわかっていて何がわ
かっていないのかをきちんと確認しておこう。例えば，(1)の〔解法2〕で，$|\omega^2| = |\omega|^2$ と
しているが，こうなる理由はわかっているだろうか。これは

$$|\alpha\beta|^2 = \alpha\beta \cdot \overline{\alpha\beta} = \alpha\overline{\alpha}\beta\overline{\beta} = |\alpha|^2|\beta|^2 = (|\alpha||\beta|)^2$$

ここで，$|\alpha\beta| \geq 0$，$|\alpha||\beta| \geq 0$ であるから

$$|\alpha\beta| = |\alpha||\beta|$$

が成り立ち，ここで $\alpha = \beta = \omega$ のとき

$$|\omega^2| = |\omega||\omega| = |\omega|^2$$

となるのである。もっとさかのぼって，$|\alpha|^2 = \alpha\overline{\alpha}$ はどうだろうか。ド・モアブルの定理
がなぜ成り立つのかわかっているだろうか。一つ一つ確認し理解を深めて，頭の中でき
れいにつながるようにしておくこと。

79

i は虚数単位とする。複素数 z に対して，その共役複素数を $\bar{z}$ で表す。複素数平面上で，次の等式を満たす点 z の全体が表す図形を C とする。

$$z\bar{z} + (1+3i)z + (1-3i)\bar{z} + 9 = 0$$

以下の問いに答えよ。

(1) 図形 C を複素数平面上に描け。

(2) 複素数 w に対して，$\alpha = w + \bar{w} - 1$，$\beta = w + \bar{w} + 1$ とする。w, α, β が表す複素数平面上の点をそれぞれ P，A，B とする。点 P は C 上を動くとする。△PAB の面積が最大となる複素数 w，およびそのときの △PAB の外接円の中心と半径を求めよ。

> **ポイント** (1) 条件を満たす点の軌跡を求める問題である。絶対値が定数になることを示して点の軌跡が円になることに持ち込むタイプである。点の軌跡を求める問題で式の変形の仕方のパターンを整理しておくとよい。なお，$z = x + iy$ とおいても導出は可能である。
>
> (2) $\alpha = w + \bar{w} - 1$，$\beta = w + \bar{w} + 1$ と一見複雑そうな形で表されているが，$\beta - \alpha = 2$ と一定の値を取ることがわかるから，辺 AB を △PAB の底辺とみなせる。ここがポイントである。点 P は(1)で求めた円周上を動くということなので三角形の高さもわかる。直角三角形の外接円の中心と半径を求めることも容易である。

解 法

(1) $z\bar{z} + (1+3i)z + (1-3i)\bar{z} + 9 = 0$

を変形して

$$\{z + (1-3i)\}\{\bar{z} + (1+3i)\} - (1-3i)(1+3i) + 9 = 0$$
$$\{z + (1-3i)\}\{\bar{z} + (1+3i)\} = 1$$
$$\{z + (1-3i)\}\{\overline{z + (1-3i)}\} = 1$$
$$|z + (1-3i)|^2 = 1$$
$$|z + (1-3i)| = 1$$
$$|z - (-1+3i)| = 1$$

点 z と点 $-1+3i$ の距離が 1 であることから，図形 C は点 $-1+3i$ を中心とする半径 1 の円である。概形は右の通り

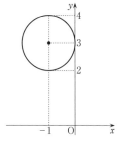

である。

(2)　$w + \overline{w}$ は元の複素数とそれと共役な複素数の和であり実数なので

$$\begin{cases} \alpha = w + \overline{w} - 1 \\ \beta = w + \overline{w} + 1 \end{cases}$$

で表される α, β も実数である。w の値にかかわらず，$\beta = \alpha + 2$ を満たすので，点A，Bともに x 軸上の点で，線分 AB の長さは一定で2である。

したがって，線分 AB を $\triangle$PAB の底辺とみなすことで，$\triangle$PAB の面積は

$$\frac{1}{2} \cdot [底辺] \cdot [高さ] = \frac{1}{2} \cdot 2 \cdot [w の虚部]$$

これが最大となるための条件は w の虚部が最大となることであり，w が(1)のグラフの円周上を動くことより，w の虚部の最大値は4である。

よって，$\triangle$PAB の面積が最大となる w は

$$w = -1 + 4i \quad \cdots\cdots (答)$$

このとき

$$\begin{cases} \alpha = (-1 + 4i) + (\overline{-1 + 4i}) - 1 \\ \beta = (-1 + 4i) + (\overline{-1 + 4i}) + 1 \end{cases}$$

$$\begin{cases} \alpha = (-1 + 4i) + (-1 - 4i) - 1 \\ \beta = (-1 + 4i) + (-1 - 4i) + 1 \end{cases}$$

$$\begin{cases} \alpha = -3 \\ \beta = -1 \end{cases}$$

図示すると右のようになる。

直角三角形 PAB の外接円の中心は斜辺 PA の中点
であるから

$$\frac{w + \alpha}{2} = -2 + 2i \quad \cdots\cdots (答)$$

外接円の半径は

$$\frac{1}{2} PA = \frac{1}{2}\sqrt{2^2 + 4^2} = \frac{1}{2}\sqrt{20} = \sqrt{5} \quad \cdots\cdots (答)$$

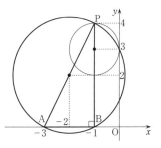

80

2019 年度 〔6〕　　　　　　　　　　　　　　　　　　**Level A**

$|z|^2 + 3 = 2(z + \bar{z})$ を満たす複素数 z 全体の集合を A とする。ただし $\bar{z}$ は z の共役複素数である。

(1)　集合 A を複素数平面上に図示せよ。

(2)　A の要素 z の偏角を θ とする。ただし $-\pi < \theta \leqq \pi$ とする。z が A を動くとき，θ のとりうる値の範囲を求めよ。

(3)　z^{60} が正の実数となる A の要素 z の個数を求めよ。

> **ポイント**　(1)　複素数平面上における点の軌跡の問題である。本問では〔解法 2〕のように実部 x と虚部 y で表すことで解答することもできる。
> (2)　(1)で求めた円をもとにして図示すれば状況を把握することができる。
> (3)　θ の個数を求めるのではない。z の個数を求めるのである。(2)での図をもとにすると，θ の個数に対して z の個数がどのように対応するのかがわかる。

解法 1

(1)
$$|z|^2 + 3 = 2(z + \bar{z})$$
$$z\bar{z} - 2z - 2\bar{z} + 3 = 0$$
$$(z - 2)(\bar{z} - 2) = 1$$
$$(z - 2)(\overline{z - 2}) = 1$$
$$|z - 2|^2 = 1$$
$$|z - 2| = 1$$

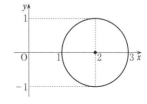

よって，集合 A は中心が点 2，半径が 1 の円を表し，これを図示すると上の図のようになる。

(2) 点 O を通る集合 A の 2 つの接線を l_1, l_2 とする (l_1 の傾きは正, l_2 の傾きは負)。

右図のように点 O と点 2 の距離が 2, 円の半径が 1 であるから, l_1 と x 軸の正の方向とのなす角が $\dfrac{\pi}{6}$,

l_2 と x 軸の正の方向とのなす角が $-\dfrac{\pi}{6}$ とわかるので,

A の要素 z の偏角 θ のとりうる値の範囲は

$$-\frac{\pi}{6} \leq \theta \leq \frac{\pi}{6} \quad \cdots\cdots (答)$$

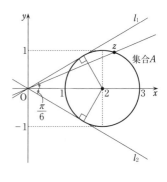

(3) $\arg z^{60} = 60\theta$

よって, z^{60} が正の実数となるための条件は

$$60\theta = 2k\pi \quad (k \text{ は整数})$$

と表されることである。

(2)より

$$-\frac{\pi}{6} \leq \theta \leq \frac{\pi}{6} \qquad -10\pi \leq 60\theta \leq 10\pi$$

$$-10\pi \leq 2k\pi \leq 10\pi \qquad -5 \leq k \leq 5$$

これを満たす 11 個の k に対して, $60\theta = 2k\pi$ より得られる $\theta = \dfrac{k}{30}\pi$ も 11 個存在する。

これらの θ に対応する z は次の図のように配置される。

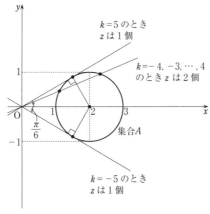

よって, 求める A の要素 z の個数は

$$2 \times 1 + 9 \times 2 = 20 \text{ 個} \quad \cdots\cdots (答)$$

解 法 2

(1)　$z = x + yi$（x, y は実数）とおくと

$$|z|^2 + 3 = 2(z + \bar{z})$$

$$(x^2 + y^2) + 3 = 2\{(x + yi) + (x - yi)\}$$

$$x^2 - 4x + y^2 + 3 = 0$$

$$(x - 2)^2 + y^2 = 1$$

よって，点 z の軌跡は xy 平面において点 $(2, 0)$ が中心で半径が 1 の円であるから，複素数平面においては点 2 が中心で半径が 1 の円である（図は〔**解法1**〕に同じ）。

81

2018 年度 〔6〕 Level A

複素数 α に対して，複素数平面上の 3 点 O (0)，A (α)，B (α^2) を考える。次の条件(I)，(II)，(III)をすべて満たす複素数 α 全体の集合を S とする。

(I) α は実数でも純虚数でもない。

(II) $|\alpha|>1$ である。

(III) 三角形 OAB は直角三角形である。

このとき，以下の問いに答えよ。

(1) α が S に属するとき，$\angle \mathrm{OAB}=\dfrac{\pi}{2}$ であることを示せ。

(2) 集合 S を複素数平面に図示せよ。

(3) x，y を $\alpha^2=x+yi$ を満たす実数とする。α が S を動くとき，xy 平面上の点 $(x,\ y)$ の軌跡を求め，図示せよ。

ポイント (1) 条件の中に(III)「三角形 OAB は直角三角形である」とあるので，3 つの内角のうち直角になり得ない角を調べてみる。$\angle \mathrm{OAB}$ 以外は直角ではないことがわかるので，残りの $\angle \mathrm{OAB}$ が $\dfrac{\pi}{2}$ であることが示せる。

(2) (1)で $\angle \mathrm{OAB}=\dfrac{\pi}{2}$ であることがわかるので，$\arg \dfrac{\alpha^2-\alpha}{0-\alpha}=\pm\dfrac{\pi}{2}$ である。$-\alpha+1$ が純虚数であるという条件が得られるので，$\alpha=a+bi$ ($a,\ b$ は実数) とおいて，$a,\ b$ の満たすべき条件式を求めれば，それが軌跡の方程式となる。

(3) (2)の〔解法〕の過程で得られる α を $a,\ b$ で表した式と $\alpha^2=x+yi$ より $x,\ y$ の関係式を求めると，求める点 $(x,\ y)$ の軌跡がわかる。(2)・(3)は除外する点が発生するので忘れずに記すこと。

解法

(1) (II)「$|\alpha|>1$ である」より $|\alpha^2|=|\alpha|^2>|\alpha|$ であるから

$\qquad$ OB>OA

となる。辺 OA が最大辺ではないので，辺 OA が直角三角形の斜辺とはなり得ず

$$\angle\mathrm{OBA} \neq \frac{\pi}{2}$$

また，$\angle\mathrm{AOB} = \arg\dfrac{\alpha^2}{\alpha} = \arg\alpha$ であり，α は純虚数ではないので $\arg\alpha \neq \pm\dfrac{\pi}{2}$ である。
よって

$$\angle\mathrm{AOB} \neq \frac{\pi}{2}$$

(Ⅲ)より △OAB は直角三角形であり，$\angle\mathrm{OBA} \neq \dfrac{\pi}{2}$ かつ $\angle\mathrm{AOB} \neq \dfrac{\pi}{2}$ であるから，

$\angle\mathrm{OAB} = \dfrac{\pi}{2}$ となる。　　　　　　　　　　　　　　　　　（証明終）

(2)　(1)より $\angle\mathrm{OAB} = \dfrac{\pi}{2}$ であることから

$$\arg\frac{\alpha^2-\alpha}{0-\alpha} = \pm\frac{\pi}{2}$$

となり，左辺を整理して

$$\arg(-\alpha+1) = \pm\frac{\pi}{2}$$

よって，$-\alpha+1$ は純虚数である。ここで，$\alpha = a + bi$（a, b は実数）とおくと

$$-\alpha+1 = (-a+1) - bi$$

と表すことができて，これが純虚数になるための条件は

$$\begin{cases} a=1 \\ b\neq 0 \end{cases}$$

したがって，$\alpha = 1 + bi$（b は 0 でない実数）　……① と表されて，これは(Ⅰ)，(Ⅱ)も満たす。ゆえに，集合 S は右図の太線部分になる。

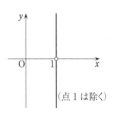

（点 1 は除く）

(3)　①より　$\alpha^2 = 1 + 2bi + b^2i^2 = (1-b^2) + 2bi$

よって　$x + yi = (1-b^2) + 2bi$

x, y, b は実数であるから，$1-b^2$, $2b$ も実数であり

$$\begin{cases} x = 1-b^2 \\ y = 2b \end{cases}$$

が成り立ち，b を消去すると

$$x = 1 - \left(\frac{y}{2}\right)^2 = 1 - \frac{y^2}{4}$$

ここで，$b \neq 0$ より $y \neq 0$ であるから，点 (x, y) の軌跡は放

物線 $x = 1 - \dfrac{y^2}{4}$ の点 $(1, 0)$ を除いた部分である。グラフは

右図の太線部分になる。

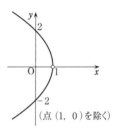

（点 $(1, 0)$ を除く）

82

$0<a<\dfrac{\pi}{2}$ とする。複素数平面上において，原点を中心とする半径 1 の円の上に異なる 5 点 $P_1(w_1)$，$P_2(w_2)$，$P_3(w_3)$，$P_4(w_4)$，$P_5(w_5)$ が反時計まわりに並んでおり，次の 2 つの条件(Ⅰ)，(Ⅱ)を満たすとする。

(Ⅰ)　$(\cos^2 a)(w_2-w_1)^2+(\sin^2 a)(w_5-w_1)^2=0$ が成り立つ。

(Ⅱ)　$\dfrac{w_3}{w_2}$ と $-\dfrac{w_4}{w_2}$ は方程式 $z^2-\sqrt{3}z+1=0$ の解である。

また，五角形 $P_1P_2P_3P_4P_5$ の面積を S とする。以下の問いに答えよ。

(1)　五角形 $P_1P_2P_3P_4P_5$ の頂点 P_1 における内角 $\angle P_5P_1P_2$ を求めよ。

(2)　S を a を用いて表せ。

(3)　$R=|w_1+w_2+w_3+w_4+w_5|$ とする。このとき，R^2+2S は a の値によらないことを示せ。

ポイント　(1)　複素数平面上において，$w_2-w_1=r(\cos\theta+i\sin\theta)(w_5-w_1)$ と表せるとき，w_2 は，w_1 を中心として，w_5 を θ だけ回転移動し，w_1 との距離を r 倍した点であることを理解し，与式を整理していく。

(2)　わかったことを図示していくとよい。(1)で $\angle P_5P_1P_2=\dfrac{\pi}{2}$ とわかったことと，異なる 5 点 $P_1(w_1)$，$P_2(w_2)$，$P_3(w_3)$，$P_4(w_4)$，$P_5(w_5)$ が反時計まわりに並んでいるという位置関係から，5 点を半径 1 の円周上にとってみる。それが図 1 である。

次に，$z^2-\sqrt{3}z+1=0$ を解く。2 解 $z=\dfrac{\sqrt{3}\pm i}{2}$ を極形式で表してから，$\dfrac{w_3}{w_2}$ と $-\dfrac{w_4}{w_2}$ との対応を考える。点 $P_3(w_3)$ は原点を中心として点 $P_2(w_2)$ を反時計まわりに回転移動させた点なので，$\dfrac{w_3}{w_2}$ の方が求めやすそうである。原点を中心として，点 $P_3(w_3)$ は点 $P_2(w_2)$ を $\dfrac{\pi}{6}$ または $-\dfrac{\pi}{6}$ だけ回転移動させた点のうち，$\dfrac{\pi}{6}$ だけ回転移動させた点の方であることがわかる。$-\dfrac{w_4}{w_2}=\dfrac{\sqrt{3}-i}{2}$ を変形し，$\dfrac{w_4}{w_2}$ を極形式で表すことで，点 $P_2(w_2)$ と点 $P_4(w_4)$ の位置関係を求める。5 点が定まれば，五角形の面積は 4 つの三角形に分

割して求めればよく，容易に求めることができる。

(3) (2)で求めた5点の位置関係をもとにして，R^2+2S は a の値によらないことを示す問題である。計算すると a が消去されるということであり，そのために〔解法〕では w_1, w_3, w_4, w_5 を w_2 を用いて表した。

解 法

(1)　　$(\cos^2 a)(w_2-w_1)^2+(\sin^2 a)(w_5-w_1)^2=0$

において，$0<a<\dfrac{\pi}{2}$ なので，$\sin a>0$, $\cos a>0$, $\tan a>0$ であるから，0 ではない $\cos^2 a$ で両辺を割ると

$$(w_2-w_1)^2+(\tan^2 a)(w_5-w_1)^2=0$$
$$(w_2-w_1)^2=-(\tan^2 a)(w_5-w_1)^2$$
$$w_2-w_1=\pm(\tan a)\,i\cdot(w_5-w_1)$$

と表すことができるから，点 P_2 は点 P_1 を中心として，点 P_5 を $\pm\dfrac{\pi}{2}$ だけ回転移動して点 P_1 からの距離を $\tan a$ 倍にした点である。

したがって，求める内角の大きさは　　$\angle P_5 P_1 P_2=\dfrac{\pi}{2}$　……（答）

(2)　$\angle P_5 P_1 P_2=\dfrac{\pi}{2}$ であることから，線分 $P_2 P_5$ は原点を中心とする半径1の円の直径となる。

また，$P_1 P_2=(\tan a)P_1 P_5$，すなわち

$\dfrac{P_1 P_2}{P_1 P_5}=\tan a\ \left(0<a<\dfrac{\pi}{2}\right)$ が成り立つから

　　　$\angle P_1 P_5 P_2=a$

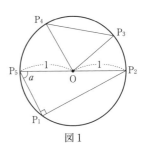

図1

現段階では図1のようになることがわかり，さらに，

$\dfrac{w_3}{w_2}$ と $-\dfrac{w_4}{w_2}$ は方程式 $z^2-\sqrt{3}\,z+1=0$ の解であることから

$$z=\frac{\sqrt{3}\pm i}{2}=\cos\left(\pm\frac{\pi}{6}\right)+i\sin\left(\pm\frac{\pi}{6}\right)\quad（複号同順）$$

$\dfrac{w_3}{w_2}$ の値は，このうちのいずれかである。つまり，点 $P_3(w_3)$ が原点を中心として点 $P_2(w_2)$ を $\dfrac{\pi}{6}$ または $-\dfrac{\pi}{6}$ だけ回転移動した点ということになるが，異なる5点 $P_1(w_1)$, $P_2(w_2)$, $P_3(w_3)$, $P_4(w_4)$, $P_5(w_5)$ がこの順に反時計まわりに並んでいるという位置関係と図1より，点 P_3 は原点を中心として点 P_2 を $\dfrac{\pi}{6}$ だけ回転移動した点

であることになり

$$\frac{w_3}{w_2} = \cos\frac{\pi}{6} + i\sin\frac{\pi}{6} \quad \left(= \frac{\sqrt{3}}{2} + \frac{1}{2}i\right) \quad \cdots\cdots①$$

と定めることができる。

また，$-\dfrac{w_4}{w_2} = \cos\dfrac{\pi}{6} + i\sin\dfrac{\pi}{6}$ とすると

$$\frac{w_4}{w_2} = -\cos\frac{\pi}{6} - i\sin\frac{\pi}{6}$$

$$= \cos\frac{7}{6}\pi + i\sin\frac{7}{6}\pi$$

であり，点 P_4 は原点を中心として点 P_2 を $\dfrac{7}{6}\pi$ だけ回転移動した点であることになるが，これは図1の位置関係に反する。

したがって，$-\dfrac{w_4}{w_2}$ の値は，もう一方の解の $-\dfrac{w_4}{w_2} = \dfrac{\sqrt{3}-i}{2}$ であると確定できて

$$\frac{w_4}{w_2} = -\frac{\sqrt{3}}{2} + \frac{1}{2}i \quad \cdots\cdots②$$

$$= \cos\frac{5}{6}\pi + i\sin\frac{5}{6}\pi$$

よって，点 P_4 は原点を中心として点 P_2 を $\dfrac{5}{6}\pi$ だけ回転移動した点である。

ゆえに，$\angle P_2OP_3 = \dfrac{\pi}{6}$，$\angle P_3OP_4 = \dfrac{5}{6}\pi - \dfrac{\pi}{6} = \dfrac{2}{3}\pi$，

$\angle P_4OP_5 = \pi - \dfrac{5}{6}\pi = \dfrac{\pi}{6}$ が成り立つので，各点の位置関係は図2のように確定する。

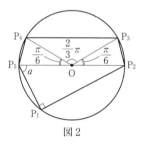

図 2

よって，面積 S は

$$S = \triangle OP_2P_3 + \triangle OP_3P_4 + \triangle OP_4P_5 + \triangle P_1P_2P_5$$

で求めることができる。ここで

$$\triangle OP_2P_3 = \triangle OP_4P_5 = \frac{1}{2}\cdot 1\cdot 1\cdot\sin\frac{\pi}{6} = \frac{1}{4}$$

$$\triangle OP_3P_4 = \frac{1}{2}\cdot 1\cdot 1\cdot\sin\frac{2}{3}\pi = \frac{\sqrt{3}}{4}$$

$$\triangle P_1P_2P_5 = \frac{1}{2}\cdot P_1P_5\cdot P_1P_2 = \frac{1}{2}\cdot 2\cos a\cdot 2\sin a$$

$$= \sin 2a$$

よって

$$S = 2 \cdot \frac{1}{4} + \frac{\sqrt{3}}{4} + \sin 2a$$

$$= \frac{1}{2} + \frac{\sqrt{3}}{4} + \sin 2a \quad \cdots\cdots(\text{答})$$

(3)　$R = |w_1 + w_2 + w_3 + w_4 + w_5|$ とすると，右図より

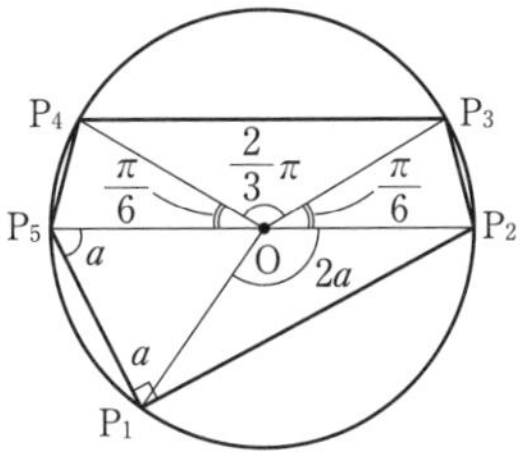

$$w_5 = -w_2$$

また

$$\angle \mathrm{OP_1P_5} = \angle \mathrm{OP_5P_1} = a$$

$$\angle \mathrm{P_1OP_2} = \angle \mathrm{OP_1P_5} + \angle \mathrm{OP_5P_1} = 2a$$

が成り立ち，点 $\mathrm{P_1}(w_1)$ は原点を中心として点 $\mathrm{P_2}(w_2)$
を $-2a$ だけ回転移動した点であるから

$$w_1 = \{\cos(-2a) + i\sin(-2a)\}w_2$$

$$= (\cos 2a - i\sin 2a)w_2$$

$$w_3 = \left(\frac{\sqrt{3}}{2} + \frac{1}{2}i\right)w_2 \quad (\text{①より})$$

$$w_4 = \left(-\frac{\sqrt{3}}{2} + \frac{1}{2}i\right)w_2 \quad (\text{②より})$$

よって

$$R^2 = \left| (\cos 2a - i\sin 2a)w_2 + w_2 + \left(\frac{\sqrt{3}}{2} + \frac{1}{2}i\right)w_2 + \left(-\frac{\sqrt{3}}{2} + \frac{1}{2}i\right)w_2 + (-w_2) \right|^2$$

$$= |\{\cos 2a + (1 - \sin 2a)i\}w_2|^2$$

$$= |\cos 2a + (1 - \sin 2a)i|^2 |w_2|^2$$

$$= \{\cos^2 2a + (1 - \sin 2a)^2\} \cdot 1^2$$

$$= 2(1 - \sin 2a)$$

となり

$$R^2 + 2S = 2(1 - \sin 2a) + 2 \cdot \left(\frac{1}{2} + \frac{\sqrt{3}}{4} + \sin 2a\right)$$

$$= 3 + \frac{\sqrt{3}}{2}$$

したがって，$R^2 + 2S$ は a の値によらない。　　　　　　　　（証明終）

83

2016 年度 〔6〕

Level B

複素数平面上を動く点 z を考える。次の問いに答えよ。

(1) 等式 $|z-1|=|z+1|$ を満たす点 z の全体は虚軸であることを示せ。

(2) 点 z が原点を除いた虚軸上を動くとき，$w=\dfrac{z+1}{z}$ が描く図形は直線から 1 点を除いたものとなる。この図形を描け。

(3) a を正の実数とする。点 z が虚軸上を動くとき，$w=\dfrac{z+1}{z-a}$ が描く図形は円から 1 点を除いたものとなる。この円の中心と半径を求めよ。

> **ポイント** (1)・(2)・(3)ともに解法はいろいろ考えられる。〔解法1〕では等式 $|z-1|$ $=|z+1|$ を満たす点 z の全体は虚軸であることの根拠となる $\bar{z}=-z$ という式に条件の式を変形して代入している。〔解法2〕では，点 z が虚軸を動くということは $|z-1|=|z+1|$ が成り立つので，これに代入している。
> 　複素数に関する演算法則などは自分自身で証明してから結果を覚え，問題の中で利用できるようにしておきたい。

解 法 1

(1) 　　$|z-1|=|z+1|$

　　　　$|z-1|^2=|z+1|^2$

　　　$(z-1)\overline{(z-1)}=(z+1)\overline{(z+1)}$

　　　$(z-1)(\bar{z}-1)=(z+1)(\bar{z}+1)$

　　　$z\bar{z}-z-\bar{z}+1=z\bar{z}+z+\bar{z}+1$

　　　$\bar{z}=-z$

ここで，$z=a+bi$（a，b は実数）とおくと，$\bar{z}=a-bi$ より

　　　　$\bar{z}=-z \Longleftrightarrow a-bi=-(a+bi)$

　　　　　　　　$\Longleftrightarrow a=0$

よって，$a=0$，b は任意の実数のとき，この等式は成立する。

ゆえに，等式 $|z-1|=|z+1|$ を満たす点 z の全体は虚軸である。　　　（証明終）

(2) 点 z が原点を除いた虚軸上を動くとき, (1)より z は

$$|z-1| = |z+1| \quad かつ \quad z \neq 0$$

を満たし

$$\overline{z} = -z \quad \cdots\cdots ① \quad かつ \quad z \neq 0$$

である。

$$w = \frac{z+1}{z}$$

より

$$zw = z+1$$
$$z(w-1) = 1$$

これに $w=1$ を代入すると, $0=1$ となり成り立たないので, $w \neq 1$ である。

$w \neq 1$ の下で, 両辺を $w-1$ で割ると

$$z = \frac{1}{w-1}$$

となり, これは $z \neq 0$ であることを満たす。これを①に代入すると

$$\overline{\left(\frac{1}{w-1}\right)} = -\frac{1}{w-1}$$

$$\frac{1}{\overline{w-1}} = -\frac{1}{w-1}$$

$$\frac{1}{\overline{w}-1} = -\frac{1}{w-1}$$

両辺に $(w-1)(\overline{w}-1)$ をかけて

$$w-1 = -(\overline{w}-1)$$
$$w+\overline{w} = 2$$

となり, w と $\overline{w}$ の和が実数になるので, w, $\overline{w}$ の実部は等しく 1 であるが, $w \neq 1$ なので, 虚部は 0 以外のすべての実数をとる。よって, $w = \dfrac{z+1}{z}$ が描く図形は点 1 を通る実軸に垂直な直線から 1 点 1 を除いた部分となり, 右のようになる。

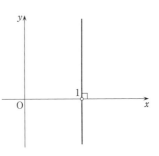

(3) 点 z が虚軸上を動くとき, (1)より z は

$$\overline{z} = -z \quad \cdots\cdots ①$$

を満たす。

$$w = \frac{z+1}{z-a}$$

より

$$w(z-a) = z+1 \quad かつ \quad z \neq a$$

z は 0 または純虚数，a は正の実数なので，$z \neq a$ は成り立つ。

$$z(w-1) = aw+1$$

これに $w=1$ を代入すると，$0=a+1$ となり，$a>0$ であるから成り立たないので，$w \neq 1$ である。

$w \neq 1$ の下で，両辺を $w-1$ で割ると

$$z = \frac{aw+1}{w-1}$$

となり，①に代入すると

$$\overline{\left(\frac{aw+1}{w-1}\right)} = -\frac{aw+1}{w-1}$$

$$\frac{\overline{aw+1}}{\overline{w-1}} = -\frac{aw+1}{w-1}$$

$$\frac{a\overline{w}+1}{\overline{w}-1} = -\frac{aw+1}{w-1}$$

両辺に $(w-1)(\overline{w}-1)$ をかけて

$$(a\overline{w}+1)(w-1) = -(aw+1)(\overline{w}-1)$$

$$aw\overline{w} - a\overline{w} + w - 1 = -(aw\overline{w} - aw + \overline{w} - 1)$$

$$2aw\overline{w} - a\overline{w} - aw + w + \overline{w} - 2 = 0$$

$$2aw\overline{w} - (a-1)w - (a-1)\overline{w} - 2 = 0$$

$$w\overline{w} - \frac{a-1}{2a}w - \frac{a-1}{2a}\overline{w} - \frac{1}{a} = 0$$

$$\left(w - \frac{a-1}{2a}\right)\left(\overline{w} - \frac{a-1}{2a}\right) - \left(\frac{a-1}{2a}\right)^2 - \frac{1}{a} = 0$$

$$\left(w - \frac{a-1}{2a}\right)\left(\overline{w} - \frac{a-1}{2a}\right) = \left(\frac{a+1}{2a}\right)^2$$

$$\left(w - \frac{a-1}{2a}\right)\overline{\left(w - \frac{a-1}{2a}\right)} = \left(\frac{a+1}{2a}\right)^2$$

$$\left| w - \frac{a-1}{2a}\right|^2 = \left(\frac{a+1}{2a}\right)^2$$

$a>0$ なので

$$\left| w - \frac{a-1}{2a}\right| = \frac{a+1}{2a}$$

以上より，点 w と点 $\frac{a-1}{2a}$ の距離が $\frac{a+1}{2a}$ であるから，点 w が描く図形は

$$中心が \frac{a-1}{2a}, \quad 半径が \frac{a+1}{2a} \quad \cdots\cdots(答)$$

の円から 1 点 $w = 1$ を除いた部分になる。

解法 2

(1) $|z-1| = (点 z と点 1 の距離)$, $|z+1| = (点 z と点 -1 の距離)$

であるから、点 z は点 -1、1 から等距離にあり、点 z は点 -1 と点 1 を両端とする線分の垂直二等分線上つまり虚軸上に存在する。

ゆえに、等式 $|z-1| = |z+1|$ を満たす点 z の全体は虚軸である。　　　　（証明終）

(2) $\left(z = \dfrac{1}{w-1} \right.$ が得られてから、①に代入せずに(1)の等式 $|z-1| = |z+1|$ に代入する

解法 $\Big)$

$$\left| \frac{1}{w-1} - 1 \right| = \left| \frac{1}{w-1} + 1 \right|$$

$$\left| \frac{-w+2}{w-1} \right| = \left| \frac{w}{w-1} \right|$$

$$\frac{|-w+2|}{|w-1|} = \frac{|w|}{|w-1|}$$

$$|w-2| = |w| \quad かつ \quad w \neq 1$$

よって、$|w-2| = (点 w と点 2 の距離)$, $|w| = (点 w と点 0 の距離)$ であるから、点 w は点 2 と点 0 を両端とする線分の垂直二等分線上に存在する。そこから点 1 を除いたものが求める図形となる（図は〔**解法1**〕に同じ）。

(3) $\left(z = \dfrac{aw+1}{w-1} \right.$ が得られてから、①に代入せずに(1)の等式 $|z-1| = |z+1|$ に代入する

解法 $\Big)$

$$\left| \frac{aw+1}{w-1} - 1 \right| = \left| \frac{aw+1}{w-1} + 1 \right|$$

$$\left| \frac{(a-1)w+2}{w-1} \right| = \left| \frac{(a+1)w}{w-1} \right|$$

$$\frac{|(a-1)w+2|}{|w-1|} = \frac{|(a+1)w|}{|w-1|}$$

$$|(a-1)w+2| = |(a+1)w| \quad かつ \quad w \neq 1$$

以下 $w \neq 1$ として

$$|(a-1)w+2|^2 = |(a+1)w|^2$$

$$\{(a-1)\,w+2\}\overline{\{(a-1)\,w+2\}} = \{(a+1)\,w\}\overline{\{(a+1)\,w\}}$$

$$\{(a-1)\,w+2\}\{(a-1)\,\overline{w}+2\} = \{(a+1)\,w\}\{(a+1)\,\overline{w}\}$$

$$(a-1)^2 w\overline{w}+2\,(a-1)\,w+2\,(a-1)\,\overline{w}+4 = (a+1)^2 w\overline{w}$$

$$4aw\overline{w}-2\,(a-1)\,w-2\,(a-1)\,\overline{w}-4 = 0$$

$$w\overline{w}-\frac{a-1}{2a}w-\frac{a-1}{2a}\overline{w}-\frac{1}{a} = 0$$

$$\left(w-\frac{a-1}{2a}\right)\left(\overline{w}-\frac{a-1}{2a}\right)-\left(\frac{a-1}{2a}\right)^2-\frac{1}{a} = 0$$

$$\left(w-\frac{a-1}{2a}\right)\left(\overline{w}-\frac{a-1}{2a}\right) = \left(\frac{a+1}{2a}\right)^2$$

$$\left(w-\frac{a-1}{2a}\right)\overline{\left(w-\frac{a-1}{2a}\right)} = \left(\frac{a+1}{2a}\right)^2$$

$$\left|w-\frac{a-1}{2a}\right|^2 = \left(\frac{a+1}{2a}\right)^2$$

$a>0$ なので

$$\left|w-\frac{a-1}{2a}\right| = \frac{a+1}{2a}$$

以上より，点 w と点 $\dfrac{a-1}{2a}$ の距離が $\dfrac{a+1}{2a}$ であるから，点 w が描く図形は

中心が $\dfrac{a-1}{2a}$，半径が $\dfrac{a+1}{2a}$　……(答)

の円から 1 点 $w=1$ を除いた部分になる。

84

α を実数でない複素数とし，β を正の実数とする。以下の問いに答えよ。ただし，複素数 w に対してその共役複素数を $\overline{w}$ で表す。

(1) 複素数平面上で，関係式 $\alpha\overline{z} + \overline{\alpha}z = |z|^2$ を満たす複素数 z の描く図形を C とする。このとき，C は原点を通る円であることを示せ。

(2) 複素数平面上で，$(z-\alpha)(\beta-\overline{\alpha})$ が純虚数となる複素数 z の描く図形を L とする。L は(1)で定めた C と 2 つの共有点をもつことを示せ。また，その 2 点を P，Q とするとき，線分 PQ の長さを α と $\overline{\alpha}$ を用いて表せ。

(3) β の表す複素数平面上の点を R とする。(2)で定めた点 P，Q と点 R を頂点とする三角形が正三角形であるとき，β を α と $\overline{\alpha}$ を用いて表せ。

ポイント (1) $|z|^2 = z\overline{z}$，$\overline{(z-\alpha)} = \overline{z} - \overline{\alpha}$ をはじめとする複素数の計算に関する公式を完全に理解しておこう。わけもわからず暗記しても役に立たない。実際に手を動かして証明するとよい。

(2) w が純虚数となるための条件は，$w + \overline{w} = 0$ かつ $w \neq 0$ が成り立つことである。w が実数となるための条件は，$w = \overline{w}$ が成り立つことである。これらも(1)での公式と同様に証明した上で覚えておくこと。$\dfrac{z-\alpha}{\beta-\alpha}$ が純虚数であることから，直線 AS⊥直線 AR となることを読み取る。直線 L が円 C の中心を通るので 2 つの共有点をもち，その 2 点を結ぶ線分は円 C の直径であることもわかる。

(3) △PQR が正三角形のとき，$AR = \sqrt{3}\,AP$ が成り立つことを立式して，計算を進めていく。2 次方程式の係数が実数であることを確認してから，解の公式を利用する。β が正の実数であることから 2 つの値のうちどちらが β の値かを考えよう。

なお〔解法 2〕で示したように，$z = x+yi$，$\alpha = a+bi$ とおいて実数 x，y，a，b の条件に直して求めてもよい。複素数の扱いに不慣れな場合には有力な手段であるが，計算は面倒になる場合がある。

解法 1

(1) $\alpha\overline{z} + \overline{\alpha}z = |z|^2$ より

$$z\overline{z} - \alpha\overline{z} - \overline{\alpha}z = 0 \qquad (z-\alpha)(\overline{z}-\overline{\alpha}) = \alpha\overline{\alpha}$$

$$(z-\alpha)\overline{(z-\alpha)} = \alpha\overline{\alpha} \qquad |z-\alpha|^2 = |\alpha|^2$$

$$|z-\alpha| = |\alpha|$$

よって，複素数 z の描く図形 C は点 α を中心とする半径 $|\alpha|$ の円である。

したがって，C は原点を通る円である。 (証明終)

(2) $(z-\alpha)(\beta-\overline{\alpha})$ が純虚数となるための条件は

$$(z-\alpha)(\beta-\overline{\alpha}) + \overline{(z-\alpha)(\beta-\overline{\alpha})} = 0 \quad \cdots\cdots ①$$

かつ

$$(z-\alpha)(\beta-\overline{\alpha}) \neq 0 \quad \cdots\cdots ②$$

が成り立つことである。

①において β は実数なので $\beta = \overline{\beta}$ が成り立つから

$$(z-\alpha)(\beta-\overline{\alpha}) + (\overline{z}-\overline{\alpha})(\beta-\alpha) = 0 \quad \cdots\cdots ③$$

と変形できる。

また，②より $z-\alpha \neq 0$ $\cdots\cdots ④$ かつ $\beta - \overline{\alpha} \neq 0$ が成り立つ。

ここで，α は実数でない複素数なので $\overline{\alpha}$ も実数でない複素数であり，実数である β と等しくはならないので

$$\alpha \neq \beta \quad \text{かつ} \quad \overline{\alpha} \neq \beta$$

が成り立ち，③の両辺を 0 でない $(\beta-\overline{\alpha})(\beta-\alpha)$ で割ると

$$\frac{z-\alpha}{\beta-\alpha} + \frac{\overline{z}-\overline{\alpha}}{\beta-\overline{\alpha}} = 0$$

$$\frac{z-\alpha}{\beta-\alpha} + \overline{\left(\frac{z-\alpha}{\overline{\beta}-\alpha}\right)} = 0$$

$$\frac{z-\alpha}{\beta-\alpha} + \overline{\left(\frac{z-\alpha}{\beta-\alpha}\right)} = 0 \quad (\because \ \beta \text{ は実数なので } \overline{\beta} = \beta)$$

さらに④より $\dfrac{z-\alpha}{\beta-\alpha} \neq 0$ も成り立つので，$\dfrac{z-\alpha}{\beta-\alpha}$ は純

虚数である。これは，α，β，z の表す複素平面上の点をそれぞれ A，R，S とするとき，直線 AS と直線 AR とが直交することを表している。すなわち図形 L とは点 A(α) を通る直線 AR に垂直な直線（ただし④より α を除く）を表すので，(1)で求めた点 A(α) が中心の円 C と 2 つの共有点をもつ。 (証明終)

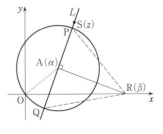

さらに，直線 L は円 C の中心を通ることから，2 つの共有点を P，Q とするときに線分 PQ は円 C の直径となる。半径は(1)より $|\alpha|$ であるから

$$PQ = 2|\alpha| = 2\sqrt{\alpha\overline{\alpha}} \quad \cdots\cdots (\text{答})$$

(3) △PQR が正三角形であるとき

$$\mathrm{AP} : \mathrm{AR} = 1 : \sqrt{3} \qquad \mathrm{AR} = \sqrt{3}\,\mathrm{AP}$$

$$|\beta - \alpha| = \sqrt{3}\,|\alpha| \qquad |\beta - \alpha|^2 = 3|\alpha|^2$$

$$(\beta - \alpha)\overline{(\beta - \alpha)} = 3\alpha\overline{\alpha} \qquad (\beta - \alpha)(\overline{\beta} - \overline{\alpha}) = 3\alpha\overline{\alpha}$$

$$(\beta - \alpha)(\beta - \overline{\alpha}) = 3\alpha\overline{\alpha} \quad (\because \quad \beta \text{ は実数なので } \overline{\beta} = \beta)$$

$$\beta^2 - (\alpha + \overline{\alpha})\beta - 2\alpha\overline{\alpha} = 0$$

$\alpha + \overline{\alpha}$, $\alpha\overline{\alpha}$ はともに実数であるから，これは β の実数係数の 2 次方程式であり，解の公式を利用すると

$$\beta = \frac{\alpha + \overline{\alpha} \pm \sqrt{(\alpha + \overline{\alpha})^2 + 8\alpha\overline{\alpha}}}{2}$$

$\alpha\overline{\alpha} = |\alpha|^2 > 0$ であるから

$$\alpha + \overline{\alpha} < \sqrt{(\alpha + \overline{\alpha})^2 + 8\alpha\overline{\alpha}}$$

が成り立ち

$$\frac{\alpha + \overline{\alpha} - \sqrt{(\alpha + \overline{\alpha})^2 + 8\alpha\overline{\alpha}}}{2} < 0 < \frac{\alpha + \overline{\alpha} + \sqrt{(\alpha + \overline{\alpha})^2 + 8\alpha\overline{\alpha}}}{2}$$

β は正の実数なので

$$\beta = \frac{\alpha + \overline{\alpha} + \sqrt{(\alpha + \overline{\alpha})^2 + 8\alpha\overline{\alpha}}}{2} \quad \cdots\cdots (\text{答})$$

> **参考** 教科書では，2 次方程式 $ax^2 + bx + c = 0$ の解の公式
> $$x = \frac{-b \pm \sqrt{b^2 - 4ac}}{2a}$$
> の説明のページで項の係数 a, b, c は実数であるということは明記されている。つまり，解の公式を利用するためには係数 a, b, c は実数でなければならないのである。だからすぐに解の公式を使わずに，使う前に $\alpha + \overline{\alpha}$, $\alpha \cdot \overline{\alpha}$ が実数であるということを示してから，公式を用いている。

解法 2

$z = x + yi$, $\alpha = a + bi$ (x, y, a, b は実数) とおいて，次のように解くこともできる。ただし，α, β の表す複素数平面上の点をそれぞれ A，R とする。xy 座標平面上の座標として表すと A (a, b)，R $(\beta, 0)$ である。

(1) $\alpha\overline{z} + \overline{\alpha}z = |z|^2$

$\iff (a + bi)(x - yi) + (a - bi)(x + yi) = x^2 + y^2$

$\iff 2ax + 2by = x^2 + y^2$

$\iff (x - a)^2 + (y - b)^2 = a^2 + b^2$

これは，中心 A (a, b) で原点を通る円を表す（半径は $\sqrt{a^2 + b^2}$）。 （証明終）

(2) $\quad (z-\alpha)(\beta-\overline{\alpha})$

$\quad = \{(x+yi)-(a+bi)\}\{\beta-(a-bi)\}$

$\quad = \{(x-a)+(y-b)i\}\{(\beta-a)+bi\}$

$\quad = \{(\beta-a)(x-a)-b(y-b)\}+\{b(x-a)+(\beta-a)(y-b)\}i$

これが純虚数だから

$\quad\quad (\beta-a)(x-a)-b(y-b)=0 \quad\cdots\cdots(ア)$

$\quad\quad b(x-a)+(\beta-a)(y-b)\neq0 \quad\cdots\cdots(イ)$

(ア)は点 A $(a,\ b)$ を通り，ベクトル $(\beta-a,\ -b)=(\beta,\ 0)-(a,\ b)=\overrightarrow{AR}$ に垂直な直線を表す。

ここで，(イ)に関して，$b(x-a)+(\beta-a)(y-b)=0$ は点 A を通り，ベクトル $(b,\ \beta-a)$ に垂直な直線を表す。ベクトル $(b,\ \beta-a)$ は $\overrightarrow{AR}$ に垂直であるため，$b(x-a)+(\beta-a)(y-b)=0$ は点 $(a,\ b)$ で(ア)と垂直に交わる。

よって，図形 L は円 C の中心 A を通り，$\overrightarrow{AR}$ に垂直な直線から点 A を除いたものであるから，L は C と 2 つの共有点をもつ。 （証明終）

このとき線分 PQ は円 C の直径となるので

$\quad\quad PQ=2\sqrt{a^2+b^2}=2|\alpha|=2\sqrt{\alpha\overline{\alpha}} \quad\cdots\cdots(答)$

(3) $\triangle PQR$ が正三角形のとき

$\quad\quad AR=\sqrt{3}\,AP$

AP は円 C の半径 $(\sqrt{a^2+b^2})$ だから

$\quad\quad \sqrt{(\beta-a)^2+b^2}=\sqrt{3(a^2+b^2)}$

両辺を 2 乗して整理すると

$\quad\quad \beta^2-2a\beta-2(a^2+b^2)=0$

$a=\dfrac{1}{2}(\alpha+\overline{\alpha})$，$a^2+b^2=\alpha\overline{\alpha}$ であるから

$\quad\quad \beta^2-(\alpha+\overline{\alpha})\beta-2\alpha\overline{\alpha}=0$

以下，〔解法1〕と同じ。

年度別出題リスト

(注)　2014～2009 年度の大問〔5〕は「行列」の問題で，現行の学習指導要領に含まれていないため，本書では省略しています。